高等职业教育早期教育专业系列教材
0-3岁婴幼儿综合发展与指导

总主编　周宗清　执行主编　焦　敏

13-18个月婴儿
综合发展与指导

邓文静　胡　阳　编　著

南京大学出版社

图书在版编目(CIP)数据

13—18个月婴儿综合发展与指导 / 邓文静，胡阳编著
. —南京：南京大学出版社，2022.1
ISBN 978-7-305-24090-4

Ⅰ. ①1… Ⅱ. ①邓… ②胡… Ⅲ. ①婴幼儿—哺育—基本知识 Ⅳ. ①TS976.31

中国版本图书馆CIP数据核字(2020)第257472号

出版发行 南京大学出版社
社　　址 南京市汉口路22号　　邮　　编 210093
出 版 人 金鑫荣

书　　名 13—18个月婴儿综合发展与指导
编　　著 邓文静 胡 阳
责任编辑 丁 群　　编辑热线 025-83597482

照　　排 南京开卷文化传媒有限公司
印　　刷 南京京新印刷有限公司
开　　本 787×1092 1/16 印张 14.25 字数 314千
版　　次 2022年1月第1版 2022年1月第1次印刷
ISBN 978-7-305-24090-4
定　　价 42.80元

网　　址:http://www.njupco.com
官方微博:http://weibo.com/njupco
微信服务号:njuyuexue
销售咨询热线:(025)83594756

序 Preface

2019年5月9日，国务院办公厅发布《关于促进3岁以下婴幼儿照护服务发展的指导意见》，强调要“建立完善促进婴幼儿照护服务发展的政策法规体系、标准规范体系和服务供给体系”，标志着早期教育的发展开始进入快车道和规范期。因此，健全政策法规、建构规范标准和服务供给体系，将成为早期教育事业发展的核心。

湖北幼儿师范高等专科学校作为早期教育专业培养的先行学校之一，2014年开设早教专业，并结合湖北省幼儿教师培训中心归属学校的优势，开展了一系列与早教专业、育婴师培养和培训相关的工作。在早教学历教育和职后培训方面，积累了一定的经验。本套教材就是湖北幼儿师范高等专科学校牵头的高等师范院校和职业院校早期教育成果的积淀和呈现。

本套教材以儿童优先为原则，力求尊重幼儿的成长规律，研究婴幼儿发展的特点，形成婴幼儿发展阶段性指标，并在此基础上形成教育建议。教材突出了两个方面的基本理念：一是尊重婴幼儿的成长特点和规律，二是尊重婴幼儿的天性，这使本套教材具有了以下一些特点：

结合我国实际情况，借鉴美国各州及英国、加拿大所制定的早期学习标准，尝试在分析的基础上，形成符合我国国情的婴幼儿学习与发展指导。

对婴幼儿的发展进行了全面系统的研究，具有较强的专业理论价值。本套教材根据0—3岁婴幼儿发展的阶段性特点，按照婴幼儿发展的年龄特点分为五册，即0—6个月、7—12个月、13—18个月、19—24个月、25—36个月年龄段，每册分别从婴幼儿的身心发展特点、影响因素，以及婴幼儿生长发育与营养护理、动作发展与运动能力、情绪情感与社会适应、倾听理解与语言交流、认知探索与生活常识、艺术体验与创造表现等方面，深入研究和详细解读婴幼儿的发展，以形成系统全面的反映婴幼儿发展的指标与教育策略。

立足于职业院校早期教育专业培养目标和学生的实际需要，具有较强的针对性。本套教材以婴幼儿整体发展观作为理论基础，以早期教育人才培养方案为依据，以婴幼儿的发展横跨的5个相对独立的月龄段为划分标准，形成分阶段"手把手式"的教育指导策略。这样的安排既体现婴幼儿发展的整体性，又突出每个阶段的相对独立性，同时也符合学生学习思维的特点，可帮助学生关注婴幼儿成长的不同阶段的特点，从而对学生进行针对性的指导，既科学易懂又方便实操。

为家庭教育和托育机构提供了专业性、实践性的指导，具有较强的实践指导价值。本套教材将婴幼儿的发展指标进行了三级解读，对婴幼儿发展的标志性特点进行了深入浅出的描述，并且在每个标志性指标后面给出了切实可行的教养建议和环境支持意见。家长可以对照年龄段和领域获得专业化的指导，托育机构的教师可以根据教研建议和环境支持开展教养活动，高等院校的师生可以系统学习标准体系、实践并发展教养建议。

本套教材在编写过程中，渗透融媒体理念和技术，将图片、案例与活动视频有机联系，以帮助学习者在阅读过程中，通过扫描二维码将二维空间与活动空间联系，将理论学习与实际运用联系，将知识与技能融通。

不仅如此，教材中还渗透了这样一些教育理念，也值得我们推广学习。如：婴幼儿在安全、身体健康、情绪稳定愉悦时学习效果最好；每个婴幼儿以自己独特的速度发展，并有自己独特的学习方式；家庭是支持婴幼儿发展的最重要系统，家长和照护者的积极参与对婴幼儿的发展至关重要；抚育、亲密、尊重、回应性的关系对婴幼儿的健康成长和发展至关重要；游戏是早期学习的基础；了解情况，善于反思且有好奇心的成年人对婴幼儿快速变化的需求和发展能提供支持并做出反应等。

基于以上理念，本套教材可为早期教育专业学生、早期教育工作者、婴幼儿的家长、照护者以及其他所有热爱和关心婴幼儿成长的人士提供指导，为早教机构提供促进婴幼儿学习与发展的关键信息和资源。

对于早期教育专业学生、早期教育工作者来说，可以——

- 理解不同年龄段婴幼儿发展的核心能力和发展特点；
- 支持制定出适宜的早教课程方案；
- 支持早期教育工作者的专业发展；

对于家长、婴幼儿照护者来说，可以——

- 获得不同年龄段婴幼儿成长和学习的信息，以及支撑婴幼儿学习的提示；
- 提升科学育儿意识、知识和能力；
- 提供养育婴幼儿的资源和工具。

对于社会来说，可以——

- 促进并支持将本套教材用于综合有效的早期保育和教育发展项目；
- 促进并支持公众对婴幼儿发展的共同责任和任务的理解。

我希望这套教材只是对早期教育研究的一个开始，我希望有更多的有志者加入这个队伍，为推动早期教育和幼儿教育的发展，在健全教育政策法规体系、建构规范的标准体系和服务供给体系等方面做出贡献。

前言 Foreword

陈鹤琴先生是我国著名的儿童教育家、儿童心理学家，他创立了中国化的幼儿教育和幼儿师范教育的完整体系，被称为“中国现代儿童教育之父”。陈鹤琴先生从自己的儿子陈一鸣出生起，用文字和照片对他的生长发育过程做了长达808天的连续观察和详细记录，文字和照片积累了十余本。他将自己的观察、记录与研究心得编成讲义，出版了《家庭教育》和《儿童心理之研究》。陈鹤琴先生认为，儿童早期所接受的家庭教育关系着人一生的发展，具有积极的奠基作用，他对父母提出了以下要求：1. 父母要尊重儿童的人格；2. 父母步调要一致；3. 父母要给儿童以真正的爱。陈鹤琴认为，父母应该创设良好的家庭教养环境，诸如良好的精神环境、游戏环境、艺术环境和阅读环境等，支持儿童的发展，随时注意自己的言行和对儿童的态度等。

为了让婴幼儿的家长、教师及其他照护者能够树立正确的儿童观和教育观，在婴幼儿的养育及教育方面掌握系统科学的方法，我们在三年前就已经决定并着手编制一套兼具科学性、指导性、实践性、现代化的婴幼儿综合发展教材，在参考了美国、日本、德国、加拿大等国家和我国台湾地区的早期儿童发展与教育理论，结合我国的婴幼儿发展规律与教养国情，利用“互联网＋”的技术的基础上，完成了本套教材的撰写工作，探讨0—3岁婴幼儿综合发展与指导。

本套教材以传统出版方式为基础，充分考虑在“互联网＋”时代读者的阅读习惯，在内容生产、信息传播途径以及受众信息获取方式等方面采取了一系列新的措施。在写作过程中，加入了视频、音频、拓展阅读等资料，共同构成融媒体专业教育资源。本套教材有以下几个特点：

（一）实操性——强

融媒体时代，在保障纸质版本图书质量的基础上，超越纸媒时代，出版工作更加数字化和技术化，除了传统的文字、图片，音频、视频等元素都被纳入到出版中来；融媒体时代的图书，不能仅仅满足于过去由作者到编辑再到读者的单向性知识传播方式，还要能通过互联网平台实现作者和读者之间即时性互动。本套教材通过融媒体的方式，建构了作者和读者对于婴幼儿发展的各阶段的细致交流平台，读者可以从护理与喂养、语言表达与沟通、科学认知与探索、艺术与体验等方面观察评估婴幼儿的现有发展水平，了解未来的发展趋势，从而进行有针对性的操作指导。

（二）创意性——佳

融媒体时代，信息和知识迭代速度加快，传播途径也更加多元，独特的、有创意的选题更容易赢得读者的青睐、赢得市场。对于婴幼儿教育指导建议，本套教材力求创新与改革，对此阶段婴幼儿发展需要关注的问题进行了详细论述，并分别提供了家庭和托育机构案例，通过扫描二维码可以获取资源，为读者提供唾手可得的立体化、系统化指导。

（三）指导性——新

融媒体的出现，给纸质版图书带来了巨大的挑战，尽管如此，本套教材的文字内容特别注重指导性及其传播，通过视频、音频链接，让学习者更加直观地发现婴幼儿的学习状况。本套教材适用于大中专院校早期教育专业的学生、新手父母及托育机构专业教师。丛书首先主要是为了开拓视野，满足不同群体的不同阅读需求。图书出版承载着传播知识、传播文化的功能，过去，由于传统纸质图书出版受限于发行渠道、传播渠道狭窄等因素，现在的融媒体教材通过学习者扫描添加微信群、关注微信公众号、阅读推送等方式获得婴幼儿发展的视频、音频、游戏等资料，以动态学习的方式获取知识，提高能力。

基于以上特点，全书指导通俗易懂，操作简单易学，无论是作为职业院校的教材，还是专业托育机构或家庭教育的参考书籍，读者都可以轻松阅读和学习。

本套教材共5本，是华中地区0—3岁婴幼儿早期教育课题研究的成果。总主编周宗清，执行主编焦敏。具体分册内容和编写人员是：《0—6个月婴儿综合发展与指导》由孙雅婷、周津、乔蓉编著；《7—12个月婴儿综合发展与指导》由冯细平、潘瑞琼、蔡雨桐、于兴荣、汪钰洁编著；《13—18个月婴儿综合发展与指导》由邓文静、胡阳编著；《19—24个月婴

儿综合发展与指导》由李娜、郭珺、李芳雪编著;《25—36 个月婴儿综合发展与指导》由张雪萍、高芳梅、程智、梁爽、陶亚哲编著。本书在写作过程中参阅了大量国内外文献,虽努力注明出处,但因资料零散庞杂,难免有所遗漏,在此向所有参阅文献的作者致以真挚的感谢。同时,感谢总编写组和各院校对教材编著提供的人力物力支持,感谢南京大学出版社对早期教育领域研究给予的大力支持。

周宗清

2020 年 7 月 20 日

课程规划建议

“0—3 岁婴幼儿综合发展与指导”课程，是根据婴幼儿月龄发展的独特规律，以月龄作为划分标准，在综合婴幼儿动作、语言、情感与社会性、认知和艺术发展的前提下，形成的 0—6 个月、7—12 个月、13—18 个月、19—24 个月、25—36 个月的综合课程系列，是早期教育专业核心课程的重要组成部分。

为了确保课程安排的科学性与可行性，建议其课程规划设置，以《0—3 岁婴幼儿生理发育》《0—3 岁婴幼儿保健与护理》《0—3 岁婴幼儿营养与喂养》《早期教育概论》《0—3 岁婴幼儿心理与发展》《婴幼儿文学》作为本课程的先行内容，该系列课程从大学二年级起陆续开设。

具体课程设置建议如下：

开设学期	大学二年级 上学期	大学二年级 下学期	大学三年级 上学期
开设课程及 学时安排	0—6 个月婴儿 综合发展与指导 （36 学时）	7—12 个月婴儿 综合发展与指导 （18 学时）	19—24 个月婴幼儿 综合发展与指导 （18 学时）
	13—18 个月婴儿 综合发展与指导 （36 学时）	25—36 个月婴幼儿 综合发展与指导 （36 学时）	

本课程在实施过程中可以根据学生学习情况自主安排弹性学时，五个年龄段安排总学时 144 学时，理论和实践课程相结合，突出婴幼儿发展指导的实操性内容。在教学环境上可以利用婴儿养育实训室、亲子活动实训室等校内实训室以及校外托育机构、妇幼保健院的见习与实习相结合，达到理实一体化的目的。

《13—18 个月婴儿综合发展与指导》，鉴于 13—18 个月婴儿身心发展的独特规律和科学育儿的思想，立足于本土婴儿发展需求，从生长发育与营养护理、动作发展与运动能力、情绪情感与社会适应、艺术体验与创造表现、倾听理解与语言交流、认知探索与生活常识六个领域，全面介绍了13—18个月婴儿成长的基本规律和预期达到的发展水平，给出发展指标与建议。

通过该门课程的学习，学生将掌握对13—18个月婴儿进行保教与护理的技能、科学喂养的技能、促进其粗大运动发展及精细运动发展的技能、培养婴儿良好情绪情感与社会适应的技能、引导婴儿进行艺术体验与创造表现的技能、帮助婴儿倾听理解并用言语或非言语的方式与他人进行交流的技能、鼓励婴儿认知探索并帮助其掌握生活常识的技能，对教育教学实践能力的获得起着至关重要的作用，为将来的就业和工作打下良好的专业基础。

为了更好地发挥本书对读者的指导作用，建议读者先阅读第一章13—18个月婴儿身心发展概述，了解13—18个月婴儿整体发展的基本规律和特点，明确13—18个月婴儿教养的基本理念和婴儿发展的基本理论；接着从第二章13—18个月婴儿生长发育与营养护理的内容中，学习了解婴儿13—18个月这一特殊阶段照护者对其进行干预和指导的要点。之后，分领域依次学习第三章至第七章的内容。关于每章的学习，读者可先阅读每一章节的学习目标，理解本章需要重点掌握的知识和能力点，然后通过思维导图建立本章内容的知识框架。每章的第一节均为“概述部分”，需要读者理解与本章内容相关的重要概念和理论，为接下来章节的学习打好理论基础。中间“发展与指导”的章节具体数量视每章内容而定，但均为各章的学习重点，需要读者先阅读发展规律表格，整体了解13—18个月的婴儿各领域发展的主要规律，然后对照着表格中的每一条来学习与之相对应的指导要点。并结合自身掌握情况，进行适当的操作练习。最后一节的案例分析，帮助读者将学习到的指导要点通过案例的形式运用到日常生活和教学过程之中。每一章节均有一个案例以教学视频的形式呈现，方便读者更形象、直观地了解活动的具体开展步骤和指导策略。最后，读者可以通过知识小结梳理本章的内容，并通过“思考与练习”检查本章的学习效果。与此同时，我们提供了“1+X”职业证书的实训试题，帮助需要考取相关职业资格证书的读者进行考证实训，实现课证融通，全面提升职业素养。

编　者

目 录
Contents

第一章
13—18个月婴儿身心发展概述

学习目标

1. 重视生命教育，遵循婴儿身心健康发展的基本特点与规律，树立科学发展观。

2. 产生对13—18个月婴儿身心发展规律的研究兴趣，理解和掌握其综合发展的相关知识。

3. 理解13—18个月婴儿生理和心理发展特点与规律。

4. 掌握13—18个月婴儿身心发展影响因素与指导要点。

思维导图

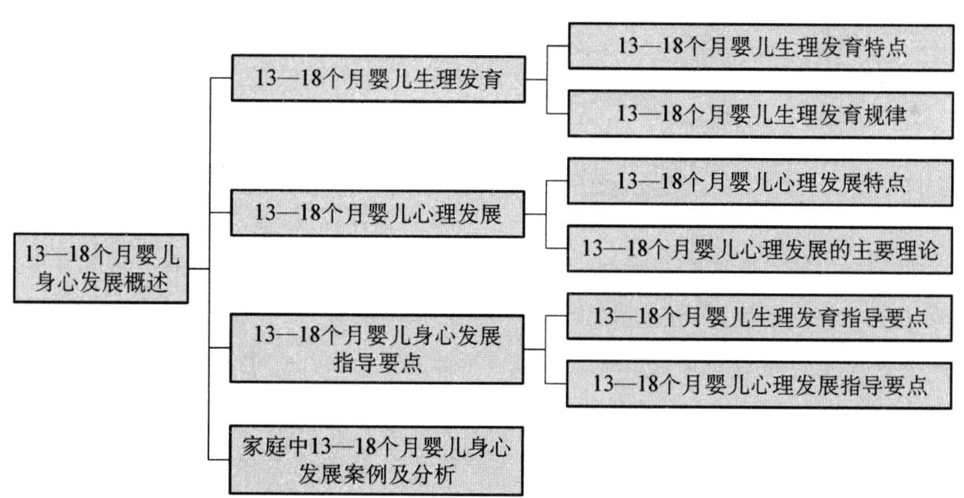

天天一岁三个月了，妈妈发现天天进餐时总试图自己拿着勺子吃饭，虽然食物弄得满桌都是，但再也不像以前喜欢用手抓了；妈妈还发现天天最近特别喜欢说“不要”，仿佛只要妈妈说什么他都不同意，表现出很有主意的模样；不仅如此，天天开始喜爱毛绒玩具，也喜欢观察家庭成员的行动，总是模仿着扫地、擦桌子，很喜欢帮助爸爸妈妈做家务。有一次妈妈把他手中的娃娃拿走，他竟然气得扔东西，发起脾气来。妈妈觉得自从天天周岁以

后，他的进步很大，尤其是知道用几个单字表达自己的意愿，这让妈妈很惊喜。他好像也更听得懂日常交流的语言了，还会有意识地叫爸爸妈妈和周围熟悉的亲人。

第一节 13—18个月婴儿生理发育

一、13—18个月婴儿生理发育特点

13—18个月的婴儿，新陈代谢旺盛，但各器官的发育仍不完善，功能不成熟，生长发育速度比1岁前明显减慢，身高几乎是出生时的2倍，体重是出生时的3—4倍。

（一）身体的发育

13—18个月婴儿的心脏达60克左右，较新生儿时期增加两倍多，占体重的0.5%；此时婴儿的心肌薄弱，心腔较小，心率仍然比成人快，每分钟心跳次数的平均值约为110。

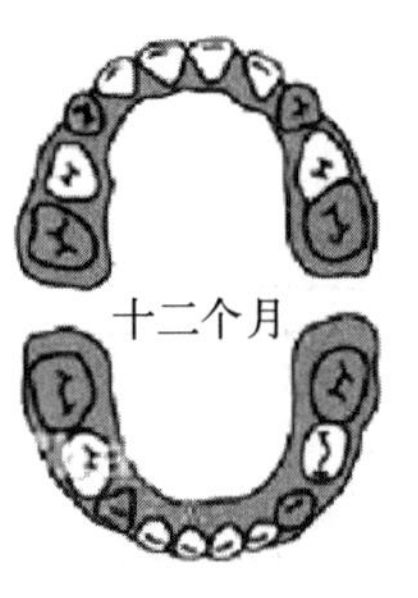

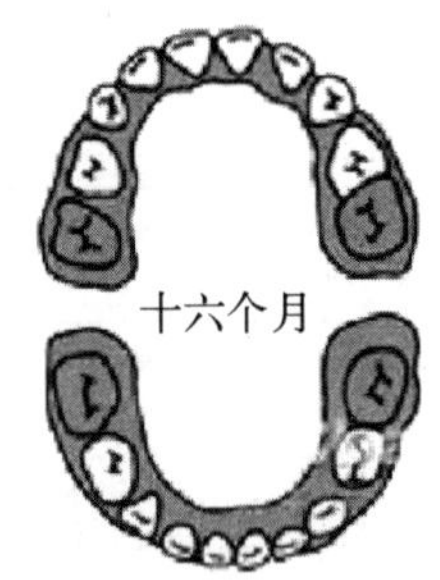

婴儿乳牙的生长一般先从中间的上下两颗开始萌出，然后是两侧萌出。12个月婴儿出牙12颗左右，16个月出牙16颗左右。乳牙牙釉质薄，牙本质较松脆，发展很快，在短时间就可穿透牙髓腔。13—18个月婴儿的牙很容易被腐蚀形成龋齿，长龋齿会引发疼痛。13—18个月婴儿出牙以后，食物从流质过渡到固体食物，食物的品种增加，必要的咀嚼使食物更容易被人体消化并促使牙齿和牙龈的发育。

婴儿的胃呈水平位，开始走路以后，逐渐变为垂直状。13—18个月婴儿的胃容量有限，约为250毫升，所以每日喂食次数应比较年长的婴儿多。这个时期的胃平滑肌没有完全发育，在装满液体食物后胃容易扩张。13—18个月婴儿肠的长度约为身高的6倍，而成人仅为身高的4倍。这一时期的肠黏膜细嫩，富有血管及淋巴管，小肠的绒毛发育良好，肠肌层发育差。肠系膜柔软而长，黏膜下组织松弛，容易发生肠套叠。由于肠壁较薄，因此屏障功能较弱，肠内毒素及消化不完全的产物容易进入血液，导致婴儿中毒。婴儿肾脏贮备力较弱，排尿次数多，13个月时每天排尿大约十五六次。13—18个月的婴儿头部骨骼尚未发育好，在颅顶前方和后方有两处仅有一层结缔组织膜覆盖，分别称前囟和后囟，前囟门一般在13—18个月开始慢慢闭合，最迟一般不超过两周岁。

(二) 大脑的发育

婴儿大脑的发育速度很快，长期营养不良会引发婴儿大脑发育落后。13个月左右的婴儿大脑重量可达950克左右，相当于成人脑重(1 500克)的60%，等到婴儿15个月时，其小脑大小基本和成人相同。在基础代谢状态下，13—18个月婴儿的脑耗氧量占总耗氧量的50%，而成人则为20%，由此可见，婴儿缺氧的耐受性比成人差。

婴儿在13—18个月时大脑皮质兴奋性低，神经活动过程较弱，因此其睡眠时间依然较长；而皮质下中枢的兴奋性较高，皮质功能弱，不能对其进行控制，故兴奋或抑制易于扩散，加上神经纤维髓鞘形成不全，在遇到强烈刺激时容易发生惊厥。

对婴儿大脑的研究

研究婴儿期脑的发展不是件容易的事。即便是最新的脑成像技术也不能提供其具体的细节——因为，这些技术不能用在婴儿身上。PET扫描(对经过特别处理的葡萄糖在脑不同区域的分布进行测量，然后通过计算机加以分析)具有放射性危险，而MRI(在身体周围设置磁场，用放射性波来显现脑组织和生化活动)使用时婴儿的身体会乱动。

不过，还是有一位研究者在探究婴儿脑发展方面迈出了一大步，他就是查尔斯·纳尔逊，他在研究中把128个电极贴在婴儿的头皮上。结果发现，即便是刚出生的婴儿也能产生明显的脑电波差异。研究发现，新生儿能将母亲的声音与其他女性的声音区分开来，即便是在睡觉时，新生儿也具有这个能力。纳尔逊另外的研究发现，8个月大时，婴儿能辨别出允许他触摸的木头玩具图片，而对其他玩具的图片则没有这种结果。这种能力的获得是与海马(与记忆有关的一个重要结构)中神经元的发展同步进行的，海马的发展使婴儿能够记住具体的细节和事件。

资料来源：[美] 约翰·W.桑特洛克.儿童发展(第11版)[M].上海：上海人民出版社，2009.

二、13—18个月婴儿生理发育规律

13—18个月的婴儿开始尝试学习独立行走，有的婴儿开始断奶，这一阶段的婴儿生理发育都遵循着一定的次序和规律。

(一) 婴儿生理发育遵循着“头尾原则”和“近远原则”

13—18个月的婴儿生理发育有一定的次序，不能越级发展，比如婴儿的身体运动能

力发展严格遵循着“头尾原则”和“近远原则”。

头尾原则是指从上到下的发展顺序，婴儿生理发育严格地遵循着从头到颈，再到躯干，继而到下肢的次序进行。

近远原则是指从中轴向外围的发展顺序，婴儿运动的发展顺序是从躯干开始向四肢，再向手和脚，最后达到手指和脚趾的小肌肉运动。

（二）婴儿各生理系统发育存在不平衡现象

不同的生理系统发育各有不同的模式，遵循着不同的规律，各系统发育的速度快慢与不同年龄生理功能有关。尽管各系统、器官的发育速度快慢不同，即使同一年龄阶段内，发育速度也是不同步的。神经系统在13—18个月时依然处于发育较快的时期，淋巴系统发育速度非常迅速，生殖器官基本上没有发育。

（三）婴儿生长速度不均匀

婴儿期的生长速度非常不均匀，有研究发现，婴儿可能数天或数星期保持同样的身高，然后在某一天内突然长高1厘米多。并且婴儿生理发育速度不是直线上升，而是有阶段性的，从13个月开始，婴儿的生长速度相比于最初的几个月会变慢，13—18个月的婴儿开始以年为单位计算其生长发育速度。

（四）婴儿生理发育存在个体差异

婴儿的生理发育在一定范围内受先天和后天因素的影响而存在差异，因此，13—18个月婴儿生理发育是否正常应综合考虑各种因素对个体发展的影响。

生理发育是心理发展的物质基础，它制约着儿童心理的发展，所以儿童心理发展水平和规律在一定程度上受其生理发育水平和规律的制约。

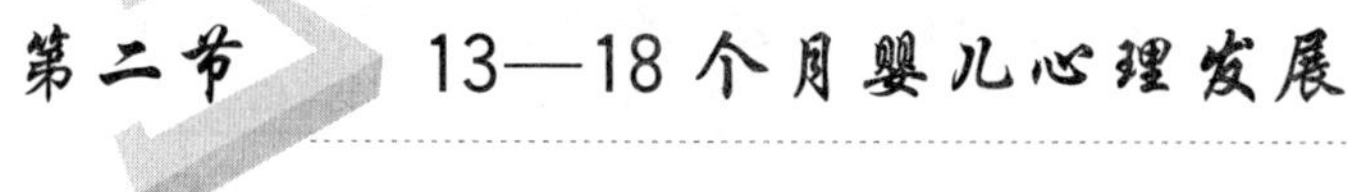

第二节 13—18个月婴儿心理发展

一、13—18个月婴儿心理发展特点

13—18个月婴儿的个性特征更加明显，自我意识初步萌生，开始懂得向照护者表达“不”，会拒绝成人的要求，越不让其做的事情他就越感兴趣。13—18个月的婴儿开始借助肢体语言、手势、动作和照护者交流，因为词汇量还比较少，因此会用其他各种办法让照

护者明白他的意图。他们还会尝试发音，有意义地叫“爸爸”“妈妈”，说出“吃”“尿”等常见的动作或“猫”“狗”等熟悉事物的名称。在认知发展方面，婴儿在 13—18 个月时可以把三四块积木搭在一起，开始有匹配地意识，会试着为盖子配对和拼搭积木，还会把小手伸进瓶子中，掏里面的东西，然后再放回去；能根据照护者的简单要求做一些简单的动作；当他在玩耍遇上困难或挑战时，会尝试换个方法或动作来解决问题，这是婴儿分析和解决问题能力的提高。婴儿的记忆力和想象力在这一阶段也有所发展。13—18 个月的婴儿已明显表现出不同的气质类型，活泼好动的婴儿会更喜欢到户外玩耍活动；温和安静的婴儿则更愿意专注于自己摆弄心爱的玩具。此月龄段的婴儿要经常进行户外活动，多多观察周围的各种事物；亲身通过五感去接触各式各样的事物；和其他婴儿一起互动，他们很喜欢在婴儿多的地方玩，但一般还是各自玩耍，互不交往。

13—18 个月婴儿心理发展包括感知觉、注意、记忆、想象、思维、言语、情绪情感、意志力、自我意识、气质特征和人际交往能力，这些都是发展的重要方面。

(一) 感知觉的发展特点

感知觉是人脑对当前作用于感觉器官的客观事物的反映，包括视觉、听觉、嗅觉、味觉、触觉所获得的客观事物的形状、色彩、声音、气味、味道等。婴儿最早出现的是皮肤感觉(触觉、痛觉、温度觉)，然后逐步表现出嗅觉、味觉、视觉和听觉。13—18 个月婴儿处于视觉、听觉、味觉、嗅觉、触觉、痛觉、温度觉等感知觉能力飞快发展的时期，主要有以下表现：

(1) 视觉、听觉进一步发展，味觉、嗅觉更灵敏。

(2) 触觉也更加敏感，可以辨别物体的属性，如软、硬、冷、热等；温度觉发育相对成熟，婴儿对冷的刺激比热的刺激敏感。

(二) 注意的发展特点

13 个月左右的婴儿能集中注意 5—8 分钟，20 个月左右的婴儿能集中注意 8—10 分钟。婴儿时期以无意注意为主。在走路时，突然有一样东西落在面前，人会本能地把视线投向这东西，这就是无意注意过程。随着月龄的增长、生活内容的丰富、活动范围的扩大、语言的发展，逐渐出现有意注意。有意注意指自觉的、有目的的、需要人的意志活动参与的注意过程。比如，看书学习时的注意活动就是有意注意。婴儿注意的稳定性较差，容易转移和分散，常带有感情色彩，注意的范围也不大，任何新鲜事物或刺激都会引起他们的注意。无意注意与有意注意两者在一定的条件下可以互相转化。

(三) 记忆的发展特点

婴儿 13 个月左右时能再认几天甚至十天前认过的事物，13 个月以后出现重现，最初仅限于几天以内的事物，以无意记忆为主，凭借兴趣认识并记住自己喜欢的事物，随着年龄的增长，认识事物表象的积累及稳定性增强，开始形成主动提取眼前不存在的意象的能力。

（四）想象的发展特点

13—18个月的婴儿由于生活经验少，语言尚未充分发展，仅有想象的萌芽，想象的内容很贫乏，都属于再造想象。再造想象反映于各种游戏活动中，较小年龄的婴儿，往往重复生活中的经验，创造性的内容很少。

（五）思维的发展特点

思维的发展与言语的发展是相辅相成的，婴儿期的思维因为言语水平低而称为前言语的“思维”。婴儿前言语的“思维”和其手部动作的发展分不开，婴儿摆弄物体的方式反映其理解世界的过程，这也是他们最初对事物之间联系的认识。婴儿分不清自我与客体，只认为自己看到的东西才是存在的，在12个月时客体永存的概念初步形成，标志着思维的萌芽。婴儿表现为寻找在其面前藏起来的物体，表明物体消失后婴儿依然会认为它是存在的。13个月左右，婴儿展示出对物体社会功能的最初理解，比如铃铛是被摇响的、玩具车靠轮子前进。13—18个月婴儿知道一些简单概念，如书的概念，喜欢模仿翻书页；能理解简单的因果关系；能挑出不同的物品；喜欢玩有空间关系的游戏；能在镜中辨认出自己，并能叫出自己的名字。

（六）言语的发展特点

言语可以使人的认识由感性水平上升到理性水平。言语是引导婴儿认识世界的基本手段之一，它不是出生就有的，而是后天学会的。0—1岁为言语的发生期，包括牙牙学语、开始听懂别人的话和自己说词三个阶段。13个月开始婴儿便进入了言语的初步发展期，直至3岁，他们将经历词汇的发展、句子的掌握和口语表达能力的习得三个阶段。

（七）情绪情感的发展特点

13—18个月婴儿的情绪情感对其心理发展起着至关重要的作用，因为情绪情感是激活心理活动和行为的驱动力，良好的情绪情感体验可以激发婴儿积极的探求欲望与行动，使婴儿寻求更多的刺激，获得更多的经验。

13—18个月婴儿情绪情感的最大特点是冲动、易变、外露，年龄越小，特点越突出。婴儿的情绪更多受外在环境变化的影响，而不是被稳定的主观心态左右，在很短的时间内能够表现出丰富的情绪变化。看到别的婴儿哭时，表现出痛苦的表情或跟着哭，表现出同情心；受挫折时常常发脾气；对常规的改变和所有的突然变迁表示反对，表现出情绪不稳定。

(八) 意志力的发展特点

当婴儿开始能在自己的言语调节下有意地行动或抑制某些行动的时候，即出现了意志的最初形态。13—18 个月婴儿随着言语能力的发展，各种典型动作能力的形成以及自我意识的萌芽，带有目的性、受言语调节的随意运动越来越多。婴儿虽然可以控制自己的某些行为，但时间较短，他们的行动更多受当前关注的物体和行为欲望的支配，有很大的冲动性。

(九) 自我意识的发展特点

自我意识是意识的一个方面，包括自我感觉、自我评价、自我监督、自尊心、自信心、自制力、独立性等。它的发展是人个性特征的重要标志之一。

13—18 个月婴儿在活动过程中，通过自我感觉逐步认识作为生物实体的自我。从 13 个月到满 3 岁，婴儿不断扩大生活范围，不断增长社会经验和能力，不断发展言语，逐步把握作为一个社会人的自我。

(十) 气质特征的发展特点

婴儿性格中在行为维度上稳定的、早期出现的个体特征，就是心理学中所指的气质。气质不像品格那样是后天习得的，而是先天形成的，既是稳定的，又是可变的。气质只表现个人特点，并无好坏之分。婴儿的气质有不同的表现，根据这些不同的表现特征，可以将其分为若干类型，不同的学者有不同的分类方法。13—18 个月婴儿的气质特征是婴儿个性发展的最原始的基础，其特点具有先天的性质，成人无法决定婴儿的气质类型，但在气质基础上，婴儿个性的形成受后天环境、教育条件的影响极大。

(十一) 人际交往能力的发展特点

婴儿的人际交往有一个发生、发展和变化的过程。首先发生的是亲子关系，其次是玩伴关系，再次是逐渐发展起来的群体关系。

13—18 个月的婴儿，随着动作能力、言语能力的发展，活动范围的扩大，开始表现出强烈的、追求小玩伴的愿望，对陌生人表示新奇，喜欢单独玩或观看别人游戏，开始能理解并遵从照护者简单的行为准则和规范。

二、13—18 个月婴儿心理发展的主要理论

理论派别的多样化使人们对婴儿心理发展有了更多角度的理解，因为婴儿的心理发展是一种较为复杂的现象，每一种理论派别的研究都只能解释它的某一方面，而以下三大主要理论派别为人们解开了婴儿心理发展多面性的规律与特征。

（一）精神分析理论

1. 相关观点

精神分析理论认为行为只是表面的特征，要想真正了解发展就必须分析行为的象征意义和意识内部的深层运作机制，精神分析学家强调早期亲子经验对个体发展的强大塑造力。在弗洛伊德提出的心理发展五大阶段中，13—18 个月的婴儿仍然处于“口唇期（0—18 个月）”，即 13—18 个月婴儿快感的集中区域仍在口唇，咀嚼、吸吮和咬东西仍是他们快乐的源泉，这些行为能减轻婴儿的焦虑。在埃里克森提出的心理社会性发展八阶段中，13—18 个月婴儿已经度过“信任对不信任（0—1 岁）”阶段，进入了“自主对自我怀疑（1—3 岁）”阶段。13—18 个月婴儿进入学步期，从照护者那儿获得了对世界的基本信任感之后，随之而来的是一种自主意识，对于 13—18 个月婴儿如果过分的约束和批评可能导致婴儿产生羞愧和自我怀疑，因此要创设宽松且有一定制约的环境让婴儿获得不伤害自尊的自我控制能力。

2. 教育启示

精神分析理论强调了早期经验对婴儿心理发展的作用，提醒照护者以发展的视角看待人格，并提供了把人格研究置于发展变化中的理论框架。将家庭教育环境视为婴儿心理发展的重要影响因素，关注到潜意识在心理发展中的作用。但精神分析理论存在文化和性别的偏见，对人性的看法过于悲观。

（二）认知发展理论

1. 相关观点

认知发展理论最具代表性的是皮亚杰的发生认知论和维果斯基的社会文化认知理论以及信息加工理论。在皮亚杰的认知发展四阶段中，13—18 个月的婴儿处于“感知运动阶段（0—2 岁）”，婴儿通过外显的行为动作影响外部世界，同时通过感官（如视觉和听觉等）感知行为动作来认识世界，因此称为“感知运动”。这些动作起初来自与生俱来的条件反射，直至 2 岁左右，其感知运动模式才逐渐复杂，并且形成了对现实世界的最原始的心理表征。维果斯基强调婴儿与有经验的成人或同伴的社会互动对促进其认知发展非常必要。信息加工理论强调人脑对信息的操作、监控和策略的使用，认为个体通过逐渐提高的信息加工能力而获得了知识和技能。①

2. 教育启示

认知发展学说强调有意识的思维，对婴儿心理发展抱以积极的态度；强调个体对知识

---

① ［美］约翰·W.桑特洛克.儿童发展（第 11 版）［M］.上海：上海人民出版社，2009：38.

的主动建构；强调考察婴儿思维变化的重要性。但对于认知发展的准确描述和过程中的个体差异的重视程度都相对欠缺。

(三) 行为主义理论

1. 相关观点

该理论根据行为主义观，认为发展包含了个体一系列可观察的行为，个体通过与环境的相互作用而习得这些行为，最具代表性的三大行为理论包括巴普洛夫的经典条件反射、斯金纳的操作性条件反射以及班杜拉的社会学习理论。美国心理学家华生把巴普洛夫的经典条件反射的原理运用于人类行为，解释了婴儿怎样产生一些非先天的不由自主的反应，比如恐惧心理；斯金纳则通过操作性条件反射为我们解释其他许多行为，认为行为的后果会改变行为发生的频率，行为后的正向强化(奖励)能够增加以后相同行为发生的可能性，而行为后的负向强化(惩罚)则会降低以后相同行为发生的可能性。美国心理学家艾伯特・班杜拉的社会学习理论认为，婴儿通过观察别人的学习获得许多个人的行为习惯、想法以及感受，强调行为和个体特征/认知因素之间相互影响，人的认知行为可以影响环境，环境也可以改变个体的认知。①

2. 教育启示

行为主义理论强调环境的重要性，认为后天环境对行为起决定作用。同时认为强化可以塑造行为，当婴儿表现出照护者所期望的行为时，应及时给予正强化。此外，照护者也可以通过榜样示范的方式，让婴儿通过观察学习习得行为。但行为主义学说忽视了先天遗传因素对婴儿发展的影响，并且对个体认知因素在发展中的作用关注太少。

第三节　13—18个月婴儿身心发展指导要点

一、13—18个月婴儿生理发育指导要点

(一) 身体发育指导要点

1. 合理喂养与均衡营养

13—18个月婴儿添加辅食的原则为：由少到多、由稀到稠、由细到粗、由一种到多种。

---

① ［美］约翰・W.桑特洛克.儿童发展(第11版)[M].上海：上海人民出版社，2009：40.

应在婴儿健康时添加，食物味道应清淡些，用小匙喂食，以训练吞咽和咀嚼能力。如在13—18个月期间断母乳，要注意保持饮用配方奶，每日不少于400毫升。

2. 疾病防治

营养不良和感染性疾病都是13—18个月婴儿易发的疾病。这一年龄阶段应定期进行健康检查，监测体格生长，加强体格锻炼；按计划免疫程序完成疫苗接种；加强婴儿护理，包括保持居室通风、空气新鲜，参加户外活动，接受阳光照射；避免去人多嘈杂的环境，预防和减少疾病的发生。

3. 合理安排睡眠时间

13—18个月的婴儿睡眠时间减少，照护者应合理安排婴儿白天睡一次午觉，晚上一般21点左右睡觉，第二天早晨6点起床，如婴儿出现夜间醒来玩耍的情况，可能是白天运动量不够。

（二）身体本领指导要点

1. 辅助婴儿学习站立和迈步

绝大部分13—18个月的婴儿都可以不抓任何东西靠自己的力量站好，并开始尝试一步一步、摇摇晃晃地学习迈步。起初，他们会两脚张开降低重心，以保持身体平衡，手臂弯曲以此将力量集中在肩膀；过一段时间，他们就能走得很快了。他们喜欢爬楼梯，看到楼梯就会一层一层地往上爬。照护者可以扶着婴儿做“上楼梯”的游戏，一边上楼梯一边数数，这样腿部就会越来越有劲。有些婴儿会上楼但不会下楼，下楼时，只要指导婴儿手扶着楼梯，身体重心向后，用脚一边摸索一边下来，很快就可以学会。

2. 尊重婴儿个体能力差异

婴儿到了13个月之后，个人的体型差异会逐渐明显，有的较高，有的较矮，有的较胖，有的较瘦。同时，个性也会出现差异。

动作能力的发展也一样，有的婴儿已经走得很好，有的却要抓着东西才能站立。由于外出机会增加，成人很容易将婴儿与其他同龄婴儿比较，但其实成人应了解婴儿的发展过程，只要其成长过程顺利，就没有什么好担心的。用长远的眼光来看，这个时期的婴儿即

使有两三个月的差异，以后也不会有什么差别，不必太在意。

3. 为婴儿提供工具材料让其探索

13—18个月婴儿开始用手使用工具了，比如笨手笨脚地用汤匙吃东西；玩沙时会用塑料铲往小桶里挖沙子；能听懂“把球扔过来”的指令，并尝试将球往前扔。

成人写字时，婴儿会对笔产生兴趣，也想自己拿着看看。婴儿拿笔后，会用笔拍打纸或用力在纸上画线取乐。这个时候成人可以握着婴儿的手教他如何握笔。另外，看起来非常简单的堆积木，对13—18个月的婴儿来说是一个高难度的动作。如果在13个月左右可以堆2个，17个月时可以堆3—4个，便是进步很快了。

手指的灵活度取决于婴儿是否热衷于接触东西，13—18个月期间如果积极地让婴儿锻炼手部动作，就可增加手的灵活度。手部不灵活的婴儿大多依赖成人帮他做事，时间久了会养成强烈的依赖性，这样对心智和运动能力的发展都有影响。

二、13—18个月婴儿心理发展指导要点

（一）认知发展指导要点

1. 提供新环境与材料供婴儿积极探索

13—18个月的婴儿开始喜欢探索新环境、发现新物品，照护者可以多与他做面部表情和语言交流，牵着婴儿的手行走，请婴儿拿东西给照护者或熟悉的人，鼓励婴儿堆积木、玩喜欢的玩具，辅助他尝试独立行走。

2. 鼓励婴儿模仿适宜的语言和动作

13—18个月的婴儿喜欢模仿照护者动作，照护者可以尝试以一些简单的语言和简单的动作供婴儿模仿；启发婴儿用手指指出自己的五官；鼓励婴儿玩搭积木、玩水、爬椅子和沙发等游戏；可以为婴儿准备小布书等适宜的绘本，供婴儿翻书页；提供对应其年龄发展的学饮杯，鼓励婴儿自己端杯子喝水等。

（二）语言发展指导要点

1. 运用简单的指令语帮助婴儿提升语言理解能力

过了13个月以后，婴儿已经可以理解“这个”“那个”之类的代词，对语言的理解能力正在逐渐提高，照护者可以对婴儿说一些指令语，例如“把娃娃拿过来”，婴儿会按照指令拿东西。

2. 鼓励婴儿发音表达自己的想法

有些婴儿虽然理解能力进步了，能够听懂成人的语言，但需要经过一段时间才会说话，有些婴儿却完全不出声。16个月左右的婴儿处于单词句水平，认识的事物比较多，偶尔可以发声回答一两个问题，照护者平常要多与婴儿讲话。说话比较迟是因为婴儿还不知道舌头的使用方法和吸气吐气方法，或是运用舌头的能力比较弱，说话迟的婴儿也能够清楚地了解语言的意思，只要时机一到就会说话了。这时候，照护者可以让婴儿看清楚嘴巴说话的动作，用简短的词句慢慢和婴儿说话。

（三）个性发展指导要点

1. 观察并鼓励婴儿的兴趣

当13—18个月婴儿各方面逐渐发展时，照护者在惊喜之余可以教婴儿尝试学习各种新的东西，关注婴儿感兴趣的事、快乐的事。此阶段的婴儿会乐于学习探索自己感兴趣的事物，从中进一步增加自己的能力，而对不喜欢的事物就显得缺乏耐心与兴趣。

2. 鼓励婴儿的自主性萌芽

婴儿在13—18个月时自主性正逐渐发展，越来越不想按成人的心思行动。当婴儿被强迫做自己不喜欢的事情时会说“不要”，这并不表示婴儿任性，而是有自己的主张了，如果照护者一直勉强他，就会破坏婴儿的自主性发展，养成强烈的依赖性。这一阶段婴儿喜欢重复做一件事，照护者要有耐心，多鼓励。

3. 用分散注意力的方式处理婴儿的小脾气

13—18个月婴儿个性比较明显，会出现自己的情绪和小脾气，当外界刺激超过了婴儿的承受能力时，他就需要发泄出来，比如扔东西、趴在地上发脾气，以此表示不服从。照护者此时不要呵斥他，要分散其注意力，用其他事情吸引他，他很快就会忘掉不愉快的事情。

第四节　家庭中 13—18 个月婴儿身心发展案例与分析

进　餐

活动目标：添加辅食，少吃寒凉食物，保护婴儿娇弱的肠胃功能。

适用年龄：13—15 个月。

活动准备：婴儿餐椅一个 、婴儿餐具。

正确喂养婴儿：

1. 13—15 个月婴儿的辅食制作上需尽量配合其口味，比如面条煮烂一点，米饭蒸软一点。

2. 仍然坚持不吃太杂的食物，否则容易加重肠胃负担，造成积食。

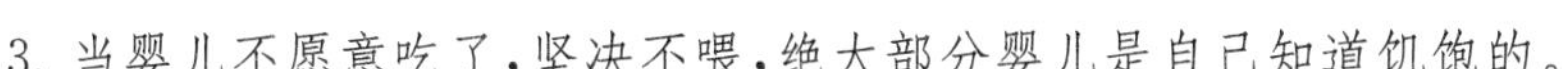

3. 当婴儿不愿意吃了，坚决不喂，绝大部分婴儿是自己知道饥饱的。

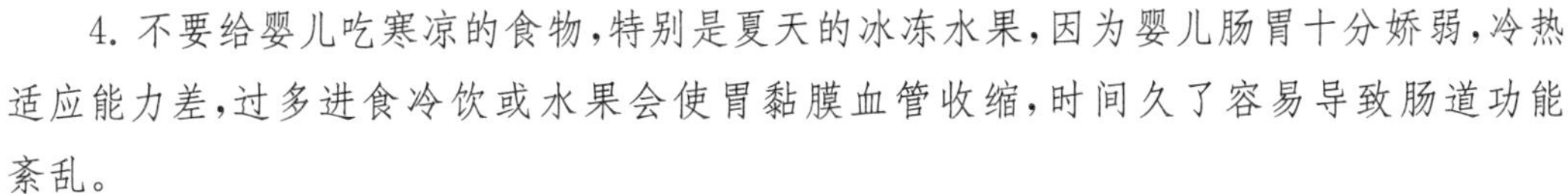

4. 不要给婴儿吃寒凉的食物，特别是夏天的冰冻水果，因为婴儿肠胃十分娇弱，冷热适应能力差，过多进食冷饮或水果会使胃黏膜血管收缩，时间久了容易导致肠道功能紊乱。

进餐时长：30—40 分钟左右。

【案例分析】

13—15 个月的婴儿膳食安排的原则是保证足够的营养，并从以奶为主的饮食过渡到成人膳食。为婴儿选择的食物必须含有丰富的营养元素，要重视动物蛋白和豆类的补充。应特别补充一定量的牛奶，一般不少于 400 毫升，以保证优质蛋白质的供应。多吃蔬菜、水果，此外，粗粮细粮都要吃，以避免维生素 B1 缺乏症。主食可以吃软米饭、粥、小馒头、小馄饨、小饺子、小包子等，每天的摄入量在 150 克左右即可。

记记看

活动目标：尝试练习实物记忆，训练婴儿记忆力。

适用年龄：17—18 个月。

活动准备：小球、其他球类、各种玩具。

与婴儿一起玩：

1. 照护者和婴儿一起玩小球游戏。

2. 将小球放在婴儿的其他玩具中，请婴儿根据记忆寻找刚刚玩过的小球。

3. 将小球放在各种球中，请婴儿根据记忆寻找小球。

活动时长：10 分钟左右。

【案例分析】

17—18 个月婴儿的记忆是由感觉器官获得的信息积累而成的。有了记忆，婴儿才能呈现出日新月异的进步。照护者可以选择一些形象直观，与婴儿关系较为密切的东西和他感兴趣的事物来训练他的记忆。可以引导婴儿认识爸爸妈妈，以及自己的名字、五官和身体的主要部位，间隔一段时间，情景再现。

本章回顾

本章首先从 13—18 个月婴儿的生理发育特点和规律描述了 13—18 个月婴儿的生理发育情况；然后分析了 13—18 个月婴儿的心理发展特点，并梳理了 13—18 个月婴儿心理发展的主要理论；最后详细地介绍了 13—18 个月婴儿生理发育与心理发展的指导要点并附上了家庭中 13—18 个月婴儿身心发展案例与分析。

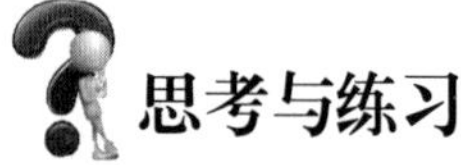

思考与练习

一、选择题

1. 以下哪一项不是婴儿呼吸系统生理特点？（　　）

A. 上呼吸道具有调节温度的作用　　B. 粘膜纤毛的清除作用

C. 斜眼要早治　　D. 肺回缩力的特点

2. 以下哪一项不是 13—18 个月婴儿心理发展规律？（　　）

A. 骨骼数量多于成人

B. 发展的连续性及年龄阶段性

C. 婴儿心理发展年龄阶段的稳定性和可塑性

D. 13—18 个月婴儿心理发展是 0—3 岁婴幼儿心理发展的早期阶段

二、简答题

1. 请谈谈 13—18 个月婴儿身心发展的影响因素。

2. 请简述婴儿感觉系统的生理特点。

参考答案

职业证书实训

1. 烹制婴儿食物的方法和要求

(1) 本题分值:20 分

(2) 考核时间:10 分钟

(3) 考核形式:笔试

(4) 具体考核要求:掌握烹制婴儿食物的方法和要求

2. 引导 18 个月婴儿按时独自入睡

参考答案

(1) 本题分值:40 分

(2) 考核时间:10 分钟

(3) 考核形式:笔试

(4) 具体考核要求:创设适宜的睡眠环境,按照睡前准备的要求,引导 18 个月婴儿按时独自入睡

推荐阅读

1. [日]久保田竞,[日]久保田佳代子.婴儿教育——从婴儿出生的那一刻开始[M].北京:北京联合出版有限公司,2018.

2. [美]珍妮特·冈萨雷斯-米纳,黛安娜·温德尔·埃尔.婴幼儿及其照料者:尊重及回应式保育和教育课程(第 8 版)[M].北京:商务印书馆,2016.

3. 龙春华.婴幼儿行为心理学[M].广州:华南理工大学出版社,2015.

4. 张向葵等.婴幼儿心理十万个为什么[M].北京:科学出版社,2020.

5. [美]菲利普,罗夏.婴儿世界[M].上海:华东师范大学出版社,2020.

6. 钱文.婴幼儿心理发展理论[M].上海:上海科技教育出版社,2019.

7. 廖洪.婴幼儿养育手册[M].北京:北京师范大学出版社,2019.

8. [日]松田道雄.我是婴儿[M].北京:华夏出版社,2011.

9. 隋玉玲.婴幼儿(1—1.5 岁)早期教育与指导[M].福州:福建教育出版社,2015.

第二章
13—18 个月婴儿生长发育与营养护理

学习目标

1. 树立科学发展观，认识营养均衡与婴儿生长发育的重要关系，关爱婴儿，提高护理技能。

2. 了解 13—18 个月婴儿生长发育监测。

3. 理解 13—18 个月婴儿营养喂养的相关知识。

4. 掌握 13—18 个月婴儿保健护理的基本方法。

思维导图

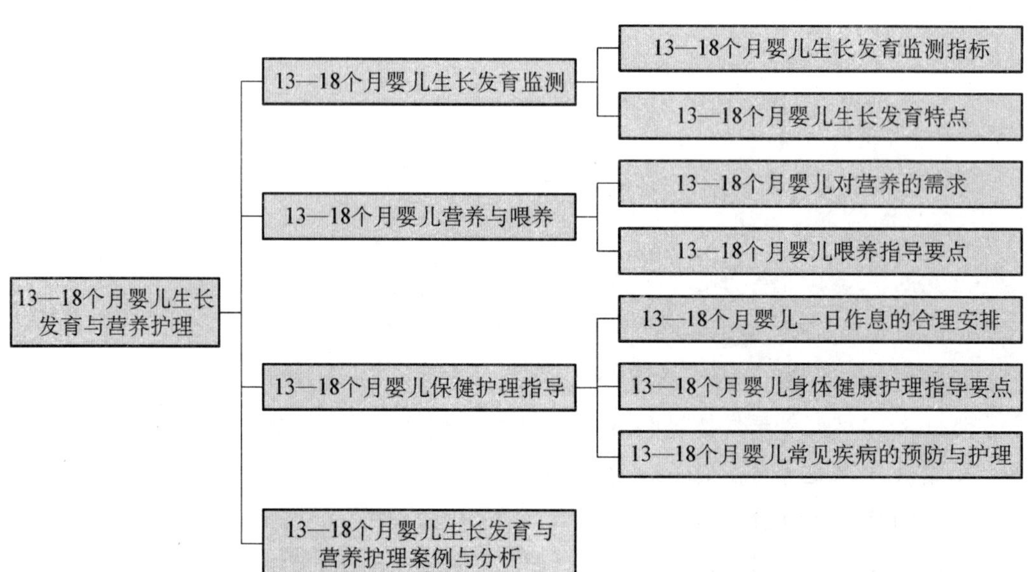

果果 15 个月了，果果妈妈在床上放了几件果果比较喜欢的玩具，并鼓励果果爬到小床边，扶着床边站起来，再扶着床沿往床上爬，然后坐在床上玩玩具。果果爸爸把床上的被子、枕头堆起来当成一座“小山”，把果果放在床的一头让她往前爬，爬过“小山”再往回

爬。爬回原地后，爸爸不断地鼓励果果："果果加油！果果好棒！"并不断地亲吻果果，给果果力量。除了让果果在床上爬之外，爸爸偶尔也会让果果爬上椅子或沙发等，但妈妈十分关注果果的安全，始终站在果果身边，随时准备用双手保护果果。果果在遇到困难的时候，也会停下来，有意识地对爸爸或妈妈叫着"爬！爬！爬！"请求帮助。

平日里果果开始对家里的娃娃、玩具表现出自己的兴趣，喜欢和全家人一起玩游戏，喜欢注视爸爸妈妈的行动并模仿，如扫地、擦桌子等，爸爸妈妈都觉得果果长大了、懂事了，在家人做家务时或穿脱衣服时能帮点小忙了。

第一节　13—18 个月婴儿生长发育监测

所谓婴儿生长发育监测是指由婴儿保健医生或照护者对婴儿进行定期、纵向的体格测量，将每次测量的体重、身高值标记在生长发育图上，描绘个体婴儿的生长曲线，早期识别生长速度减慢或加速现象，及时防治营养偏差，保障婴儿健康成长。13—18 个月婴儿生长发育具有规律性，此月龄段的生长发育监测可早期发现婴儿生长疾病，及早干预，也可用于评价干预效果，还可教育照护者，促使改善婴儿营养，降低不适当营养摄入，是婴儿保健工作最基本、最重要的内容之一。

一、13—18 个月生长发育监测指标

(一) 身体测量

1. 体重

体重是婴儿的健康标志，是判定婴儿体格发育和营养状况的一项重要指标。

婴儿体重增加为非等速增加，一个正常的婴儿体重是随着年龄的增加而不断增加的，年龄越小，体重增加越快，随着年龄的增加，体重增加速度逐渐减慢。

测体重时应注意，在测量前最好空腹，排去大小便，尽量脱去婴儿衣裤、鞋帽、尿布等，仅穿单衣裤，所测得的数据应减去婴儿所穿的衣物及尿布的重量。每次测得的婴儿体重都应做记录，在注意婴儿体重是否达到参考标准的同时，还应注意体重增长的速度。有的婴儿出生时体重比较轻，但其增长速度已达到甚至超过正常水平，尽管测得的体重还没有达到参考标准，家长可不必担心；相反，有些婴儿虽然测得的体重尚符合参考数值，但增长

速度比较慢，需要认真寻找原因，及时采取相应的措施。13—18个月婴儿体重具体参考指标见表2-1。

表2-1 体重监测指标(参考)

月龄	性别	体重(kg)
12个月	男	8.06—12.54
	女	7.61—11.73
13个月	男	8.24—12.81
	女	7.79—11.99
14个月	男	8.40—13.07
	女	7.96—12.25
15个月	男	8.57—13.32
	女	8.12—12.50
16个月	男	8.73—13.57
	女	8.29—12.76
17个月	男	8.90—13.83
	女	8.46—13.02
18个月	男	9.07—14.09
	女	8.63—13.29

2. 身高(长)

身高是指头顶至足底的长度，身高是婴儿骨骼发育的一个主要指标。身高的增长速度和体重一样，也是年龄越小，增长越快。3岁以下婴儿立位测量不准确，应仰卧位测量，称身长。身高受种族、遗传和环境的影响较为明显，受营养的短期影响不明显，但与长期营养状况有关。

婴儿头部、脊柱和下肢三部分的发育进度并不相同，一般头部发育较早，下肢发育较晚。因此，临床上有时须分别测量上下部量，以检查其比例关系。自头顶至耻骨联合的上缘为上部量，自耻骨联合的上缘至脚底为下部量。上部量主要反映脊柱的增长，下部量主要反映下肢的增长。新生儿下部量比上部量短，前者占40%，后者占60%，中点在脐以上，1岁时中点在脐下。

在医院有特定的量板测量婴儿的身长，测量前先脱去婴儿的鞋、袜、帽、外衣裤及尿布。让婴儿仰卧在量板的底板中线上，头接触头板，面向上。测量者站在婴儿的右侧，用左手按直婴儿的双膝部，使两下肢伸直、并拢并紧贴量板的底板；右手移动足板，使其紧贴婴儿的足底，读取身长的刻度。在家里，如果没有量板，也可让婴儿躺在桌上或木板床上，在桌面或床沿贴上一软尺。在婴儿的头顶和足底分别放上两块硬纸板，测量方法和医院量板的量法一样，读取头板内侧至足板内侧的长度，即为婴儿的身长。测量身长时需注意

足板一定要紧贴婴儿的足底，而不能只量到脚尖处，否则，会使测得的身长大于其实际身长。13—18个月婴儿身长具体参考指标见表2-2。

表2-2　身长监测指标(参考)

月龄	性别	身高(cm)
12个月	男	71.2—82.1
	女	69.7—80.5
13个月	男	72.2—83.4
	女	70.8—81.8
14个月	男	73.1—84.6
	女	71.9—83.1
15个月	男	74.0—85.8
	女	72.9—84.3
16个月	男	74.9—86.9
	女	73.9—85.5
17个月	男	75.7—88.0
	女	74.8—86.6
18个月	男	76.6—89.1
	女	75.6—87.7

3. 头围

头围反映脑和颅骨的发育程度。头部的发育最快为出生后头半年，新生儿头围平均为34厘米，在头半年增加9厘米，后半年增加3厘米，第2年头围增长减慢。13个月男婴平均头围约46.3厘米，13个月女婴平均头围约45.3厘米，13—24个月婴儿头围增加约2厘米。婴儿头围与脑发育密切相关，它间接反映着脑容量，头围增长是否正常，反映着大脑发育是否正常，脑发育不全时，头围增长缓慢，而脑积水可使头围增长过快。但头围与智力没有必然联系，并不是越大越好，头围偏小也有问题。

测量头围时选用一软尺，用左手拇指将软尺零点固定在左侧眉毛的上缘，然后紧贴皮肤经过枕骨结节最高点绕头一圈回至零点，读取的数值即头围。13—18个月婴儿头围具体参考指标见表2-3。

表2-3　头围监测指标(参考)

月龄	性别	头围(cm)
12个月	男	43.5—48.6
	女	42.2—47.6

续 表

月龄	性别	头围(cm)
13 个月	男	43.8—48.9
	女	42.4—47.9
14 个月	男	44.0—49.2
	女	42.7—48.2
15 个月	男	44.2—49.4
	女	42.9—48.4
16 个月	男	44.4—49.6
	女	43.1—48.6
17 个月	男	44.6—49.8
	女	43.3—48.8
18 个月	男	44.7—50.0
	女	43.5—49.0

4. 胸围

胸围是用来评价婴儿胸部发育状况的指标，包括肺的发育、胸廓的发育以及胸背肌肉和皮下脂肪的发育程度。至1岁左右胸围约等于头围，1岁以后胸围逐渐超过头围。13个月男婴平均胸围约46.37厘米，13个月女婴平均胸围约45.3厘米。婴儿时期营养良好时，胸廓发育好，胸部皮下脂肪较为丰满，也可有几个月时胸围就大于头围。婴儿呼吸以腹式呼吸为主，如果裤带束缚胸部，长久不解除，易发生束胸症及肋缘外翻。重症佝偻病可出现肋骨串珠、鸡胸、漏斗胸等胸廓发育异常。先天性心脏病合并心脏增大也可出现鸡胸，漏斗胸也可为单纯胸廓发育异常。

13—18个月婴儿测量胸围时取卧位，让婴儿平躺在床上，两手自然平放，将软尺零点固定于乳头下缘，使软尺接触皮肤，经两肩胛骨下缘绕胸一圈回至零点，读取的数值即胸围。胸围的大小与体格锻炼及衣着有关。小宝宝正处于迅速生长时期，日长夜大，而有的照护者喜欢给宝宝穿束胸的裤子，人为地束缚其胸廓的发育，时间一长可导致宝宝肋骨下陷、外翻，胸围过小。因此，照护者应注意给宝宝穿宽松的衣裤。同时，可经常给宝宝做被动操锻炼其肌肉和骨骼，如扩胸运动等，锻炼婴儿的胸肌，促使宝宝的胸肌发达，带动胸廓和肺部的发育。13—18个月婴儿胸围具体参考指标见表2-4。

表2-4 胸围监测指标(参考)

月龄	胸围(cm)
13 个月	45.2—46.3

续　表

月龄	胸围(cm)
14 个月	45.37—46.5
15 个月	45.62—46.8
16 个月	46.1—47.2
17 个月	46.33—47.4
18 个月	46.37—46.5

5. 腹围

婴儿期胸围与腹围相近,而后腹围小于胸围。腹部易受腹壁肌张力及腹内脏器的影响。肠麻痹时出现腹壁膨隆,有腹水时腹大似蛙腹,如果出现腹水要定时测量腹围。测量腹围时应使婴儿于仰卧位,以脐部为中心,绕腹一周。

6. 上臂围

臂围是骨骼、肌肉、皮肤和皮下组织的综合测量。上臂围的增长反映了婴儿的营养状况。在无条件测量婴儿体重和身高的情况下,上臂围可以用来评估婴儿的营养状况:>13.5 厘米为营养良好,12.5—13.5 厘米为营养中等,<12.5 厘米为营养不良。

(二) 视力、听力

婴幼儿时期是视觉发育的关键时期和可塑阶段,也是预防和治疗视觉异常的最佳年龄。因此,积极做好预防与保护非常重要。13 个月左右的婴儿视力为 0.20—0.25(4.3—4.5);18 个月左右婴儿视力可达 0.4,视野宽度慢慢接近成人。

婴儿对听力的分辨也更加精确,能尝试感受言语的节奏和语调,但是婴儿的听力器官娇嫩易受伤害,听力的适应力差,他们对噪音十分敏感,分贝较高的噪音会对此月龄阶段婴儿内耳里的"感应接收器"造成损害。内耳里的"感应接收器"一旦受到损伤,声音就无法及时传送给大脑,随之而来的便是婴儿听力功能的减退。

(三) 囟门

囟门是婴儿头顶颅骨互相连接处还未完全骨化的部分,由额骨、顶骨、枕骨合并而成,囟门呈菱形。我们测量囟门大小指的是菱形两条边之间的距离,测得结果一般用厘米×厘米来表示。囟门有前囟、后囟两个。前囟为额骨和顶骨形成的菱形间隙,俗称"天门盖",位于头顶部前中央,到 18 个月左右闭合。虽然前囟正常在 18 个月左右关闭,但有些婴儿前囟关闭较早,这并不意味着头颅不再增大,因为头围停止生长要到 13—14 岁时骨与骨之间的骨缝融合。因此有些婴儿虽然囟门早闭，但随着脑的发育，头围依然会继续生长，一般不会影响智力发育。但有一种情况——头小畸形的婴儿，其囟门早闭，是由于脑发育差，因此智力发育迟缓。从囟门的紧张度和闭合的早晚可以推测婴儿的脑发育状况，如果囟门关闭过早而头围又明显小于正常值范围，说明婴儿可能患有头小畸形；囟门晚闭则多见于佝偻病、呆小病或脑积水。因此，对于囟门早闭要具体情况具体分析，判定其是否会影响婴儿的智力发育，最合适的方法是定期测量头围和随访婴儿的神经精神发育进程。如果头围增长速度在正常范围内，同时婴儿的神经精神发育与其年龄相符，则即使囟门早闭，也不会影响其智力的发育。13—18 个月婴儿前囟具体参考指标见表 2-5。

表 2-5　前囟监测指标(参考)

月龄	前囟
13 个月	0—1 厘米 * 1 厘米
14 个月	0—1 厘米 * 1 厘米
15 个月	0—1 厘米 * 1 厘米
16 个月	0—1 厘米 * 1 厘米
17 个月	0—0.5 厘米 * 0.5 厘米
18 个月	0—0.5 厘米 * 0.5 厘米

(四) 牙齿

婴儿下颌乳中切牙萌出时间最早，可在生后 4 个月，最迟 13 个月。12 个月婴儿大多都已经长出 6—8 颗牙齿了，也有到 11—12 个月才看到一点点乳牙。一般在 9—11 个月萌出乳牙，1 岁末时出牙 6—8 颗，14 个月出牙 9—11 颗，18 个月出牙 12—14 颗。13—18 个月婴儿出牙次序参考表 2-6。

表 2-6　13—18 个月出牙次序

月龄	出牙
13 个月	2—8 颗
14 个月	4—12 颗
15 个月	4—12 颗
16 个月	6—14 颗，其中门牙 8 颗，前臼 4 颗，尖牙 2 颗
17 个月	6—14 颗，其中门牙 8 颗，前臼 4 颗，尖牙 2 颗
18 个月	8—16 颗，其中门牙 8 颗，前臼 4 颗，尖牙 4 颗

（五）骨骼

骨骼的主要化学成分是水、无机盐和有机物。无机盐主要是钙盐，它们赋予骨骼以硬度；有机物主要是蛋白质，它们赋予骨骼以韧性和弹性。婴儿的骨骼中各种成分的比例与成人有所不同。成人的骨骼中，有机物约占 1/3，无机盐约占 2/3；而婴儿的骨骼中有机物和无机盐各占一半。13—18 个月婴儿骨骼较柔软、富于弹性、韧性好，但容易受外力的影响而发生变形。在骨骼的结构中，成人有 206 块骨骼，婴儿则有 350 块骨骼。增强婴儿骨骼所必须的营养素是钙，而学步中的婴儿对于钙的摄取更要加强，以促进及强化骨骼的发育。13—18 个月婴儿每天对钙的需求量是 600 毫克，对于婴儿来说，钙补少了不起作用，多了容易沉积。

二、13—18 个月婴儿生长发育特点

13—18 个月婴儿告别了新生儿期，进入持续稳步增长阶段，但生长速度较之前开始放慢，婴儿从 1 岁到 2 岁整整一年中，总的体重增长大约在 2 千克，平均到每个月并不会有太显著的增加。大部分婴儿在这个阶段囟门将逐渐经历膜性闭合，少数前囟骨缝还没有完全闭合也是正常的。其乳牙在这一阶段可能从 6 颗增加到 10 颗，但是未出牙、出牙较迟也属于正常现象。此阶段神经和膀胱都已得到了很好的发育，婴儿白天能尝试控制大小便，当来不及尿湿了裤子会主动向成人示意。

婴儿身高的增长速度在出生后第二年开始变慢，身高是出生身高的 1.5 倍(约 75 厘米)，全年仅增长 10—12 厘米。1 周岁时体重是出生时体重的 3 倍(约 10 千克)，13—18 个月婴儿体重平均每月增长 0.2 千克左右。新生儿的平均头围大约为 34 厘米，半岁时增长到 42 厘米左右，1 周岁时增长到 46 厘米左右，头围增长速度在出生后第一年非常迅速，反映了脑发育的情况。13—18 个月婴儿的胸廓呈圆桶形，即前后径与左右径几乎是相等的，随着身体不断发育成长，其胸廓的左右径逐渐增加，前后径相对就会变小，形成椭圆形。婴儿的胸围在 12—24 个月这一阶段整年增长 3 厘米。婴儿头围和胸围的测量值之间是有一定关系的，这个关系可以反应出婴儿的身体发育是否健康。新生儿的胸围要比头围小 1—2 厘米，1—2 岁之后，头围和胸围的测量值差不多相等。位于婴儿头顶前部的囟门，是婴儿出生第一年反应体内有无疾病的窗口，一般在 10—15 个月时关闭，如果婴儿 16 个月大后囟门还未关闭，则可能是佝偻病或脑积水。

（一）遵循生长发育连续过程的阶段性与程序性

婴儿的生长发育是一个连续的过程，但各年龄生长发育并非匀速，婴儿在每个月龄阶段生长发育都具有一定特点，年龄阶段不同，生长速度也不同。例如，13 个月左

右的婴儿体重已是出生时体重的3倍(约10千克),身高是出生身高的1.5倍(约75厘米)。13—18个月期间婴儿的生长速度逐渐减慢,明显不如出生头一年第一个生长高峰时的生长速度,而在这一期间,中枢神经系统发育加快。

(二) 遵循生长发育复杂过程中的量变到质变

13—18个月婴儿生长发育过程中,先前的发展为后来的发展打下基础,是后来发展的前提。婴儿的生长发育时刻都在发生量的变化,量的变化积累到一定程度就会发生"质变"。这种量变到质变的过程,不仅表现为身高和体重的增加,还表现为器官的逐渐分化,功能的逐渐成熟。

(三) 生长发育具有个体差异性

13—18个月婴儿的生长发育虽然遵循一定的规律,但在一定范围内还是会受遗传和环境的影响,存在比较明显的个体差异,每个婴儿有着自己的生长曲线,而不会完全相同。因此,婴儿生长发育水平常常是一个范围,而不是一个固定的绝对值。

13—18个月婴儿的生长发育在各方面不是齐头并进地发展,而是具有不平衡性和个体差异性。同一名婴儿,具体在不同月龄阶段的发展速度不均衡,同一时间身体各方面的发展水平也是不均衡的。另外,不同婴儿之间身体发展也有不平衡,每位婴儿身体发展的内容、表现形式和水平都具有独特之处。

第二节 13—18个月婴儿营养与喂养

一、13—18个月婴儿对营养的需求

13—18岁婴儿已能熟练地爬行,并开始学习走路,新陈代谢较成人旺盛,基础代谢也是成人的两倍,对能量和营养的需求较高,必须提供足够的能量和满足生长发育所需的各种营养物质。

(一) 热量

中国营养学会推荐1—2岁婴儿的热量供给为1 100 KCal/D(为平均值,存在个体差异)。13—18个月的婴儿每日的基础代谢、体力活动、生长所需、食物热效应以及排泄的消耗决定了他们对热量的大量需要。

1. 基础代谢

13—18 个月婴儿基础代谢的热量需要占总热量的 60%。不同器官的代谢在基础代谢中所占的比例随年龄而不同，婴儿时期脑代谢占总基础代谢的 1/3，到成人期则减少到 1/4；肌肉消耗在婴儿期占 8%，成人期则达到 30%。

2. 体力活动

婴儿之间存在个体差异，好动的婴儿比安静的婴儿体力活动的耗能高 2—3 倍。体力活动耗能是平衡能量摄入与消耗的最主要部分，消耗过少使能量积累，容易造成肥胖。

3. 生长所需

13—18 个月婴儿对热量的需要量与生长速度成正比。6 个月以内的婴儿生长所需能量较大，6 个月后逐渐减少，到青春期又开始增高。

4. 食物热效应

不同食物的热效应不同，婴儿期混合膳食的食物热效应占总能量的 5%—6%。

5. 排泄的消耗

13—18 个月婴儿每日摄入的食物不能被身体完全吸收，其中一部分食物未经消化吸收即排泄于体外，其热量的损失不超过 10%，如婴儿发生腹泻时，排泄热量的丢失就会大增。

（二）蛋白质

13—18 个月婴儿年龄小，生长发育快，所需要的蛋白质多。由于旺盛的新陈代谢和生长发育需要，婴儿的蛋白质代谢处于正氮平衡。婴儿早期肝脏功能还不成熟，需要由食物提供组氨酸、半胱氨酸、络氨酸以及牛磺酸。对蛋白质不仅要求数量高，而且质量要求也高。母乳中必须氨基酸的比例最适合婴儿生长的需要。蛋白质的适宜摄入量因喂养方式而异，人工喂养的婴儿蛋白质的需要量高于母乳喂养的婴儿。母乳喂养的婴儿蛋白质的适宜摄入量为 2.0 克/（千克 · 日）；人工喂养的婴儿蛋白质适宜摄入量为 3.5 克/（千克 · 日）。

婴儿喂养不当，可发生蛋白质缺乏症，影响生长发育，引起大脑发育和体重增长缓慢、肌肉松弛、贫血、免疫功能降低，甚至发生营养不良性水肿。过量的蛋白质亦对婴儿有害。

（三）脂肪

脂肪为 13—18 个月婴儿提供热量，保护内脏和维持体温，构成组织的成分，提供必需脂肪酸，促进脂溶性维生素的吸收。母乳与牛乳的脂肪能满足 13—18 个月婴儿的需要，尤其是母乳的脂肪容易为婴儿消化吸收。脂肪的供能比由初生时的 45%，逐渐减少到

30%—40%。婴儿神经系统和身体的发育离不开脂肪，如脂溶性维生素和必需脂肪酸等。脂肪摄入过多会引起食欲不振、消化不良和肥胖。婴儿膳食中脂肪主要来源于乳类、蛋类、鱼禽肉类、动物内脏和动植物油脂。

（四）碳水化合物

碳水化合物为13—18个月的婴儿供给能量，构成神经组织部分，保肝、解毒，对蛋白质具有保护作用。13—18个月的婴儿能较好地消化淀粉食品。婴儿食物中含碳水化合物过多，则碳水化合物在肠内经细菌发酵、产酸、产气并刺激肠蠕动引起腹泻。如果缺乏碳水化合物，则婴儿发育迟缓、体重轻、易疲劳等。婴儿膳食中碳水化合物的主要来源是薯类、谷类和根茎类及各种单糖和双糖。

（五）矿物质

13—18个月婴儿仍应限制钠（食盐）的摄入，以免加重肾负荷并诱发成年高血压。铁是血红蛋白的组成成分，血红蛋白在体内担负着输送氧气的功能，又是多种酶的组成成分。缺铁性贫血是婴儿常见的营养缺乏病，此时应补充含铁丰富的辅食。母乳含铁量虽比牛奶少，但吸收率高，母乳喂养的婴儿很少缺铁。婴儿膳食中乳汁、肝脏、蛋黄、动物血、豆类、肉类、绿色蔬菜、杏、桃等含铁丰富。

氨基酸、乳糖、维生素D及甲头旁腺素可帮助钙的吸收，蔬菜中的草酸盐、粮食的植酸盐等会降低钙的吸收。钙、磷的比例为1∶1时钙吸收率最高。补钙的最佳时间在晚饭后，与喝奶间隔半小时。13个月以前补钙的剂量为200—300毫克，13个月以后为400毫克。婴儿膳食中乳类和鱼类食物是钙的主要来源。

锌能促进生长发育和组织的再生，有促进细胞分裂、生长的作用，维持正常的味觉，促进食欲，参与维护和保持细胞免疫反应等，促进神经髓鞘化。13—18个月婴幼儿缺锌会导致生长减慢、食欲差、异食癖，免疫力下降，易感染疾病，好动、注意力不集中，伤口愈合差。牡蛎中锌含量最高，其次是肉、肝、蛋类。乳胶牛乳中锌含量高，尤其是初乳。婴儿膳食中肉类、肝脏、蛋类、海产品含锌丰富。海产品和食盐是碘的来源。

（六）维生素

维生素A为13—18个月婴儿有效地维持视觉功能，维护上皮细胞的生长，维持骨骼的正常发育。如果缺乏维生素A会引起干眼病、夜盲、皮肤干燥、毛发枯干、发育迟缓。维生素A过量会引起中毒，表现为四肢疼痛、过度兴奋、生长停滞、脱发、婴儿囟门隆起、颅压增高。婴儿膳食中肝脏、蛋黄、胡萝卜、南瓜等含维生素A和胡萝卜素较丰富。

母乳和牛奶中维生素D的含量都很少，母乳中其余维生素的含量基本能满足婴儿生长发育的需求。维生素D的供给量因日照的多少而不同。鱼肝油制剂和日照自身合成

是婴儿维生素 D 的主要来源。

维生素 B_1 和维生素 B_2、烟酸的供给量因热能的供给而不同，每 1 KCal 热量对应的维生素 B_1 和 B_2 为 20.5 毫克，烟酸为维生素 B_1 的 10 倍。乳类、豆类、谷类食物是婴儿维生素 B_1 的主要来源；蛋黄、肝脏、瘦肉是婴儿维生素 B_2 的主要来源。

维生素 C 能促进组织胶原蛋白合成，维持血管、肌肉、牙齿的正常功能，大量被用于抵抗感冒，加强伤口愈合。缺乏维生素 C 会患坏血症，母乳、蔬菜、水果是婴儿维生素 C 的主要来源。

（七）水

正常婴儿每天对水的需要量是 75—100 毫升/千克，如体重为 12 千克的婴儿，其每日需水量为 900—1 200 毫升。婴儿较成人更容易发生脱水。牛乳中含蛋白质和电解质较多，因此人工喂养所需水量比母乳喂养的多。如果缺乏水分，会使消化液的分泌相应减少，阻碍食物的消化，引起食欲不振；水分过量可稀释消化液，也同样引起消化不良。所以饭前饭后不宜大量饮水。

二、13—18 个月婴儿喂养指导要点

1 岁以后的婴儿生长发育虽不如出生后第一年迅速，但 13—24 个月全年仍可增加体重 2—3 千克，因此，其对营养素的需要量仍然相对较高。1 岁以后的婴儿饮食应该由原来的以奶为主逐渐过渡到以粮食、奶、蔬菜、鱼肉、蛋为主的混合饮食。至于其一日的食物大类的数量，上海市营养学会根据调查研究的结果，提出了学龄前婴儿食物定量指导方案，以金字塔图形表示，标明了各类食物的合理比例范围，称为“上海市幼儿膳食 4＋1 方案”，其中 1—3 岁婴幼儿的食物量简单概括为：1—2 瓶牛奶，1 个鸡蛋，1—2 份禽、鱼、肉，2 份蔬菜与水果，2—3 份谷与豆（1 份相当于 50 克，1 瓶牛奶为 227 克；具体食物量还应随年龄适当调整）。

值得注意的是，牛奶应该仍然是 1—3 岁婴幼儿的主要食物之一，每日平均 350 克左右，切不可认为断奶就是将所有的牛奶或奶制品全部取消掉，而是应该继续食用直至一生。另外，婴儿的咀嚼功能还不够发达，每天应该单独为婴儿加工、烹调食物，少用油炸或面拖，以防脂肪过多、食物过硬，婴儿的食物加工要细且体积不宜过大。要引导和教育婴儿自己进食，进餐要有规律，进餐时让其暂停其他活动，集中精力进餐。

（一）13—18 个月婴儿母乳或配方乳喂养

下表呈现的是 13—18 个月婴儿母乳或配方乳喂养的发展阶段。

表 2-7　13—18 个月婴儿母乳或配方乳喂养

母乳喂养	1. 继续吸食或顺利断离母乳
婴儿发展阶段	1.1　继续吸食母乳至 1—2 岁 1.2　顺利度过离乳期
配方乳喂养	2. 继续吸食配方乳，开始尝试使用学饮杯
婴儿发展阶段	2.1　每天奶量为 750—800 毫升，每天喝奶 4—5 次 2.2　停用奶瓶吸吮，自己用学饮杯喝奶(水)

【母乳喂养】

1. 继续吸食或顺利断离母乳

1.1　继续吸食母乳至 1—2 岁

指导建议：

(1) 母乳的成分十分适合婴儿，包含丰富的营养成分和很多促进生长发育的非营养的有生物作用的因子。

(2) 每天奶量为 750—800 毫升，每天 4—5 次。

(3) 判断奶量是否充足要根据婴儿体重增长情况、尿量多少与睡眠状况进行综合评价。

环境支持：

(1) 13—18 个月婴儿需要一个相对适宜的进餐环境，母亲在给婴儿哺乳时应尽量选择光线柔和、温度适宜、相对安静的环境。

(2) 光线太强，会刺激婴儿的视力；光线太暗，又给婴儿造成压抑感。

(3) 过于嘈杂、喧闹的环境，不仅不利于进食，更有碍食物营养的消化和吸收。同时，环境过于杂乱，易导致婴儿注意力分散，不利于集中精力吸吮乳汁。

1.2　顺利度过离乳期

指导建议：

(1) 如因各种原因需要断奶，则是断母乳的最佳时期。断奶不要采取伤害婴儿情感的方式，自然断奶最可取。

(2) 断母乳不等于断乳，虽然 1 岁后的婴儿已告别乳儿期，但乳类仍是婴儿每天应该摄入的，科学合理的幼儿配方奶粉可延续母乳的好处，继续为婴儿提供丰富的营养。除此之外，应该给婴儿做些新鲜可口的饭菜，让婴儿获取足够和优质的营养。也可在医生的指导下为婴儿提供平衡的营养素。

(3) 断奶时需小心乳腺炎。如果乳房胀痛，要定时用吸奶器吸奶，如果吸奶器不好用，要毫不犹豫地让婴儿吸吮，因为乳汁淤积是引起乳腺炎的原因之一。

环境支持：

(1) 照护者要注意为婴儿提供足够的配方奶。如13个月婴儿每天可以喝300—500毫升的配方奶。

(2) 照护者应每日为婴儿安排三次正餐，另有两次加餐，原则是从软到硬、从稀到干、从少到多，食物应多样化，并要注意食物的色、香、味、形，创造良好的进食环境。

【配方乳喂养】

2. 继续吸食配方乳，开始尝试使用学饮杯

2.1 每天奶量750—800毫升，每天喝奶4—5次

指导建议：

照护者应以喂哺后奶瓶是否有剩余液体，婴儿是否可安静玩耍、睡觉，婴儿排尿是否正常，体重增长是否正常，来判断配方乳摄入量是否充足。

环境支持：

一般情况下，此阶段婴儿每日喂奶4—5次，大便1—2次。

2.2 停用奶瓶吸吮，自己用学饮杯喝奶(水)

指导建议：

鼓励婴儿自己喝奶(水)，13—18个月婴儿的小手越来越灵巧，完全具备使用学饮杯喝奶(水)的能力。不过，想要滴水不漏，此阶段还做不到，可能会把奶(水)洒到衣服或脖子上，但能把大部分奶(水)喝到肚子里，照护者要给婴儿提供练习机会。

环境支持：

白开水是婴儿最好的饮料，一定要让婴儿觉得喝水是一件快乐的事情，准备一个可爱的学饮杯可以让婴儿更容易爱上喝水。

(二) 13—18个月婴儿辅食添加喂养

下表呈现的是13—18个月婴儿辅食添加喂养的发展阶段。

表2-8 13—18个月婴儿辅食添加喂养

营养均衡	1. 营养需求增高
婴儿发展阶段	1.1 食量下降，饮食结构发生变化，将从以奶类为主转向混合食物 1.2 活动量增多，营养需求高 1.3 消化系统还没有完全成熟，以细、软、烂的食物为主
饮食习惯	2. 初步养成良好饮食习惯
婴儿发展阶段	2.1 形成定时、定位、专心进餐的习惯 2.2 形成健康口味习惯，不偏食、不挑食

【营养均衡】

1. 营养需求增高

1.1　食量下降，饮食结构发生变化，将从以奶类为主转向混合食物

指导建议：

这个阶段，婴儿的生长速度会减慢，食欲也会减弱，食量有所下降，甚至只有原来的一半，照护者完全不用担心。到了15个月左右，也可能出现厌食饭菜的现象，开始愿意喝牛奶或依恋母乳了，这是因为添加饭菜，婴儿肠胃功能疲劳，需要调整一下。如果婴儿因为愿意喝奶，增加了奶量，减少了饭量，照护者不必着急，配方奶能够保证婴儿的营养。过一段时间，婴儿又会重新喜欢进食饭菜。

这一阶段婴儿的食物结构逐渐与照护者相近，每天最好按顿吃饭，以粮食(谷类)为主的混合饮食、质地为软的固体食物为主，食物种类多样化。婴儿食物需要全面合理地搭配，除了优质的蛋白质，如各种蛋、肉、奶制品等，还需要提供热量的谷类食物、提供维生素的新鲜水果和蔬菜。

环境支持：

不要错过添加固体食物的关键期，如果这一阶段还不给婴儿吃固体食物的话，婴儿日后会产生进食困难。最省事的喂养方式是每日三餐都和照护者一起吃，加两次牛奶，可能的话，加两次点心、水果，或者把水果放在三餐主食以后。有母乳的，可在早起后、午睡前、晚睡前、夜间醒来时喂奶，尽量不在三餐前后喂，以免影响进餐。

1.2　活动量增多，营养需求高

指导建议：

13—18个月婴儿可以吃的食物品种不断增多，婴儿营养应坚持五大原则——全面、多样、均衡、新鲜、美味。婴儿每天的食物品种要达到15—20种。婴儿需要从植物油中摄取植物脂肪，这个月龄婴儿食用油的摄入量在每日10克左右即可满足需要。这个阶段需保证供给婴儿六种营养素，即蛋白质、脂肪、碳水化合物、矿物质、维生素和水。每日食物蛋白质占总能量的12%—15%，脂肪占30%—35%，碳水化合物占50%—60%，优质蛋白质占总蛋白质的1/3—1/2。这个阶段的婴儿可吃的蔬菜种类也增多了，除了刺激性大的蔬菜，如辣椒、辣萝卜，其余的基本都能吃，随着季节变化，吃时令蔬菜瓜果比较好，但柿子、黑枣等不宜给婴儿吃。

环境支持：

提供丰富的优质蛋白质，如乳类、鱼、肉、蛋、豆制品。乳类至少每天500毫升。可以适量供应粥、大米饭、面条、小饼干等，为婴儿提供足够的热量。经常给婴儿吃蔬菜瓜果、

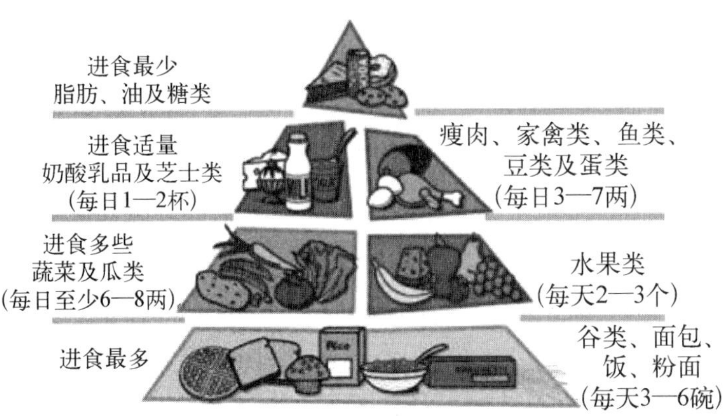

海产品，提供维生素，促进消化，增进食欲。经常吃一些肝脏、动物血，以保证铁的供应。

1.3　消化系统还没有完全成熟，以细、软、烂的食物为主

指导建议：

这个阶段的婴儿乳牙还没有长齐，咀嚼能力有限，食物的选择要以营养丰富、易消化为原则。此时婴儿虽然可以咀嚼一些成形的固体食物，但还是以那些细、软、烂的食物为主。烹饪蔬菜的时候，能蒸的就不要煮，因为蒸出来的菜比煮的味道更好，同时营养成分保留更多。尽量不给婴儿吃油炸的食物。

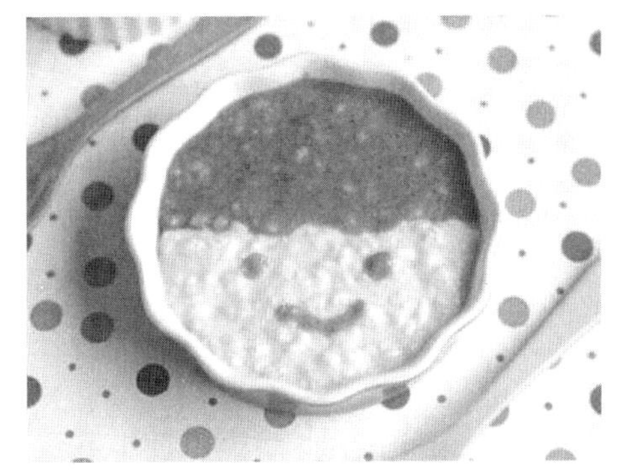

环境支持：

照护者要时刻关注婴儿的大便，以辨认婴儿是否消化不良。每日准备的食品不宜过硬，少吃过油腻、过甜、油炸、黏性及刺激性食品，少吃凉拌菜和咸菜。

【饮食习惯】

2. 初步养成良好饮食习惯

2.1　形成定时、定位、专心进餐的习惯

指导建议：

(1) 这个时期是养成良好饮食习惯的关键时期。在就餐时，所有人都应坐在餐桌前，将电视和音响关闭，安静吃饭，避免一面进餐，一面看电视、看书或玩玩具。这样会影响婴儿的胃液分泌，分散婴儿的注意力。建议 13—18 个月的婴儿每餐能坐在婴儿专用餐椅里，自己学用小勺进食，和照护者一同进餐，确保婴儿有固定的吃饭时间和地点。

(2) 13—18 个月的婴儿已经能一天进食三餐，外加两顿加餐(水果、酸奶和甜点等)和一定数量的配方奶。如果婴儿每天还能喝 300 毫升的配方奶，对三餐饭量就不要强迫，同时也立下规定，不再给其他零食代替。如果婴儿很爱吃三顿正餐，也爱喝配方奶，就不要求加餐吃多少，除了水果外，其他可以不加。如果婴儿每天能喝500毫升以上的配方奶，那不好好吃饭也是情有可原的。

环境支持：

坚持每餐为婴儿提供专用餐椅，创造愉快的就餐氛围。心情好，胃口也会好。不要在餐桌上谈批评婴儿，那样会直接影响婴儿的食欲。吃饭时要让婴儿感受到是最好的享受。严格控制婴儿吃零食。两餐之间的间隔最好保持在3.5—4个小时，使胃肠道有一定的排空时间，这样容易产生饥饿感。古语说"饥不择食"，饥饿时对过去不太喜欢吃的食物也会觉得味道不错，时间长了，便会慢慢适应。

2.2 形成健康口味习惯，不偏食、不挑食

指导建议：

（1）婴儿味觉的发育需要通过各种口味食物来刺激他们的味蕾。13—18个月的婴儿尝试和接受的食物品种越多，将来可以接受的食物范围就越广；反之，则将来不容易接受他从未体验过的食物味道。13—18个月的婴儿饮食上尽量不加食盐，糖也要适量，以清淡食物为主，以保持婴儿味蕾对各种味觉的敏感性，提升婴儿对多种食物的接受程度。

（2）给婴儿安排丰富的户外活动。婴儿在其真正饥饿的状态下，更容易接受新食物，照护者应观察婴儿进食新食物后有无恶心、呕吐等过敏表现，以确认这种食物对其是否合适。如果进食后确有身体不适的表现，那就不属于挑食、偏食，需要向医生请教。

（3）建议照护者以积极的心理暗示描述事物的食用感受，鼓励婴儿自愿品尝，并以肯定和赞赏的口气鼓励婴儿吃完他那份食物。

环境支持：

尽可能给婴儿尝试更多口味的食物。婴儿接受新食物一般要经过10—20次的反复尝试，给婴儿试喂新食物时，照护者要有耐心，并多次、少量地进行。在纠正婴儿偏食的过程中，可以书面的形式记录下来，让婴儿看见自己的进步，也可给婴儿适当的奖励，以作鼓励。

进　食

第二年，婴儿已经能够拿起勺子、瓶子和香脆薄饼，这表示他们已经开始独立了，此时

小肌肉运动技能的发展使得他们能够准确地将食物送进嘴里，用牙咀嚼。

资料来源：[美] 芭芭拉·安·尼尔森.一周又一周——儿童发展记录(第三版)[M]. 北京：人民教育出版社，2011.

第三节　13—18 个月婴儿保健护理指导

婴儿自己能走动以后，其活动量也较前增大，因此平日衣服不要穿得太多，一般和成人穿得一样或多一件就足够了。在这个时期妈妈要有意识地培养婴儿的自我服务能力，让他自己用勺吃饭，这不仅是培养婴儿独立生活的能力，还能提高婴儿对进食的兴趣，促进其手眼协调能力的发展。同时要进一步强化训练婴儿用杯子喝水，不要贪图方便，一直用奶瓶给婴儿喝水、喝牛奶，养成婴儿含奶瓶的习惯，否则时间一久易导致门齿的龋齿及上下牙齿生长排列不齐。

13 个月以后婴儿一天小便约 10 次。可以从 1 岁后培养婴儿会表达要小便的卫生习惯。妈妈应首先掌握婴儿排尿的规律、表情及相关的动作，如身体晃动、两脚交替等，发现后让其使用婴儿坐便器；然后逐渐训练婴儿排尿前会表示，在婴儿每次主动表示以后给予积极的鼓励和表扬。1 岁以后，婴儿的大便次数一般为一天 1—2 次，有的婴儿两天一次，如果很规律，大便形状也正常，父母不必过虑，均属正常现象。每天应坚持训练婴儿定时坐盆大便，慢慢养成婴儿定时排大便的习惯。

婴儿满周岁后，应穿满裆裤，这样避免婴儿因经常席地而坐，污染外阴部及尿道口而引起尿路感染。此外，婴儿也不宜长时间穿紧身裤、芭蕾裤或牛仔裤。

这一阶段还是一个易发生意外危险的年龄，因为这时的婴儿已经会独立行走，然而动作平衡、协调及灵活性还较差，容易摔倒。由于婴儿对外界事物都感到很新奇，不仅要看，还要用手摸、用鼻子闻、用嘴尝，虽然这是婴儿认识事物的方法，但他们生活经验不足，不懂得保护自己，常易发生意外伤害。因此，家里的家具应注意有棱角处包上保护套，避免婴儿跌跤碰撞。家中的任何药丸、消毒剂、金属小物件等均应放在锁住的抽屉或小柜内，避免婴儿拿到后误食。而且在日常生活中照护者要有意识地教会婴儿懂得远离危险，比如什么东西不可以碰，什么地方不可以去，教会婴儿自我保护。

一、13—18 个月婴儿一日作息的合理安排

下表呈现的是 13—18 个月婴儿一日作息安排表(参考范例)。

表 2-9　13—18 个月婴儿一日作息安排表(参考范例)

一日作息实践	教养内容
7:00—7:30	起床洗漱
7:30—8:00	以主食和奶为主的早餐
8:00—8:15	餐后安静活动
8:15—9:15	到阳台上呼吸新鲜空气、远眺; 外出散步,进行开阔视野的户外活动
9: 15—9:30	与婴儿一起随音乐跳舞、做被动操
9:30—10:00	餐点(水果)
10:00—11:00	小睡
11:30—12:00	午餐
12:00—12:30	看图片、卡片等餐后安静活动
12:30—14:30	午睡
14: 30—15:30	室外活动
15: 30—16:00	午点(牛奶、水果)
16: 00—17:30	练习爬、走等大肌肉动作的游戏玩耍
17: 30—18:00	晚餐
18:00—18:30	餐后安静活动
18: 30—20:00	亲子互动游戏
20:00—20:30	牛奶或母乳
20:30—21:00	沐浴
21:00	睡觉

二、13—18 个月婴儿健康护理指导要点

(一) 13—18 个月婴儿身体发育健康护理

表 2-10 呈现的是 13—18 个月婴儿身体发育健康护理的发展阶段。

表 2-10　13—18 个月婴儿身体发育健康护理

视力	1. 视力缓速发育
婴儿发展阶段	1.1　周岁左右视力为 0.20—0.25(4.3—4.5),18 个月左右视力可达 0.4 1.2　视野宽度慢慢接近成人

续　表

听力	2. 听力更敏锐但易受伤害
婴儿发展阶段	2.1　对听力的分辨也更加精确 2.2　感受言语的节奏和语调 2.3　听力的适应力差 2.4　听力器官娇嫩易受伤害
头围、胸围	3. 头围、胸围稳步持续增长
婴儿发展阶段	3.1　男婴周岁平均头围约 46.3 厘米，女婴周岁平均头围约 45.3 厘米 3.2　男婴周岁平均胸围约 46.3 厘米，女婴周岁平均胸围 45.3 厘米
囟门	4. 前囟门完成闭合
婴儿发展阶段	4.1　前囟门一般在 13—18 个月闭合
牙齿	5. 逐步开始出牙 6—14 颗
婴儿发展阶段	5.1　13 个月出牙约 6—8 颗 5.2　14 个月出牙 9—11 颗，18 个月出牙 12—14 颗
骨骼	6. 骨骼软，易变形，需及时补充营养
婴儿发展阶段	6.1　骨骼较柔软、富于弹性、韧性好，但容易受外力的影响而发生变形 6.2　处于快速发育期的骨骼需要多晒太阳，并补充钙质、维生素 D

【视力】

1. 视力缓速发育

1.1　周岁左右视力为 0.20—0.25（4.3—4.5），18 个月左右婴儿视力可达 0.4

指导建议：

照护者应从 13 个月开始在医生的指导下对婴儿两眼的视力进行监测，以便尽早发现婴儿视力发育的异常情况，尤其要关注单眼发育滞后引起的弱视。弱视可由屈光不正（远视、近视、散光）、斜视等引起，治疗效果越早越好，建议每 3—6 个月为 12—18 个月婴儿做一次视力筛查。

为了让婴儿从小有好视力，预防近视，照护者除了要让婴儿养成科学用眼习惯外，还应培养婴儿合理的饮食习惯，当 13—18 个月的婴儿还不能食用动物肝脏、胡萝卜、南瓜等含维生素 A 的食物，或食物摄入量较少时，可以给他们服用富含维生素 A 的鱼肝油产品，及时补充维生素 A，更好地呵护婴儿视力。

环境支持：

建议照护者在婴儿 12 个月、15 个月和 18 个月时带婴儿前往专业婴儿医院用视力筛查仪监控视力发育情况。照护者可为婴儿制作富含维生素 A 的辅食，如动物肝脏、黄绿蔬菜、黄色水果、蛋类等。

1.2 视野宽度慢慢接近成人

指导建议：

婴儿自13个月开始，喜欢接触周围世界的新鲜事物，视觉的辨识能力迅速增强，在外界环境光线的不断刺激下，婴儿的视力逐渐发展，能看见细小的东西，如爬行的小虫、蚊子，能注视3米远的小玩具。

13—18个月的婴儿随着月龄不断增加，活动范围逐步扩大，进入学步阶段，眼外伤的风险也在增大，照护者应加强对婴儿的安全防护与指导，提醒婴儿不要手持尖锐的玩具、筷子等尖物活动。照护者应将任何有可能溅入婴儿眼中造成伤害的洗涤剂等远离婴儿，科学卫生地处理婴儿眼内的沙尘异物，不要随意揉眼，或用不卫生的毛巾擦眼等。

此年龄阶段婴儿的视力发育还处于不稳定、不完善阶段，照护者应指导婴儿避免长时间、近距离地用眼，以免影响婴儿的视力发育。

环境支持：

为婴儿提供尽可能丰富的、色彩鲜艳的精细动作玩具，有利于视觉的训练。在带婴儿去户外活动的时候，照护者要对婴儿发现的小细节表示关注和惊讶，以鼓励他们继续锻炼视力。在婴儿活动的区域内不要有尖锐的、会引起眼外伤的隐患危险物品。尤其要注意控制婴儿的用眼时间。

【听力】

2. 听力更敏锐但易受伤害

2.1 对听力的分辨更加精确

指导建议：

照护者需留意13—18个月的婴儿听到了什么声音，并及时向他做出解释。当婴儿周围生活中出现了敲击、汽笛、蝉鸣、狗叫等声音时，照护者要及时向婴儿讲解他听到的声音，帮助他了解周围的环境，让婴儿的听力更敏锐。

环境支持：

为婴儿营造一个自然真实的世界，让婴儿能感知生活中的各种声音，如步伐声、话语声、碰撞声、水流声、雷声、雨声等。

2.2 感受言语的节奏和语调

指导建议：

照护者在照顾婴儿时多与婴儿交谈，听照护者说话不仅对婴儿的听力有帮助，而且也对促进婴儿智力发育也非常有利。不过也不要没完没了地对婴儿进行语言“轰炸”，如果他有兴趣，照护者可以告诉他照护者正在做什么。婴儿都喜欢高音调的声音，所以照护者

尽量不要用“婴儿腔”与其交流。

环境支持：

照护者在日常照顾婴儿的过程中，可以一边行动，一边向婴儿描述自己的行动过程，并与婴儿进行有情感的言语沟通。在与婴儿互动玩耍的过程中，可运用抑扬顿挫的语调或儿歌，如《虫虫飞》《外婆桥》等有节奏的童谣。

2.3 听力的适应力差

指导建议：

13—18 个月的婴儿听力敏感度高，且容易受损，突如其来的巨大响声有可能会引起婴儿听力的突然下降，甚至失聪，13—18 个月婴儿若长时间处于噪音环境中也会引起听力下降，照护者一定要保护婴儿避开生活中常见的噪音污染源。

13—18 个月的婴儿不适宜观看电影，不要出入卡拉 OK 厅等高分贝噪音场所，照护者应尽量让婴儿待在受外界噪音影响最小的房间里。

环境支持：

避免让婴儿长时间处于噪音源中，如无法避免，建议为婴儿准备耳塞，以保护听力。确保婴儿周围的电气设备能达到噪音合格的标准，电视机音量尽量调小，避免让婴儿听立体音响或耳机。如果噪音无法避免，建议婴儿所处的房间最好更换密封性更好的门窗。

2.4 听力器官娇嫩易受伤害

指导建议：

尽量不要给婴儿掏耳朵，以免将耳道深处的鼓膜刺破，使外耳腔和中耳腔之间相通。这样，病菌就很容易进入中耳腔内，引起中耳腔感染，甚至造成鼓膜大穿孔，耳道长期流脓，这样会影响婴儿的听力，甚至导致耳聋。

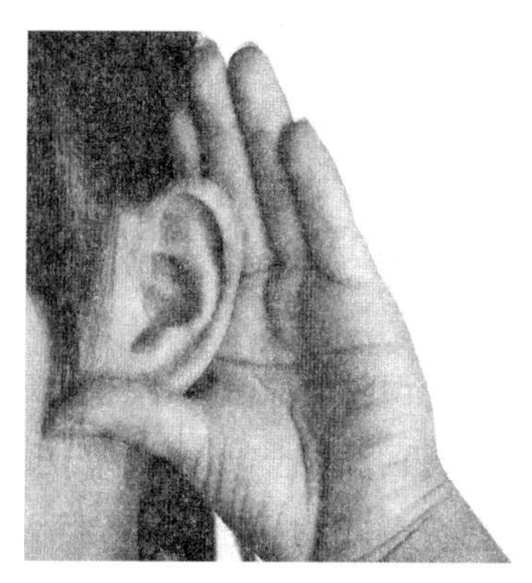

13—18 个月的婴儿应慎用药物，用药时一定谨遵医嘱，切不可擅自做主，误用链霉素、庆大霉素、卡那霉素等（医学上称耳毒性药物），以防对婴儿的听神经产生不可逆转的毒害作用。

要积极预防 13—18 个月婴儿发生感冒，感冒容易引起呼吸道感染，咽鼓管粘膜肿、充血而闭塞，这将影响咽鼓管对中耳压力的调节。另外，由于婴儿的咽鼓管位置较低，且比成人短，在这个月龄阶段很容易因为呼吸道的病菌感染导致中耳炎。

环境支持：

如果需要处理耵聍，照护者应将婴儿带到医院，由专业医生处理。13—18 个月的婴儿使用药物之前，建议照护者认真阅读说明书，以排除对听神经的副作用，切不可随意用药。高度重视 13—18 个月婴儿的感冒发烧症状引发中耳炎对听力的影响，及时关注耳道的红肿、流水等症状，及时就医。

【头围、胸围】

3. 头围、胸围稳步持续增长

3.1 男婴周岁平均头围约 46.3 厘米，女婴周岁平均头围约 45.3 厘米

指导建议：

如果 13—18 个月婴儿头围偏大，同时伴有烦躁、哭闹、呕吐、抽搐、眼斜等异常反应，就可能患有脑积水、脑部肿瘤、脑炎等疾病，应该予以重视。如果婴儿头围过小，且坐立、行走、语言等方面的能力跟不上同龄婴儿的发展，则可能预示着存在脑发育迟缓的问题。

环境支持：

测量头围时皮尺要紧贴皮肤，左右对称。建议带婴儿到专门的检测机构，如卫生保健院、儿童保健所等，请医护人员来测量，数值准确，才能正确分析。

3.2 男婴周岁平均胸围约 46.3 厘米，女婴周岁平均胸围 45.3 厘米

指导建议：

为 13—18 个月婴儿测量胸围时，用左手拇指固定软尺一端于婴儿乳头下缘，右手拉软尺绕经右侧后背，经过两侧肩胛骨下角再经左侧而回到零点，注意前后左右要对称。

环境支持：

测量胸围时，首先要注意室内温度，以免婴儿着凉。软尺应紧贴皮肤，在平静呼、吸气时测量，读数精确至毫米。

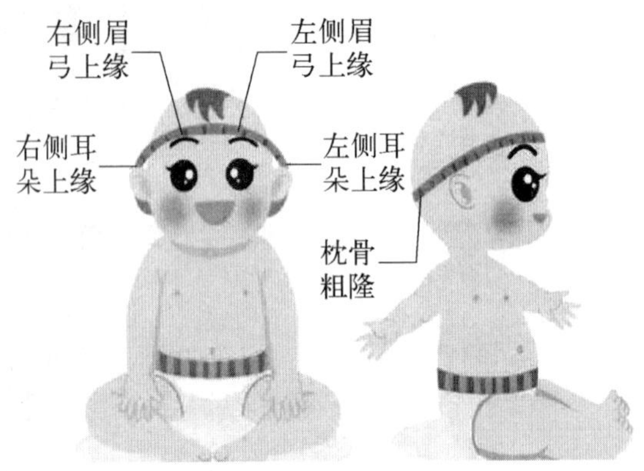

【囟门】

4. 前囟门完成闭合

4.1 前囟门一般在 13—18 个月闭合

指导建议：

婴儿头顶的前囟门呈菱形，如果大小超过 3 厘米，或伴有多汗、夜惊、烦躁等其他异常表现，则要考虑是否有佝偻病或其他颅脑疾患，及时就医。前囟门通常要到生后 6 个月左右才又开始逐渐变小，一般在 13—18 个月闭合。

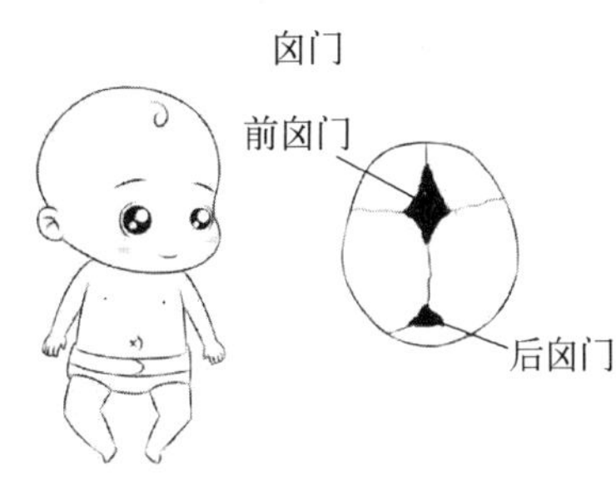

前囟门检查在婴儿时期是非常重要的，是儿科医生给婴儿体检时必不可少的一项，由此可发现一些相关疾病的体征。由于婴儿时期囟门未闭合，颅缝尚未完全融合，因此颅内压增高的症状不十分明显，婴儿的主要表现是前囟饱满、颅缝开裂、头围增大和出现头颅破壶音，在早期最明显的表现就是头围增大。照护者要学会识别婴儿脑瘤的一些表现，如头颅过快增长、呕吐、头痛、抽搐、眼斜或者眼球不能上视、身材矮小或肥胖等。

环境支持：

前囟门一般需要专业的医生或保健医师测量，但不排除不同医生测量手法不同，测量的数据有误差，所以如果略有误差，无需太计较。照护者要做好婴儿前囟门的护理，平时不要经常摸婴儿的前囟门。婴儿的头部应该受到重点保护，使其不受外伤、不受凉等。头部也是散热的重要部位，很容易出汗，湿、热地方有利于细菌繁殖，所以需要及时清洗。

【牙齿】

5. 逐步开始出牙6—14颗

5.1　13个月出牙6—8颗

指导建议：

假如婴儿在13—18个月期间还没有萌出乳牙，照护者应该检查婴儿的牙齿发育情况。对于2岁以内的婴儿，可在餐后喂开水清洁口腔，并培养其良好的清洁口腔的习惯，指导婴儿配合用指套清洁牙齿是这一阶段的重点。

环境支持：

照护者应在此阶段关注婴儿爱咬各种物品的行为，为其准备磨牙棒饼干或胡萝卜、水果切成的棒，满足其磨牙需要，并时刻确保被唾液软化后的部分食物不会卡住婴儿的喉咙，及时去除柔软部分。

5.2　14个月出牙9—11颗，18个月出牙12—14颗

指导建议：

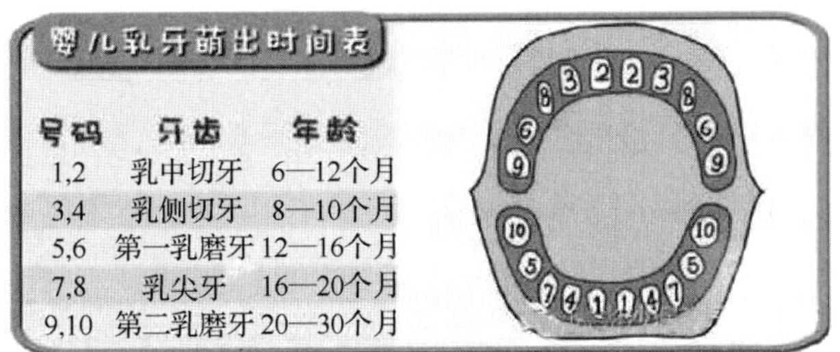
婴儿乳牙萌出时间表

号码	牙齿	年龄
1,2	乳中切牙	6—12个月
3,4	乳侧切牙	8—10个月
5,6	第一乳磨牙	12—16个月
7,8	乳尖牙	16—20个月
9,10	第二乳磨牙	20—30个月

以下两种出牙顺序均属正常：

(1) 下颌乳中切牙→上颌乳中切牙→上颌乳侧切牙→下颌乳侧切牙。

(2) 下颌乳中切牙→下颌乳侧切牙→上颌乳中切牙→上颌乳侧切牙。

环境支持：

可为此阶段婴儿提供较之前稍硬的食物，便于其牙齿的生长，如苹果、梨等水果无需再磨成泥，可以削成小块供婴儿啃咬。

【骨骼】

6. 骨骼软，易变形，需及时补充营养

6.1 骨骼较柔软、富于弹性、韧性好，但容易受外力的影响而发生变形

指导建议：

13—18个月婴儿的骨骼柔软，照护者需格外注意保护其不受其他外力导致的不良影响，对于婴儿衣裤上皮筋和松紧带也要格外注意，以免引发婴儿肋骨下部凹陷。

环境支持：

这一阶段的婴儿处于学步期，可多让婴儿赤足行走，能刺激婴儿足部，帮助婴儿更快学会行走。但婴儿如果出去活动，就需要为婴儿准备前足容易曲折、有较硬的后跟杯（帮助稳定后跟骨）和温和的足弓垫（承托足弓）的学步鞋。另外学步带也能起到保护婴儿的作用。

6.2 处于快速发展期的骨骼需要多晒太阳，并补充钙质、维生素 D

指导建议：

骨骼最初以软骨的形式出现，软骨必须经过钙化才能成为坚硬的骨骼。在骨骼钙化过程中，需要以钙、磷为原料，还需要维生素 D（鱼肝油里的主要成分之一），以促进钙、磷的吸收和利用，但要注意维生素 D 的用量，每天 0.01 毫克，不能过量。婴儿如果缺少维生素 D，就会患“婴儿维生素 D 缺乏性佝偻病”，从而影响骨骼的正常生长发育。因此，应让婴儿多晒太阳，多给婴儿吃些富含维生素 D 及钙质的食物，以防患上“婴儿维生素 D 缺乏性佝偻病”。

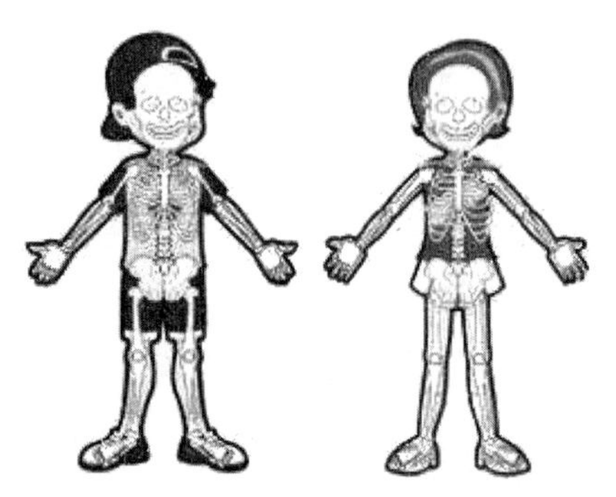

骨骼强健不仅单靠钙的补充，还必须包括维生素 B6、维生素 C、维生素 D、叶酸、镁、锰、硼、锌、钢、矽等，因此在饮食上，除了注意钙质的补充之外，还要加上微量营养元素，对于骨骼发展与强化具有加成的作用。

含激素食品可能会使正处在快速生长发育期的婴儿骨骼提前闭合，缩短骨骼生长期，影响身高，甚至导致婴儿性早熟，所以要避免给婴儿吃可能含有激素的蜂王浆、花粉制品、

蚕蛹、人参类补品等。

环境支持：

建议照护者让婴儿从饮食中均衡摄取各项钙质食物，钙的来源以奶制品主，如：牛奶或乳制品、乳酪，其他如豆类食品、篙苣等绿叶蔬菜。维生素D含量高的食物有鱼肉、奶油、蛋、肝等。另外，摄取充足的维生素C也有利合成胶原质，它是骨骼的主要基质成分。照护者应多带婴儿进行户外活动，在经紫外线照射后，皮肤可以自己合成维生素D。同时要注意，碳酸饮料和咖啡因会引起钙流失，含铅量较高的皮蛋等也要避免过度食用。照护者应培养婴儿从小养成良好的生活习惯，不挑食、不偏食，保持饮食营养均衡。

(二) 13—18个月婴儿日常生活护理指导要点

表2-11呈现的是13—18个月婴儿日常生活护理的发展阶段。

表2-11　13—18个月婴儿日常生活护理指导要点

洗漱	1. 开始养成早晚洗漱习惯
婴儿发展阶段	1.1　开始养成早晚、餐后清洁口腔与牙齿的习惯 1.2　初步学习掌握洗脸的正确方法
睡眠	2. 逐步养成规律的睡眠习惯
婴儿发展阶段	2.1　每天的睡眠时间逐渐缩短，每日需睡12—14小时 2.2　白天小睡1—2次，每次1—2个小时 2.3　逐步形成定时睡觉时间 2.4　逐步养成安静入睡的习惯 2.5　开始养成独睡习惯 2.6　逐步形成整夜安睡的习惯
如厕	3. 开始形成独立如厕意识和习惯
婴儿发展阶段	3.1　开始尝试控制尿便 3.2　拥有属于自己的排尿规律、表情及相关动作 3.3　可以尝试训练婴儿大小便，培养独立如厕的意识

【洗漱】

1. 开始养成早晚洗漱习惯

1.1　开始养成早晚、餐后清洁口腔与牙齿的习惯

指导建议：

当婴儿开始长第一颗牙的时候，就要用干净的纱布包裹自己的食指沾净水帮婴儿清洗口腔。由于婴儿的乳牙较恒牙小且矮胖，应该采用水平式的横向刷法刷牙。照护者可一只手抱住婴儿，另一只手给婴儿清洁口腔及牙齿。照护者将裹覆纱布的食指伸入婴儿口腔内，轻轻擦拭婴儿的舌头、牙龈和口腔黏膜，并以食指裹住湿的纱布，水平式横向擦拭

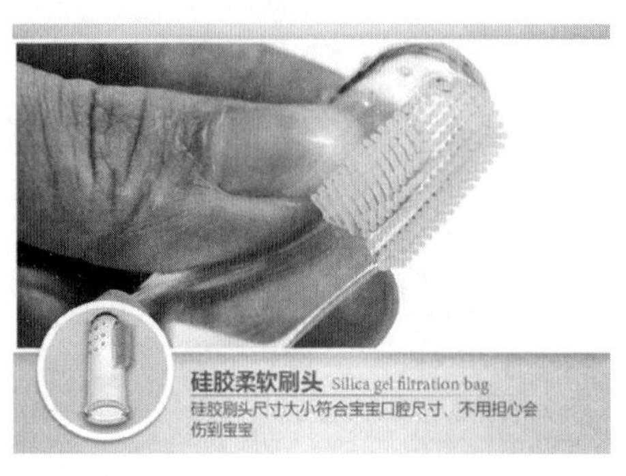

清洁乳牙。也可选用套在手指上的指套牙刷来为婴儿刷牙,这样不仅能洁齿,而且还能轻轻按摩齿龈。这种指套大多是用为婴儿专门设计的咬牙胶做的,有多种设计,有的突出沟槽,有的具有按摩牙龈的作用,有的还会发出奶香味或水果味,能够满足婴儿想咬东西的欲望,婴儿会非常喜欢。每次进食后,可以喂少量白开水,清洁口腔,防止龋齿。

环境支持:

给婴儿准备一个漱口的小杯子。由于婴儿还小,吞咽反射发育还不完善,很可能会把漱口水咽到肚子里去,因此漱口水最好是温开水。让婴儿将温开水含在嘴中,然后鼓动双颊及唇部,用舌头在口腔内搅动,使漱口水高速反复地冲击口腔各个角落,将口腔内食物碎屑和部分软垢清除。做这些动作之前,照护者可先示范一遍漱口的方法,鼓励婴儿模仿。

1.2 初步学习掌握洗脸的正确方法

指导建议:

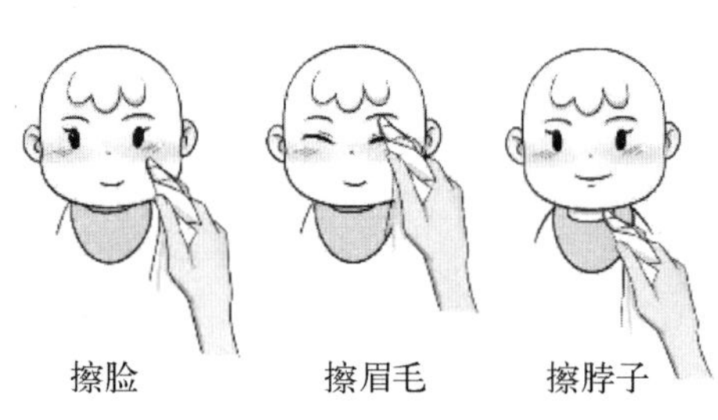

13—18个月婴儿已可以开始尝试独立将一个专用洗脸的小毛巾沾湿,用其两个小角分别清洗眼睛,从眼角内侧向外轻轻擦拭;照护者帮其清洗拧干后,用小毛巾的一面清洗鼻子、口周及脸颊;小毛巾的另外两角分别清洗两个耳朵、耳廓及耳后。在照护者提示下,指导婴儿清洗顺序为眼→耳→额头→鼻→口周→脸颊,由内向外。

环境支持:

为婴儿准备一条专用洗脸小毛巾、专用小脸盆和流动温水,为婴儿创设一块尝试独立洗脸的区域,照护者每日早晚带领婴儿到固定区域指导婴儿洗脸。

【睡眠】

2. 逐步养成规律的睡眠习惯

2.1 每天的睡眠时间逐渐缩短,每日需睡 12—14 小时

指导建议:

这一月龄阶段的婴儿一天的睡眠时间在12小时左右,但婴儿的睡眠情况存在显著的个体差异,不同婴儿每日的睡眠规律也可能存在很大不同。随着婴儿月龄的增加,其睡眠时长和频率也在发生变化,因此,并没有统一的标准来判断一个婴儿的睡眠是否充足。

如果睡眠时间不足,婴儿容易感觉疲劳,晚睡的婴儿不能保证早起,还会影响户外活

动的时间和精力，以及营养素的吸收，对婴儿的生长发育有不良影响。让婴儿养成早睡早起，主动睡觉、起床的习惯，有益于身体健康。

环境支持：

照护者不要根据自己的意愿逼迫幼儿按照既定的规律睡觉，建议逐步摸索、调整婴儿的睡眠时间。照护者无需盲目担心婴儿睡眠时间不足，要学会正确计算婴儿的睡眠时间。

2.2　白天小睡1—2次，每次1—2个小时

指导建议：

1岁婴儿白天睡眠的时间越来越短，上午逐渐不睡觉了，只在午饭后睡上一觉。有些婴儿在白天只睡一觉就够了，不过在一天当中还是需要有2个休息时间段，只是午睡时间稍微短了一点。

环境支持：

照护者应该留心记录婴儿白天的睡眠规律，以找寻、摸索婴儿睡眠的基本时间规律。如发现婴儿白天睡眠时间过长，导致晚上入睡时间推迟时，需及时调整婴儿睡眠时间，以形成良好的睡眠规律。

2.3　逐步形成定时睡觉时间

指导建议：

13—18个月婴儿出现睡眠与起床不分昼夜的情况，大多数是因为照护者未让婴儿形成晚上睡整觉的习惯，婴儿未形成生物钟。每个婴儿的睡眠习惯除了要后天养成，他们本身也有自己的生理规律，照护者要寻找婴儿本身的睡眠规律，然后量身制定婴儿的睡眠时间表。可以观察婴儿不同时间睡觉后，醒时的精神状态，然后按照婴儿的最佳状态做调整。照护者要帮助婴儿养成良好的午睡习惯，婴儿的午睡与晚上的睡眠质量有很大关系。夜间睡眠影响午睡，同样，午睡时间过长或者睡得过晚也都不利于晚上顺利入睡。所以，婴儿的午睡要定时定点地控制，一般睡觉时间在正午或下午的早些时候，比如中午一点开始睡半个小时到一个小时。当然，控制不是教条的，要根据婴儿的精神状态，如果他按时睡眠，没有疲劳或过于兴奋，那么这种午睡习惯就是适合婴儿的。

环境支持：

控制卧室的光与声音来促进婴儿生物钟的形成，通过光亮、黑暗的对比让婴儿体会白天与黑夜、醒着与睡着的区别。在早上婴儿该起床的时候，把婴儿放在光线很亮的地方，最好有充足的阳光，给婴儿一个拥抱，可以放音乐让他醒来。而在晚上婴儿入睡前一两小时，就把室内的光线调暗，在婴儿该睡觉的时候，把他放在黑暗中。婴儿睡觉时把门关好，不要让门缝透光或传进嘈杂声。

2.4 逐步养成安静入睡的习惯

指导建议：

每天遵循就寝程序。安排一个整体的就寝过程，对婴儿的规律睡眠习惯养成也很有帮助。通过一个程式化的就寝方式让婴儿渐渐明白做完这一切就该睡觉了，这对于婴儿来说是一个睡觉前的仪式。这个月龄的婴儿，可能会因为“还没玩够”而拒绝上床睡觉，或者不愿意自己一个人先睡，照护者可以先给婴儿讲讲故事，陪他入睡。让婴儿在床上用奶瓶吃奶入睡是一个坏习惯，这对学步婴儿的牙齿和耳朵都不好。此外，一旦他养成了这个习惯，他就会一直需要奶瓶才能入睡，即使是在半夜醒来后也是如此。如果在此之前照护者没有很坚决的话，现在是改掉这个习惯的时候了。

环境支持：

睡前仪式这个过程包括刷牙、洗脸、洗澡、抚触、穿睡衣等，在婴儿睡前一小时就可以进行了。在这一小时中，让婴儿结束过于兴奋的活动，保持室内安静、昏暗。给婴儿盥洗完后，对着他轻轻读书、讲故事，促进其入睡。

2.5 开始养成独睡习惯

指导建议：

婴儿的睡眠习惯与他所处的环境有关，所以照护者首先要养成良好的睡眠习惯。与照护者分床睡造成的夜间寒冷、孤独恐惧、不安全感都不利于他们自行睡去。在婴儿的小床上营造一个安全舒适、像照护者的温暖怀抱一样的环境，是应对婴儿夜醒的好办法。注意，小靠枕等物品不要靠近婴儿的头面部，防止窒息。

不要趁婴儿睡觉的时候出去办事。婴儿平时一睡就2—3个小时，如果照护者趁此机会溜出去办事，那婴儿可能半个小时就醒来了，在没有成人看护的情况下，婴儿极有可能发生意外。

婴儿如果现在就能够接受自己独睡，那就培养他独睡的习惯。如果婴儿不愿意自己睡，就让婴儿跟照护者一起睡，这不会影响婴儿独立性的发展。

环境支持：

为婴儿营造一个安全舒适的床上环境，除了给婴儿盖的小被子外，在身体两旁分别加上一个柔软的小靠枕或者小毛毯，以便婴儿夜里惊醒四处踢踹时能感觉到柔软的物体，误以为是照护者的身体，就会安然睡去。婴儿闹夜、睡不安的原因还有白天户外活动少、积食、感冒、受了惊吓等，但如果持续两周如此就应该去看医生了。

2.6　逐步形成整夜安睡的习惯

指导建议：

13—18个月婴儿的睡眠过程和所有人一样，都是先经过困倦、浅睡眠，到有梦睡眠、深度睡眠，然后再以相反的顺序经历这几个阶段，直到短暂醒来，又重新入睡，再重复这个过程。

婴儿每夜睡觉都会醒过来五次左右。在这样短暂醒来时，婴儿可能会哼哼唧唧、翻身，有时候还会用胳膊砸床栏，有时候甚至会睁开双眼一下子坐起来，然后又躺下去睡着了。如果婴儿醒来时能看见周围熟悉的东西，就会感到心情安定，容易重新入睡。因此，婴儿在陌生环境睡觉时更容易频繁醒过来。

可以在一周之内教会婴儿安定下来睡觉，不过，刚开始他还需要照护者的多次反复安抚。首先，很重要的一件事就是建立一套好的、固定的睡前程序。当完成了所有的晚间睡前程序后，就要让婴儿躺到床上，给他一个晚安吻，然后离开。每过几秒钟就回去看看婴儿，过几分钟，再亲婴儿一下。这时候，能自己下床的婴儿往往会下床跟着照护者，别担心，照护者只要转身走回床边，假装因为看到床上没有人而大吃一惊。婴儿很快就会被照护者逗笑，并且喜欢上这个游戏，知道应该先好好躺在床上，然后才能得到晚安吻。

环境支持：

要帮助婴儿在半夜醒过来后能自己重新入睡，很重要的一点就是保证婴儿醒来时看到周围的东西和入睡时看到的是一样的。所以如果婴儿是在照护者怀里或听着故事入睡的，那么他就会把这些和睡眠联系起来，半夜醒来时也想要同样的。重要的事情是要让婴儿信任照护者，感到踏实，不会害怕。无论出于什么理由，照护者都应尽量避免任由婴儿哭泣而不加理睬。虽然这样做也许能让婴儿学会自己入睡，但仍不建议照护者采取这种做法，因为这是利用了对强势和不可预知的恐惧感，会对婴儿和照护者都造成不必要的情绪压力。

【如厕】

3. 开始形成独立如厕的意识和习惯

3.1　开始尝试控制尿便

指导建议：

如果婴儿已经能控制尿便，却又尿床、拉裤子，照护者不要训斥婴儿，而应该平静地帮婴儿收拾干净，并和蔼地告诉婴儿应该怎么做。照护者要帮婴儿形成良好的排便习惯，让婴儿学会应该什么时候排，排在哪里，养成饭前便后洗手的卫生习惯。通常情况下，婴儿控制大便的时间，要早于控制排尿的时间。

环境支持：

根据季节变化，逐渐减少尿不湿的使用频率。只要大便规律，性状、颜色正常，均为健康表现，另外应为婴儿准备专用的婴儿马桶。

3.2　拥有属于自己的排尿规律、表情及相关动作

指导建议：

婴儿会尝试用单字、词或动作表示想要大小便，以向照护者寻求帮助。如：想小便时会以自己的方式告诉照护者或指着尿布说“粑粑”，照护者应在婴儿每次主动表示后积极给予鼓励和表扬。

环境支持：

照护者要善于观察发现婴儿排尿之前的反应，并及时鼓励婴儿的主动表示。

3.3　可以尝试训练婴儿大小便，培养独立如厕的意识了

指导建议：

可以尝试训练婴儿大小便，但要建立在婴儿愿意接受的前提下，如果不愿意，可以等一段时间。告诉婴儿蹲下尿尿，大便的时候呼唤照护者，这个月龄的婴儿能够把小便排在便盆中，男婴甚至会排到马桶中，有的婴儿可能还不能控制尿便，这也是很正常的。提醒婴儿如需大小便，可大声呼唤照护者。根据婴儿进水情况，注意叫醒婴儿起床小便，有些婴儿会慢慢习惯有尿感就自然醒来，呼喊照护者帮助。

环境支持：

提供带有卡通图案、能吸引婴儿的便盆。用惯纸尿裤的婴儿在 12 个月左右可以白天把纸尿裤去掉，练习坐盆，夜间用纸尿裤以防万一。

三、13—18 个月婴儿常见疾病的预防与护理

（一）咳嗽

1. 病因

按照中医理论，咳嗽有外感咳嗽和内伤咳嗽之分，而外感咳嗽又分风寒咳嗽和风热咳嗽，可以通过观察婴儿舌苔来判断。婴儿舌苔白则是风寒咳嗽，说明婴儿寒重咳嗽，痰也比较稀、白、黏并兼有鼻塞流涕，应吃些温热、化痰止咳食品。婴儿舌苔黄、红则是风热咳嗽，说明婴儿内热较大，咳嗽痰黄、稠，易咳出，并有咽痛，应吃些清肺、化痰止咳食物。内伤咳嗽多久咳，反复发作咳嗽时，照护者应注意给婴儿吃些调理脾胃、补肾、补肺气食物。

按照西医理论，婴儿咳嗽应注意观察咳嗽的性质、咳嗽出现的时间以及痰的性质。一般引起咳嗽的原因有以下几点：

(1) 上、下呼吸道慢性感染；

(2) 异物及其他刺激，如气管异物或气候干燥、寒冷；

(3) 胸膜疾病，如胸膜炎或胸膜邻近器官压迫；

(4) 过敏性咳嗽，与过敏性体质有关，过敏源不清楚，一般不是药物引起的，有家族史。

其实引起婴儿咳嗽的原因有很多，比如感冒、屋内空气过干、喝水少等，另外，婴儿呛奶严重，吸入肺内也可引起咳嗽，但这种情况一般都会伴有发热。如果婴儿没有其他症状，只是偶尔咳嗽，可不必担心，保持居室湿度，多给婴儿喝水就可以了。

2. 护理

婴儿咳嗽会严重影响睡眠质量，长期下去抵抗力也会下降。除了药物治疗外，还要对婴儿加强护理，注意调养与禁忌的事项。要让婴儿睡足觉，喝足水，多吃蔬菜和水果，饮食要易于消化且富有营养。应以清淡为主，避免给婴儿吃发物、油腻辛辣和味道较重的食物，尽量避免含碳酸的饮料，更应该少给婴儿吃冷饮。

(1) 合理饮水，少量多饮。不论是那种咳嗽，都应该积极让婴儿喝水，不要等口渴了才想到喝水。婴儿饮用足够量的水，能使黏稠的分泌物得以稀释，容易被咳出。同时，喝水能改善血液循环，使机体代谢产生的废物或毒素迅速排出体外，从而减轻对呼吸道的刺激。

(2) 清淡饮食，避免生冷油腻。咳嗽的婴儿饮食以清淡为主，多吃新鲜蔬菜，可食少量瘦肉或禽蛋类食品，切忌油腻、鱼腥。水果也不可或缺，但量不必多，风热咳嗽不可吃橘子。禁食酸味食品，有敛痰的效果，不利于化痰。

(3) 保持室内空气清新。家里要定时开窗通风，还要保持室内湿度，有利于呼吸道粘膜保持湿润状态和粘膜表面纤毛摆动，有助痰的排出。

(4) 耐寒训练，增强体质。从初秋起就用冷水洗脸、擦浴，或定期让肌肤与清爽空气做亲密接触等。训练方式各有不同，关键在于持之以恒。但要注意把握一个度，寒潮来临时不可盲目“冻”，以免锻炼不成反而受寒。

(5) 祛痰为主，慎重用药。婴儿呼吸系统尚未发育完全，无法像成人那样将痰液有效咳出，容易滞留痰液，如果一咳嗽就给予镇咳药治疗，咳嗽是止住了，但咳嗽抑制后就使痰液更难排出，结果会堵塞呼吸道，不但使咳嗽加重，还容易导致肺部感染。因此，婴儿咳嗽早期应该先进行祛痰治疗。

(二) 肠套叠

1. 病因

肠套叠是指一段肠管套入与其相连的肠腔内，并导致肠内容物通过受阻。临床上常

见的是急性肠套叠，慢性肠套叠一般为继发性。急性肠套叠最多见于婴儿期，以4—10个月婴儿多见，2岁以后随年龄增长发病逐年减少，男女之比为2∶1—3∶1。肠套叠一年四季均可能发病，在春末夏初发病率最高，可能与上呼吸道感染及病毒感染有关。在我国发病率较高，占婴儿肠梗阻的首位。

2. 护理

婴儿肠套叠之后，如果长时间没有得到治疗，可能造成非常严重的后果。在治疗时患儿的护理工作也十分重要，只有护理得好，才能减轻婴儿的痛苦。

(1) 婴儿肠套叠后，饮食原则应该是由少到多、由稀到稠。每次进食应该只吃一种食物，在病情逐渐好转之后，再增加到多种食物。注意饮食的同时，还要注意婴儿的大便。大便的性状非常关键，如果婴儿便秘、腹泻，或是有腹胀、腹痛、呕吐的现象，应该立即返回医院。

(2) 饮食上应该吃些清淡的食物。为了不增加婴儿肠胃的负担，食物清淡的基础上还要保证易消化且营养丰富，像鸡蛋羹、烂面条、粥等都是比较容易消化的食物，每次喂食不可过量。

(4) 婴儿在肠套叠治疗之后，应注意避免受凉，因为受凉非常容易引起腹泻，如果情况严重，就会引起肠套叠复发。肠套叠之后一定不能吃纤维高和油腻刺激的食物，像芹菜、香菜、韭菜、糖果、奶油这些都应一律禁食。

3. 预防

肠套叠不及时救治会使肠壁发生坏死、穿孔，导致腹膜炎，甚至死亡。为了避免肠套叠发生在婴儿身上，下面的这些预防工作是照护者的必备课程！

(1) 保持婴儿的饮食习惯。突然地改变婴儿的饮食习惯就有可能引起肠套叠，因此照护者在添加辅食的时候，不要突然增加而要循序渐进地添加。这样可以让婴儿的肠胃有一个适应的过程，防止肠管蠕动异常。

(2) 避免婴儿着凉。婴儿腹部着凉可能引发肠道功能失调，因此照护者要注意给婴儿适当增添衣物，做好保暖措施。

(3) 注意婴儿卫生。照护者要注意哺乳卫生，避免病从口入，发生肠道感染。

(三) 流感

1. 病因

婴儿流行性感冒是由病毒感染引起的，在高风险季节，照顾者将婴儿带去拥挤的地

方，可能会感染病毒并导致病毒性流感，这是一个常见原因；婴儿的身体免疫力相对较弱，也是感染病毒的原因；若近期饮食不当，饮食期间病毒感染，很容易影响婴儿的胃肠道，也是导致病毒性流感原因之一；这种病毒在生活中特别常见，如果婴儿本身存在疾病，暴露在混乱的环境中，感染病毒的可能性特别大。

2. 护理

(1) 带婴儿去医院就诊，医生常会要求婴儿进行一些检查，这样才能知道感冒的原因。

(2) 如果是病毒性感冒，并没有特效药，关键在于照顾好婴儿，减轻症状，一般 7—10 天后就能好了。

(3) 如果是细菌引起的，医生往往会给婴儿开一些抗生素，一定要按时、按剂量服药。有的照护者为了让婴儿早点好，会自行增加药物剂量，这可万万不行，这样做对婴儿健康有较大的风险。

(4) 如果婴儿发烧，腋温超过 38.2 ℃或者因发热情绪低落有明显不适时，推荐使用儿科应用最广泛的布洛芬或对乙酰氨基酚，两者均有安全有效的退热成分，能够帮助婴儿快速退热。千万不要乱吃感冒药，1 岁以内的婴儿，乱吃感冒药往往弊大于利。

(5) 如果鼻子堵塞已经造成了婴儿吃奶困难，就需要请医生给开一点盐水滴鼻液，在吃奶前 15 分钟使用，过一会儿，即可用吸鼻器将鼻腔中的盐水和粘液吸出。滴鼻液可以稀释粘稠的鼻涕，使鼻腔更容易清洁。未经医生允许，千万不要给婴儿用收缩血管或其他的药物滴鼻剂。

3. 预防

(1) 平时应该注意婴儿的耐寒力锻炼，提高抵抗力。不要天气稍凉，就急于给婴儿穿厚厚的衣服。如果穿得过多，婴儿活动后出汗湿透内衣，非常容易受凉感冒。

(2) 居室内保持空气新鲜，湿度适宜，不要带婴儿到空气污浊、人员混杂的环境中去。

(3) 家庭成员或照看婴儿的人员中，一旦有人感染病症，应马上停止接触婴儿。如果不能隔离，患病者一定要带上口罩，并要勤洗手，以防传染。

(4) 全家都要常洗手。婴儿的好奇心强，喜欢东摸摸、西摸摸，无形之中手上便沾上了许多病菌，而照护者的生活圈子更大，手所触碰的事物更多，手上的病菌当然也就更可观。所以，全家都要养成常洗手的习惯，才能减少婴儿感染的几率。

(5) 让婴儿多喝水。多喝水可以加强身体的新陈代谢，对身体有益，因此在感冒流行时，让婴儿多喝水，可以有效预防感冒。

（四）婴儿急性肾炎

1. 病因

临床上血尿、蛋白尿、高血压就叫肾炎。急性肾炎发病急，但病因非常多，所以治疗是要根据病因的。

最常见的类型是链球菌感染后的急性肾炎，这也是在许多肾脏疾病里愈后较好的一种肾炎。这种肾炎是因为链球菌感染引起的，它是一个自显性疾病，90%以上的人可以彻底恢复，只有1%—2%的人可能会影响到肾功能。

肾炎最典型的临床表现是浮肿、高血压、血尿、蛋白尿，最容易出现高血压。如果不降压，就会出现高血压脑病，影响到脑，使意识出现问题。还有因为水排不出去，血管里的血容量增多，引发严重的循环充血。另外水、盐排不出去，急性肾功能衰竭，电解质紊乱。电解质里有一个特别重要的成分——钾，如果钾排不出去，人就有生命危险。所以要对症处理，纠正紊乱，通过严密的控制，渡过危险期，逐渐恢复。

2. 护理

(1) 在治疗上，考虑到婴儿年龄问题，所以治疗目的在于缓解症状，防止复发，减少对肾的损害。鼓励患儿多饮水，勤排尿，勿憋尿，以降低髓质渗透压，提高机体吞噬细胞功能，冲洗掉膀胱内的细菌。如果有发热等全身感染症状应卧床休息。

(2) 如果是急性肾炎，引起尿路感染的主要细菌是革兰阴性菌，其中以大肠杆菌为主。感染严重、有败血症者宜静脉给药，要根据尿细菌培养结果选用敏感药物。

(3) 按药敏选择用药，在治疗4周后，肾盂肾炎一年内如尿感发作在3次或3次以上者，可以考虑长时间低剂量治疗，一般选毒性低的抗菌药物治疗。

3. 预防

(1) 注意气候变化，给婴儿适当增减衣服，防止感冒发烧。

(2) 坚持锻炼身体，增强婴儿体质，提高抗病能力。

(3) 注重个人卫生，勤换衣，勤洗澡，夏季要防止蚊虫叮咬。

(4) 隔离传染性疾病，如果遇到集体性的传染病要隔离宝宝，避免传染。

(5) 反复发生扁桃体感染的婴儿可以考虑摘除扁桃体，减少感染机会。

（五）佝偻病

1. 病因

佝偻病即维生素D缺乏性佝偻病，是由于体内维生素D不足，引起钙、磷代谢紊乱，产生的一种以骨骼病变为特征的全身、慢性、营养性疾病。在婴儿期较为常见，主要发病

原因是体内缺乏维生素 D,这是一种骨基质钙化障碍疾病,会引起体内钙、磷代谢紊乱,而使骨骼钙化不良。紫外线照射不足,食物中钙、磷含量不足或比例不当,生长发育过快而维生素 D 的含量不足,慢性呼吸道感染、慢性腹泻及肝、肾疾病等慢性疾病影响钙、磷吸收等因素都是婴儿发生佝偻病的原因。

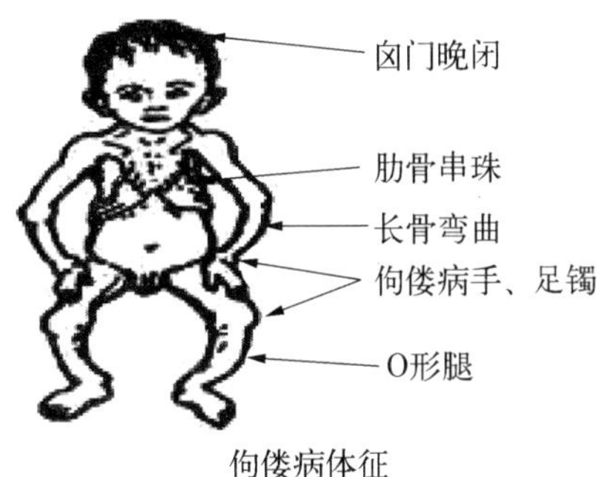

佝偻病体征

因为佝偻病发病比较缓慢,一般难及时发现,不容易引起重视。佝偻病的主要特征是生长着的长骨干骺端软骨板和骨组织钙化不全,维生素 D 不足使成熟骨钙化不全。佝偻病不具有传染性,但是,如果是婴儿患有佝偻病,自身免疫力会降低,容易并发肺炎及腹泻等疾病,影响婴儿生长发育。因此,积极防治佝偻病尤为重要。

2. 护理

(1) 多晒太阳促进维生素 D 的合成。婴儿患了佝偻病,首先要给婴儿多晒太阳。据研究,1 平方厘米皮肤暴露在阳光下 3 小时,可产生约 6 微克的维生素 D。即使将婴儿全身紧裹衣服,只要暴露面部,每天晒太阳 1 小时,也可产生 120 微克的维生素 D。晒太阳应打开窗户或到院子里去,冬天要让婴儿多晒太阳。此外,母亲孕期及哺乳期多晒太阳,对保障婴儿维生素 D 的供给和防治佝偻病也大有好处。

(2) 适当补充维生素 D。饮食中添加富含维生素 D 的食物,也可用营养补充剂补充维生素 D,但一定要按照医嘱,根据婴儿病情,决定疗程。

3. 预防

(1) 注意母亲的孕期保健。母亲在孕期里需要加强营养,平时多补充富含蛋白质及维生素 D 的食物,如鸡蛋、瘦肉及动物肝脏等,同时也要注意适当晒太阳,还可以根据具体情况在医生的指导下服用维生素 D 制剂。

(2) 母乳喂养。母乳中不仅含有抗体,能提高婴儿身体免疫力,同时,母乳中所含的钙、磷比例适当,使奶中的维生素 D 及钙均易于被婴儿吸收,减少婴儿患佝偻病的可能性。

(3) 适当晒太阳。晒太阳用于防治佝偻病既经济又有效。一般每天坚持晒太阳 2 小时左右,就能满足婴儿对维生素 D 的需求。因此婴儿满月后就可以开始晒太阳,并且每天逐渐增加晒太阳的时间。但要注意,夏天晒太阳时最好在树荫下,避免日光直晒;冬天不可隔着玻璃晒太阳,以防紫外线被吸收。

(4) 补充维生素 D。婴儿每天维生素 D 的生理需要量约为 12.5 微克,每天如能保证供给这一剂量,多可预防佝偻病的发生。混合喂养的婴儿宜在生后 2 周开始添加维生素 D,照护者应仔细计算每天经配方奶或强化奶粉摄入维生素 D 的剂量后,予以补充,或在医生的指导下决定需补充的剂量。此外,对营养不良、体质较弱及生长发育过快的婴儿应注意补充维生素 D 以防发生佝偻病。

四、意外伤害急救与护理

（一）皮肤外伤急救方法

1. 擦伤急救方法

擦伤是指婴儿摔倒擦破的伤口，仅仅是表皮受伤，所以伤势比较轻微，在家治疗即可。对于很浅、面积较小的伤口，可用碘油、酒精涂抹伤口周围的皮肤，然后用干净消毒纱布包扎好。如果家里没有碘酒、酒精，可用干净的水清洗伤口，然后涂上抗菌软膏，再贴上创可贴。

2. 割伤急救方法

割伤是刀、剪刀、玻璃片或锋利的器具造成的损伤。被刀割伤后，应先用清洁物品止血，再用绷带固定住。当伤口流血不止时，就要用直接压迫法止血，即用手指或者手掌直接压住伤口，依靠压力阻止血流，使伤口处的血液凝成块，或用干净纱布压迫伤口止血。

如果是手指出现割伤，而且伤口流血较多，应紧压手指两侧动脉，在施压 5—15 分钟后，一般便可止血。如果是其他部位割伤，均要加压止血。如果实在止不住血，可用橡皮筋在出血处以上部位扎紧，阻断血流，并立即去医院处理。每次橡皮筋止血扎紧的时间不宜超过 15 分钟，不然会因为血流阻断时间过长而导致肢体坏死。

在出血停止后，用 75%酒精或碘伏消毒伤口周围的皮肤，再用消过毒的纱布或创可贴覆盖，最后用绷带包扎固定。请注意，较深、较大的伤口或面部伤口，应去医院处理，必要时予以缝合，以免留下过大疤痕。

对于小而浅的伤口首先进行止血，将婴儿患侧手部举高，并捏住手指根部两侧，使出血止住。绝大部分的创口较清洁，可用碘酒、酒精涂伤口周围的皮肤，用干净消毒纱布包扎好。如伤口无感染征象，过两天可用酒精棉球再消毒伤口一次。但如果被脏或生锈的锐器割伤，或伤口大而深，有可能被破伤风杆菌感染，应及时带婴儿去医院。

3. 刺伤急救方法

如果被钉子、针、玻璃等锐利的物品刺伤，一般会有少量血流出，因为伤口窄而深，细菌不易被排出，所以容易引发炎症。假如被刺伤，无论伤口多小，都有患上破伤风的危险，所以务必要及时就医。

在紧急处理刺伤伤口时，需要挤压伤口，这时会有血流出，同时细菌也会被排出。所以，处理刺伤伤口时要把手洗干净，并使用消过毒的器具。如果匆忙用手处理刺伤伤口，反而可能导致细菌入侵，产生炎症。

有可能的话，要先找出是何种异物导致刺伤。假如是玻璃碎片，则可能伤害婴儿的肌肉或血管，因此，一定不要在家自行处理，而应立即去医院。因为一旦处理不当，会导致流血更多，甚至损害内脏、血管。如果被刀具或铜铁制品刺伤，应到医院注射破伤风疫苗。

如果导致刺伤的异物有一端裸露在皮肤外，可取一把镊子，将镊子末端放在火焰上进行消毒，待镊子冷却后，一边分散婴儿的注意力，使婴儿不会太紧张，一边轻轻用镊子夹出异物。

如果异物留滞在皮下，可用火焰消毒缝衣针，或将其放在消毒酒精、消毒水中浸泡几分钟。在异物所处的皮肤部位放一块冰，使皮肤麻木，再用消毒过的针轻轻挑开皮肤，使异物暴露出来，用消过毒的镊子将异物夹出来。

如果是铁钉导致刺伤，应首先拔出铁钉。用消过毒镊子或小钳子，顺着铁钉扎入的方向向外拔出，拔出时用力要均匀，不要左右晃动，以减少对周围机体组织的损伤。如果铁钉已拔出，可用力在伤口周围挤压，挤出瘀血与污物，以减少伤后感染。如果铁钉断在伤口里，应让婴儿马上停止走动，并将取出的部分钉子与婴儿一起送往医院，通过手术拔除。

4. 严重外伤急救方法

(1) 头部伤。如有开放伤，要在伤口覆盖干净毛巾，进行包扎。如婴儿昏迷或恶心、呕吐、头痛、头晕、口鼻出血，要让婴儿平卧，头部稍高，拉出舌头，清除口腔异物，并清除鼻腔内分泌物，保持呼吸道通畅，同时平稳地就近移送医院救治。

(2) 胸背部开放伤。特别是伴有呼吸困难的，要在伤口覆盖干净毛巾加压包扎，不能透气，然后急送医院救治。

(3) 挤压伤。立即脱离挤压环境，迅速实施心肺复苏术，同时就近送医院或拨打120救治。

(4) 骨折。不可变动体位，防止移动中刺伤血管、神经、内脏。原位固定骨折部位，可采用木板等绑缚骨折处，平稳移送医院救治。

婴儿外伤后，可根据出血部位、出血量加以处理。若血出得很慢，量不多，可用干净的毛巾或消毒纱布盖在创口上，再用绷带扎紧，并将出血部位抬高，以达到止血的目的。当血出得很快，出血量又很多，临时性急救方法就是马上施行压指法，即迅速用手指将受伤的血管向邻近的骨头上压迫，压迫点一般在离心脏近的一端。四肢部位的大出血，也可用橡皮管、橡皮带充当止血带，但应注意每隔30分钟左右放松一次止血带，以免影响血液循环。

(二) 动物抓咬伤护理措施

1. 急救方法

(1) 冲洗伤口。照护者应先用自来水或生理盐水帮助婴儿冲洗伤口，用2.5%的碘酒消毒后再轻轻擦拭伤口。若是被狗咬伤，可以用20%的肥皂水清洗伤口，尽可能清除潜在的病菌。

(2) 稍后止血。婴儿被猫狗等小动物咬抓伤后,若伤口流血,不要立刻止血,因为婴儿此时的伤口处血液可能含有病菌或毒素。待照护者清洗消毒完之后,再用无菌纱布覆盖流血的伤口。

(3) 注射疫苗。不管婴儿被小动物咬抓的伤口情况如何,照护者都应在清洗消毒完后尽快带婴儿去医院就诊,然后再由医生确定是否需要注射狂犬病或破伤风的疫苗,若2—3天后再注射就很难起到预防效果了。

2. 预防

(1) 莫让婴儿亲近不熟悉的动物。婴儿大多都喜欢与猫狗等小动物亲密接触,但婴儿若不小心惹怒它们就很容易被伤害。照护者不要让婴儿随意亲近不熟悉的动物,尤其是正睡觉或吃东西的宠物。带婴儿外出时,照护者一定要全程陪同。

(2) 教会婴儿识别动物健康与否。健康的小动物多是神采奕奕,而患病的则多数习性反常,比如患狂犬病的动物眼睛发直、口水不断,喜欢追咬人或是其他动物。只有做到防患于未然,才能减少或防止婴儿受到小动物的伤害。

(3) 不轻易带陌生动物回家饲养。婴儿容易对小动物产生浓厚的兴趣,遇到陌生的小动物喜欢上前逗玩,但婴儿对危险的防范能力较弱。照护者不要让婴儿一个人去和陌生动物玩耍,甚至带回家饲养,以防止陌生动物携带的病菌伤害到婴儿。

第四节 13—18个月婴儿生长发育与营养护理案例与分析

一、13个月婴儿喂养案例

喂 养

婴儿月龄:13个月。

喝奶情况:奶粉喂养740毫升。

家庭关系:父母和奶奶喂食。

辅食情况:

1. 喜欢喝奶,非常不喜欢辅食,一看到勺子就摇手闭嘴,每次喂饭像打仗,边扭边哭。只能喂进去一两口,有时候一点都不吃。

2. 婴儿不吃饭的时候,奶奶看不下去会拿东西哄着吃。虽然知道这样不好,但有时一

点都不吃心里也着急,只能默认老人这样做了。

3. 婴儿对照护者的饼干零食很感兴趣,照护者吃就会去抢。

4. 咀嚼能力比较差,之前有胃食管反流症状,不敢给婴儿吃饼干零食,现在虽然好转但还是比其他小朋友容易噎着。

进餐安排:

7:00　喝奶180毫升

9:00　辅食(蛋羹或水煮蛋半个)

11:30 喝奶200毫升

14:00 辅食(软米饭和菜)

16:30 喝奶180毫升

18:00 辅食(饭或面)

19:30 喝奶180毫升

【案例分析】

1. 13个月的婴儿即将完成婴儿期饮食和成人化饮食的过渡,13个月以后可以从食物中获得绝大部分的能量和营养,奶的重要性下降,全天奶量维持350—500毫升即可。如果婴儿现在非常爱喝奶不愿意吃饭,可以在740毫升奶的基础上往下调整为600毫升左右,腾出更多肚子装其他食物。

2. 早上7点的奶可以取消,全天奶量560毫升,这个时间改为吃早餐。尽早培养吃早餐的习惯,可以令婴儿新的一天开始便充满活力,大脑也能维持一上午高效运转。目前的早餐只有鸡蛋太过于单调,好的早餐应该包含较多的水分(如稀饭、汤面)、主食(如粥、包子、面包)、蛋白质食物(如鸡蛋、豆腐),以及蔬菜和水果。由于婴儿之前没有吃早餐的习惯,可以让他与照护者坐在一起,看着别人吃,形成"早上起来要吃早餐"的印象。晨起先喝几口白开水,出去玩玩调动身体状态,回来吃早餐。

3. 上午小睡起来大约11点半,可以和照护者一起吃午餐,有利于婴儿进餐习惯的培养。如果总是让他孤零零地吃,他会觉得吃饭很没有意思。家庭餐桌是婴儿社交的发源地,这里聚集了他的家人,他能从中学习到细嚼慢咽、不挑食等好习惯。在温馨的氛围中婴儿更愿意模仿进餐。午餐的安排是软饭,能锻炼婴儿的咀嚼能力,适当搭配菜和肉。天气热了也可以搭配少量汤。

4. 原来11点半的奶移到下午小睡之前喝,或者等小睡醒后,和下午4点半的奶合并,量可以稍多。

5. 食物中注意添加植物油5—10克,能为婴儿提供一部分能量和必需脂肪酸。如果平时吃鱼虾等不多的话,可以选择富含a-亚麻酸的植物油,如亚麻籽油、紫苏油等。

6. 婴儿看到勺子就摇头，是典型的想要自主进食的表现。如果婴儿自己吃饭意愿没有得到鼓励和支持，到1岁左右吃饭问题就容易集中爆发。

7. 婴儿吃饭时纯粹是照护者喂、自己张嘴，对婴儿来说是非常无聊的一件事。试想照护者在婴儿面前玩玩具，而不允许他自己动手只能干看，婴儿要么无聊地跑掉，要么生气。他们对自己能动手操作的东西更有兴趣。看书、玩玩具、吃饭，都是在动手中学习的。手是他们学习的通道，如果照护者将这个通道关闭，他们自然也就渐渐丧失热情，这也是许多婴儿不爱吃饭的问题根源。当然说起来容易，实施起来难，照护者会因为婴儿太小、吃得脏、吃得慢、吃得少、吃得挑、浪费食物、没规矩等各种缘由阻止他自己吃饭。其实靠自己的能力进食，是婴儿智能发展的表现。不能为了便利照护者喂食，而压抑了婴儿的天性。应该鼓励为主，辅助他学习自己进食的技巧。把食物分为3份，照护者喂2/3，鼓励自己吃1/3，做好心理准备这1/3就是要被糟蹋掉的。但用这些食物换取婴儿的自信心和自尊心，非常值得，坚持就能看到效果。

8. 由于婴儿的兴趣低落，辅食吃得不多，他更需要喝奶来填饱肚子，于是更加恋奶，这是环环相扣的问题。要注意这个月龄处在分离焦虑的巅峰时期，照护者尤其是父母一定要多陪伴婴儿，防止用吃奶这种倒退的进食方式来寻找安全感。

9. 关于用东西哄婴儿吃饭，这也是需要纠正的问题。因为没有鼓励婴儿自己吃，导致他不爱吃饭，现在又用道具来哄骗，等于用第二个错误弥补第一个错误。应马上收走干扰注意力的东西，当婴儿对吃饭有兴趣时，这些道具的吸引力自然降低。

10. 按照上述调整建议制定喝奶吃辅食的时间表，遵照这种安排不要轻易变动。即使吃辅食不多，也不要用奶来顶饿，到时间该吃什么就吃什么。不要让婴儿形成“不吃辅食没关系，反正照护者会给我喝奶”的印象。

二、14个月特殊婴儿生长发育与营养护理案例

脑瘫患儿的照护与治疗

姓名：丁丁（化名）

性别：男

年龄：14个月

诊断：痉挛型四肢瘫

临床表现：患儿易打挺，脚尖着地，不会翻身，不会坐，不会爬。

患儿病史：患儿丁丁于××××年×月×日来我中心治疗，患儿母亲主诉，患儿为第二胎，母育第一胎32周停孕，宫内死胎。第二胎孕36周，胎盘早剥。剖宫产，胎儿无异常，于3个月时发现患儿易打挺，胳膊和腿异常有劲，曾在当地人民医院以“缺血、缺氧性脑病”治疗5个月，经网上查询，与在线专家沟通后，来我院康复治疗。

评估检查：患儿四肢肌张力高，双下肢腘绳肌、内收肌张力 ashuorth 分级 I+，患儿不能自主翻身，不能独坐，头控可，肩关节推举动作不可完成，肘关节伸屈、腕关节背屈较差，拇指内收，对指、对掌、并掌等精细动作均不可完成。

治疗过程：现给予四肢关节被动活动，内收肌、腘绳肌及跟腱牵拉训练并进行辅助翻身、巴氏球上坐位平衡训练。

经半月综合康复训练，现患儿可独立翻身，坐位平衡已达到Ⅱ级，先给予坐位平衡训练和俯爬训练。

经半月综合康复训练，现患儿可独坐、自由翻身及辅助下的俯爬训练，患儿已完全适应训练方式，能主动配合。继续给予四肢关节被动活动，双上肢支持的训练及辅助下俯爬、上肢精细动作的训练。

经一个月综合康复训练，患儿配合良好，基本可完成各个阶段的康复训练，观患儿上肢精细动作增强，可主动准确地抓握。抬举双下肢灵活性提高，可仰卧位下自由屈伸髋，膝关节继续给予四肢关节被动活动、仰卧位到坐位体位转换及侧左下支撑训练。

经一个月综合康复训练，患儿可独立四点支撑爬行，可跨越障碍物，四肢协调性增强。并且患儿可扶物站起，针对以上情况给予患儿扶站训练及站立平衡的训练。

患儿一共治疗 5 个月，现在患儿可独坐、独站、独立行走，从坐位到站位、蹲位到站位等体位转换。鉴于患儿已经达到该年龄段的运动发育水平，建议出院。

【案例分析】

患儿在出生前后一段时间内，由于各种原因导致非进行性脑损伤或脑部发育缺陷，这点是前提。即便是早产儿或是低体重儿，在出生后如果没有脑损伤，通常情况下患脑瘫的几率较小。肌张力的大小可以通过肌肉的伸展性、被动性来判断，可以让医生对婴儿进行准确评估判断。患儿肌张力高，具体表现是僵直。有些婴儿穿衣服时，手臂很难做卷曲动作，无法将手臂插入袖内；也有婴儿是肌张力低，具体表现是身体软绵绵的，无法抬头，抓手指也没力气。无论是抬头、翻身、坐、爬、站、走等大动作发育，还是手部精细动作，比如张开手、主动抓物，患儿都出现明显的落后。婴儿如果存在脑部损伤，症状是很明显的，稍微细心的照护者就能看出婴儿的异常，及时发现，尽早进行干预，通过治疗和康复训练，婴儿将来能够正常生活的可能性还是很大的。

本章回顾

本章从具体的指标与特点描述了 13—18 个月婴儿生长发育监测，并从婴儿对营养的需求和喂养指导要点详细讲解了 13—18 个月婴儿营养与喂养；最后从一日作息的合理安排、身体健康护理指导要点和日常生活护理指导详细阐述了 13—18 个月婴儿保健护理指导，并附上了13—18个月婴儿生长发育与营养护理案例及分析。

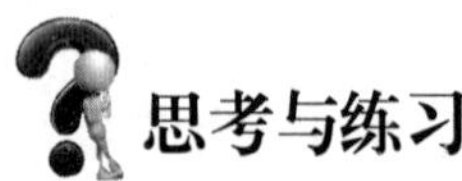

思考与练习

一、选择题

1. 下列哪一项不属于13—18个月婴儿生长发育特点？（　　）

A. 连续性与阶段性　　B. 统一性与随意性

C. 稳定性与可塑性　　D. 顺序性与个体差异性

2. 正常13—18个月婴儿每天对水的需要量是（　　）。

A. 75—100 ml/kg　　B. 200—300 ml/kg

C. 50—70 ml/kg　　D. 1 000 ml/kg

二、简答题

参考答案

1. 请说说如何保证13—18个月婴儿的营养均衡。

2. 请对促进13—18个月婴儿的听力器官发育提出指导建议及相应的环境支持。

职业证书实训

1. 为12个月婴儿进行头围、胸围测量

(1) 本题分值：10分

(2) 考核时间：10 min

(3) 考核形式：操作

(4) 具体考核要求：掌握12个月婴儿头围、胸围测量方法

2. 为1岁男婴测量腋温

(1) 本题分值：20分

(2) 考核时间：10 min

(3) 考核形式：口试＋操作

(4) 具体考核要求：掌握为婴儿测量腋温的方法和注意事项

3. 16个月幼儿的一日作息安排

(1) 本题分值：20分

(2) 考核时间：10 min

(3) 考核形式:笔试十口述

(4) 具体考核要求:按照要求为 16 个月婴儿安排一日作息时间

4. 婴幼儿佝偻病的症状及预防措施

(1) 本题分值:20 分

(2) 考核时间:10 min

(3) 考核形式:笔试

(4) 具体考核要求:掌握婴幼儿佝偻病的症状及预防方法

参考答案

推荐阅读

1. 胡维勤.婴幼儿保健护理营养食谱[M].乌鲁木齐:新疆人民卫生出版社,2016.

2. 谢宏,储小军.婴幼儿营养与科学喂养[M].杭州:浙江工商大学出版社,2016.

3. 康松玲,贺永琴.婴幼儿营养与喂养[M].上海:上海科技教育出版社,2017.

4. 中华护理学会儿科专业委员会.婴幼儿护理操作指南[M].北京:人民卫生出版社,2018.

5. 邹春蕾.婴幼儿营养与饮食调理全书[M].北京:中国妇女出版社,2016.

6. 英瑛.婴幼儿护理必备手册[M].成都:成都时代出版社,2012.

7. 周忠蜀、菅波.婴幼儿辅食添加与营养配餐全方案[M].北京:中国轻工业出版社,2018.

8. 徐千惠.0—3 岁婴幼儿照护与保育[M].上海:复旦大学出版社,2020.

9. 张继英.婴幼儿护理(第二版)[M].北京:中国劳动社会保障出版社,2013.

10. 王荣.婴幼儿睡眠的秘密[M].北京:机械工业出版社,2019.

第三章
13—18 个月婴儿动作发展与运动能力

学习目标

1. 在对 13—18 个月婴儿动作发展的指导与运动能力的培养过程中，产生对早期教育专业的认同感，对教师岗位的热爱之情。

2. 在对 13—18 个月婴儿动作发展的指导与运动能力的培养过程中形成安全意识，对 13—18 个月的婴儿产生保护欲。

3. 理解 13—18 个月婴儿动作发展的特点和规律。

4. 掌握 13—18 个月婴儿动作发展的指导要点，能设计符合婴儿动作发展特点的家庭亲子活动和托育机构的教育活动。

思维导图

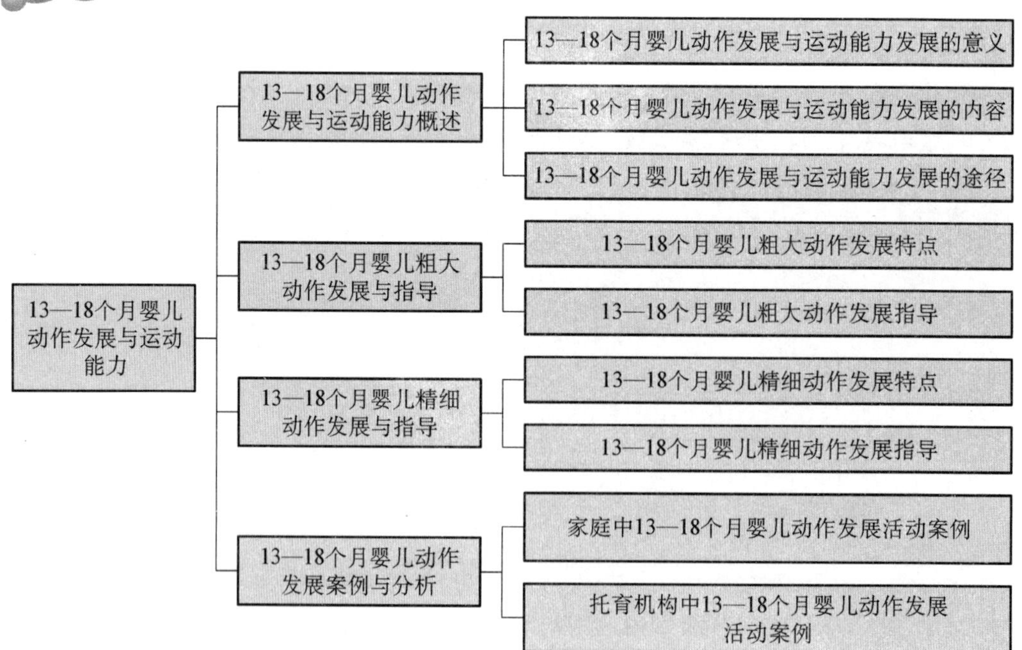

15 个月大的凯凯站着四处张望，看到沙发上坐着的爸爸，于是他走到沙发旁，爬上沙发，来到爸爸身边。爸爸一把将他抱起，来到放有玩具盒子的地毯上，爸爸将盒子里的小球取出一个放到瓶子里，摇了摇，凯凯听到声音后很开心。于是爸爸也递给凯凯一个小球，凯凯就模仿着爸爸将小球放进了瓶子里，双手抱着瓶子摇了摇，再次开心地笑了。午饭时间到了，爸爸将凯凯抱上儿童餐椅，妈妈将装满食物的碗放在凯凯面前，现在的凯凯已经会用勺子自己吃饭了。

观察 13—18 个月的婴儿，你会看到他们站立、走路、攀爬、取放物品、使用勺子等行为，感受到他们粗大动作和精细动作的发展变化，惊喜于他们能做的事情越来越多。

第一节　13—18 个月婴儿动作发展与运动能力概述

一、13—18 个月婴幼儿动作发展与运动能力发展的意义

动作发展与运动能力对 13—18 个月婴儿的身心发展起到重要作用，特别是在这一阶段，婴儿的语言发展水平有限，动作是婴儿认识世界、适应社会、与人交往、表达情绪的重要手段。13—18 个月婴儿动作的发展与运动能力的增强对其全面发展和独立生活能力的形成有着重要意义。

（一）动作发展有利于婴儿认知能力的发展

13—18 个月婴儿的运动能力进一步增强，在站、走、攀爬、抓握、堆高等动作发展的过程中，婴儿的认知范围不断扩大，能接触到更多外界事物，积累丰富的感知觉经验。同时，婴儿通过动作与外界事物发生相互作用，有利于记忆、想象和思维等认知能力的发展。

（二）动作发展有利于婴儿自我意识的发展

13—18 个月婴儿在粗大动作和精细动作的发展中，逐渐认识自己的身体，感受自己的能力，发现自己与周围事物的区别，建立主体和客体的概念等。例如，当婴儿推动玩具手推车走路时，会感受到自己的力量可以让小推车运动，自己有能力控制某物，这也有利于婴儿自信心的形成。

(三) 动作发展有利于婴儿社会适应能力的发展

当13—18个月的婴儿学会独自走路之后,他们的社交范围进一步扩大,接触到的人、事、物变得更多,也增加了婴儿与他人交往、适应社会的机会。同时,双手鼓掌、招手、拥抱等动作的发展,能让婴儿掌握更多的社交技能,学会更好地与他人相处。

(四) 动作发展有利于婴儿独立生活能力的发展

随着动作的发展,婴儿不再需要完全依赖照护者的照料。13—18个月的婴儿开始能够自己完成拿取衣物餐具,使用勺子吃饭,拿起水杯喝水、倒水等独立生活所需的技能,这些都有助于婴儿独立性和自立意识的发展。

抓握动作对儿童心理发展的意义

儿童手的抓握动作具有自己独特的,即动物没有的特点。首先,儿童逐步学会了拇指与其余四指对立的抓握动作,这是人类操作物体的典型方式。婴儿早期的抓握是使用整个手臂,以后才用拇指,再发展到使用四个手指和拇指。其次,在儿童的抓握动作中,逐步形成眼和手,即视觉和触觉的协调运动。两只手在眼的合作下玩弄两个物体,继而会用种种不同的方式来玩弄多种物体。手的抓握动作约在周岁时接近完成。

儿童用手抓握物体,使手成为一个主要的认识器官。对于物体的许多属性,诸如冷暖、软硬、轻重、质地等,只有通过抓握、触摸才能获得。成年时人对事物的知觉就是依靠这些早期积累的过去经验,使整体知觉得以迅速实现。

儿童在众多物体中抓握某一物体并摆弄它时,就使这一物体从当前的背景中区分出来,作为一个感知的对象。这就可能实现从个别刺激的感觉过渡到对一个对象物的整体知觉。

儿童在抓握摆弄物体时,够不够得着,这样的实践经验是他们理解近距离空间、发展空间知觉的基本条件。

在摆弄物体中,反复同一动作总是引起同样效果,这就使儿童获得关于实际动作跟直接效果之间的因果关系的认识。这种因果关系的认识使儿童对自己的行动后果产生预见性。在此基础上习得该动作,开始形成有目的的意志行为。

在儿童反复做某种动作而达到预期结果的时候,也就使儿童产生自我感觉:感到自己是一个自在的实体,认识到自己是发出动作的主体,并因动作达到预期结果而对自己的能力产生自信心和满足感。这是以后儿童形成自我认识的途径之一。

在儿童前言语交流的发展中,原始祈使行为的产生就是工具性姿态的仪式化过程。儿童伸手指向某一物体,并做出抓握动作,以表示“我想要”。随着抓握动作的不断重复,

儿童每当做出抓握动作就表示“我想要”的意思。这种仪式化的抓握动作失去了原来的功能，成为一种语言符号，表达特定的意义，从而促进了言语交流的形成。

资料来源：李红，何磊.儿童早期的动作发展对认知发展的作用[J].心理科学进展，2003,11(3):315-320.

二、13—18个月婴儿动作发展与运动能力发展的内容

13—18个月婴儿的粗大动作和精细动作进一步发展，运动能力进一步增强，主要表现在站立、行走、攀爬、手眼协调、抓紧与拿取、操作物品等方面。

(一) 粗大动作的发展

在粗大动作的发展上，13—18个月的婴儿开始变得好动，学会走路成为其中一个重要的发展标志。当婴儿在不依靠照护者的帮助或借助支撑物的情况下，学会独自站稳之后，他们就开始尝试迈开腿，学习走路。对于初学走路的婴儿来说，一开始并不能独自迈着大步稳定地向前走，而是既缓慢又小心地迈着步子，并且需要照护者的帮助或者自己扶着支撑物才能向前走路。在婴儿走路初期，由于腿部肌肉和骨骼仍在发育，下肢力量有限，使得婴儿在迈步时两腿之间的距离较宽，脚趾向外，走起来缺乏稳定性。在婴儿摇摇晃晃尝试迈步行进的过程中，常常会迷恋于拉或推的玩具，这些玩具可以协助他们练习走路。婴儿在反复的练习之后，会逐渐熟悉走路的动作，其平衡能力得到进一步提高，肌肉力量进一步增强，就会开始尝试加快走路速度。在这个阶段，婴儿会花大量时间练习站立和走路，对他们来说，活动的目的不一定是要从一边走到另一边，更多的时候他们是在依靠自己的下肢站立、使用自己的下肢走路的过程中，体验控制身体的成就感。

(二) 精细动作的发展

在精细动作的发展上，13—18个月婴儿的手部肌肉力量得到进一步增强，手眼协调能力进一步提高。在这一阶段，婴儿的手将会逐渐替代嘴巴，成为他们探索和了解世界的主要工具。婴儿的精细动作从能用整个手掌和五指一起去抓握并释放物品，发展到能用两根手指去抓握并释放物品。其间，婴儿会通过反复练习拿取物品，习得并完善自身的手部动作技能。在这一阶段，照护者可以引导婴儿抓取小球或食物，以此训练拇指和食指完成抓握的技能，从而习得钳状抓握动作。在婴儿熟练掌握单手动作之后，会进一步尝试需要双手配合的动作。随着婴儿手部动作变得更加准确而灵巧，他们开始能够通过操作物品(如握住带有手柄的工具)去完成更多的任务，在周围环境中探索并发现更多的新事物。

文化对运动发展的影响

尽管婴儿的运动发展遵循普遍的顺序，但他们的发展速度还受到特定文化因素的影响。当婴儿得到了很好的照顾和营养，身体能够自由地活动，有机会探索周围的环境时，他们的运动发展可能是正常的。然而，在一种文化环境中的正常运动发展到了另一文化环境中却未必如此。

非洲婴儿坐、走路和跑的发展要先于美国和欧洲婴儿。例如，在乌干达，婴儿在10个月时就学会了走路（Gardiner & Komitzki，2005），而美国婴儿要到12个月时才学会走路，法国婴儿15个月时学会走路。亚洲婴儿的这些技能发展得更晚。也许这些差异在一定程度上与民族气质差异有关（H. Kaplan & Dove，1987），或者也可能反映了不同文化养育孩子的习惯不同（Gardiner & Komitzki，2005）。

有些文化会积极地鼓励婴儿早点掌握运动技能。在许多非洲和西印度文化中，婴儿的运动技能发展较早，成人会通过一些特殊的训练程式，如跳跃和迈步练习，加强婴儿的肌肉力量（Hopkins & Westra，1988）。研究发现，牙买加妈妈每天通过这些训练程式锻炼婴儿，因此他们坐、爬、走的时间早于不接受这些特殊训练程式的英国婴儿（Hopkins & Westra，1990）。

其他文化不鼓励婴儿过早发展早期运动。居住在巴拉圭东部的Ache部落的儿童在18—20个月时才开始学习走路（H. Kaplan & Dove，1987）。当婴儿想要爬时，Ache部落的妈妈就会把他们拽到自己的大腿上。Ache部落的妈妈密切监视着孩子，保护他们远离游牧生活中的危险，这也可能是因为在Ache部落中，母亲的主要任务就是照顾孩子，而不是参加生产劳动。然而，当Ache部落的儿童8—10岁时，他们会爬上很高的树，把树枝砍下来，玩一些能提高他们运动技能的游戏（H. Kaplan & Dove，1987）。因此，不遵从相同的时间表，但是能达到相同的目标也属于正常发展。

资料来源：黛安娜·帕帕拉，萨莉·奥尔兹，露丝·费尔德曼．孩子的世界：从婴儿期到青春期[M].北京：人民邮电出版社，2013.

三、13—18个月婴儿动作发展与运动能力发展的途径

在粗大动作的发展上，随着婴儿开始走路，他们将会开启一个更广阔的世界，随之会带来更多的探索和学习的机会。在初学走路的时期，摔跤对于婴儿来说是不可避免的，他们可能会因为踩上一个物体，或因身体姿势不平衡，或因走得太快等原因而摔倒。但正是在这个过程中，他们会学习协调自己的肢体，锻炼腿部肌肉，提高反应的灵敏性，使自己在

行走过程中的步伐逐渐变稳。

在精细动作的发展上，婴儿喜欢用手去触摸和感受身边的各种物品，手成了婴儿探索世界的一个重要工具。婴儿通过手的触摸更容易记住并理解身边不同物品的属性，因此，照护者应在保证婴儿远离危险有害物品的前提下，多给予婴儿触摸、抓取、操纵物品的机会，避免让"不要碰"阻碍了婴儿的探究与学习。

照护者可以从以下途径促进婴儿粗大动作和精细动作的发展，提升婴儿的运动能力。

（一）提供安全自由的环境促进动作发展

当婴儿在练习走路时，照护者需要做的就是给他们提供一个安全而自由的活动空间，例如对家具的边边角角做好防护措施，提供一块开阔的场地，保证地面平整，无尖锐危险的物品等。在安全自由的环境中，照护者只需在一旁看护婴儿，适时地鼓励和引导婴儿，放手让婴儿自由练习行走。照护者不必因过于担心婴儿摔倒而去限制他们独自行走。虽然婴儿的身体控制能力较差，自我保护能力较弱，但只要没有摔跤或碰撞，照护者可不必太介意。当婴儿不小心摔倒时，照护者不必惊慌，在确保婴儿没有受伤的情况下，鼓励他们自己站起来。照护者应给婴儿提供更多室内和室外活动的场所，让他们能利用身边的自然条件或设施加强自己的肌肉力量，发展自己的动作技能，提升运动能力。

（二）创设生活化、游戏化的活动促进动作发展

著名教育家陶行知曾提出"生活即教育"，婴儿的一日生活中蕴藏着促进其动作发展的各种机会。婴儿动作的发展可以通过锻炼他们的日常生活技能来实现，在培养婴儿自理能力的活动中，可以让婴儿自己学着用勺子吃饭、用杯子喝水、摘帽子、穿鞋子、上楼梯等。在日常的家务活动中，照护者可以给予婴儿参与的机会，让婴儿在力所能及的范围内帮助照护者一起完成家务，例如，帮照护者将水果放入榨汁机，在照护者的帮助下给花浇水、用小扫帚扫地、给照护者递抹布等。在婴儿眼里，这些家务活动更像是一种游戏活动，照护者无须过于追求婴儿完成结果的好坏，而应将其看成是一种培养婴儿运动能力的机会。这些活动会涉及婴儿的各种肌肉运动、行为能力及思维的发展，同时有助于培养婴儿的自理能力。

照护者还可以设计与站、走、攀爬、抓握、堆高等动作有关的游戏活动，促进婴儿的动作发展。在游戏中，婴儿可能会遇到无法完成的情况，这时照护者需要及时安慰沮丧的婴儿，鼓励他们反复进行练习。如果婴儿确实无法独立完成，照护者可以给予适当的帮助，让他们体验到成功，从而才会乐于继续练习。

（三）给予信任和无条件的支持促进动作发展

这一阶段的婴儿会变得更加好动，此时婴儿的动作行为往往是出于发展的需要，照护

者应予以理解，给予信任和无条件的支持。照护者因担心婴儿好动而去限制其活动，要求其安静地“学习”，反而有可能会抑制婴儿相关运动能力和思维能力的发展。当婴儿过了好动的阶段之后，自然会有安静“学习”的需要。

随着婴儿动作技能的发展以及好奇心的日益增长，照护者会发现婴儿喜欢摆弄甚至拆卸手边的各种物品，与其将此看作是一种“破坏”行为，不如理解为是一个学习过程。但在这个过程中，照护者需注意的是，防止婴儿将小东西塞进口、鼻、耳中，或者抓取危险物品。

照护者也不必过于担心婴儿起步“太晚”。照护者需要意识到每个婴儿都是独特的个体，他们都有自己的“成长时间表”。例如，大部分婴儿会在9—12个月期间迈出人生的第一步，等到14—15个月的时候就能够顺利地走路，但是也存在有的婴儿12个月左右仍不会自己走路的情况，有的要到15—18个月大才学会自己走路，这些都属于正常现象，照料者不必过于担心，也不必与其他们婴儿进行“比赛”。有的照护者为了让婴儿更早学会走路，会倾向于使用学步车，但有研究表明，学步车会限制婴儿的探索和运动，甚至可能会延迟婴儿运动能力的发展。因此，照护者需要做的是顺应婴儿自身的成长规律，持续观察婴儿的变化，提供支持性环境并保持更多的耐心。

尽管粗大动作和精细动作的发展顺序在大部分13—18个月婴儿中存在一致性，但是粗大动作和精细动作的发展速度仍存在较大的个体差异，并且精细动作发展晚的婴儿其粗大动作不一定会发展晚。因此作为照护者，在婴儿成长的过程中有时需要多一些耐心，但是如果婴儿大部分的运动能力都发展滞后，照护者则需要引起重视，必要时可以寻求儿科医生的帮助。

第二节 13—18个月婴儿粗大动作发展与指导

一、13—18个月婴儿粗大动作发展特点

13—18个月的婴儿在能够站稳以后，便开始学习独自行走。但一开始需要由照护者牵着或手扶栏杆才能迈开步子行走。这一阶段的婴儿因为头重脚轻，腿部肌肉缺乏力量，常常在走路时会不自觉地向前倾，步幅不稳，忽大忽小，摇摇晃晃，容易摔跤，在没有照护者帮助下要求婴儿自己迈步走路时，有的会表现出害怕不敢往前走，或走得不稳的现象，需要照护者张开双手保护他们。表3-1呈现的是13—18个月婴儿粗大动作的具体发展特点。

表 3-1　13—18 个月婴儿粗大动作发展特点

站立	1. 能独自站稳
婴儿发展阶段	1.1　扶着东西或在照护者帮助下站起来 1.2　能平稳地独自站立较长时间 1.3　能蹲下去再站起来
行走	2. 能独自行走
婴儿发展阶段	2.1　在照护者的帮助下行走 2.2　独自进行不稳定的行走 2.3　独自尝试稳定的行走 2.4　边走边推拉玩具
攀爬	3. 攀爬低矮的物体
婴儿发展阶段	3.1　能手脚并用爬上台阶 3.2　在照护者的帮助下能迈上台阶 3.3　在照护者的帮助下能走下台阶

二、13—18 个月婴儿粗大动作发展指导

这一时期婴儿的粗大动作从站立发展到行走，再发展到攀爬，活动范围逐渐扩大。照护者可以认真观察和记录婴儿这个阶段粗大动作发展的行为表现，依据婴儿粗大动作的发展规律及特点，结合每个婴儿独特的个体差异，对其进行有针性的个别化科学指导。

在进行婴儿粗大动作指导时，需要注意以下几点：

(1) 尊重婴儿的意愿，鼓励其运动但不强迫运动。

(2) 随着身体动作能力的发展，婴儿会变得好动，但也要注意适时地休息，为婴儿安排有规律的、动静结合的生活作息。

(3) 每天为婴儿提供粗大动作的练习机会，做好活动计划。利用一切机会发展婴儿的粗大动作，凡婴儿想做也能做到的事，都应支持、帮助、鼓励，例如自己走路、上楼梯等，照护者在一旁看护，必要时提供支持。

(4) 运动量大的活动最好安排在两餐饭之间，切忌饭后立即运动。大量运动后，及时给婴儿补充水分、擦去汗水、脱去过多的衣服。婴儿在运动时，尽量保证着装宽松舒适，不要穿过多的衣服，避免一动就出汗，一脱就受凉的情况发生。

(5) 保证婴儿活动环境的安全性。例如，在有条件的情况下，照护者尽量将家里有尖锐转角的家具装上防撞角，给婴儿可触及范围内的插座装上保护盖。

(6) 在窗边尽量不要摆放可供婴儿攀爬的物品，或者安装窗户安全锁，防止婴儿爬上窗台翻窗而发生危险。

(7) 保证婴儿在照护者的看护下活动。避免让婴儿独自在水边(如浴缸、水池、游泳池、湖边、河边等)玩耍，以防出现溺水事故。

【站立】

1. 能独自站稳

1.1 扶着东西或在照护者帮助下自己站起来

指导建议：

(1) 给婴儿提供结实的支撑物，让婴儿可以扶着这些物品尝试站起来。

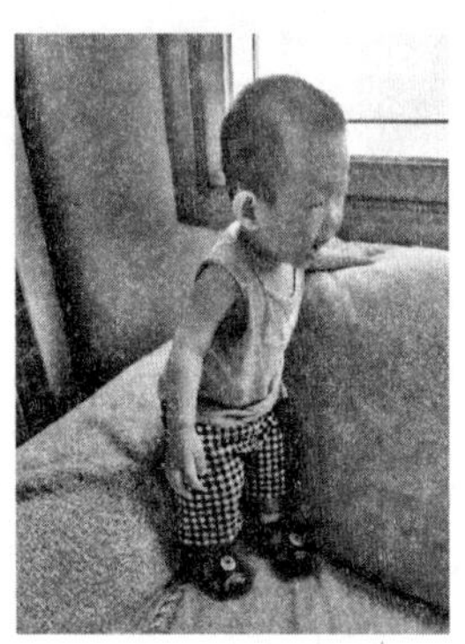

(2) 尽量不给婴儿穿鞋或者穿柔软的鞋，增加婴儿脚底的抓地感。

(3) 照护者可以让婴儿尝试独自站立，但需要在一旁看护着，随时准备扶住站不稳的婴儿。

环境支持：

(1) 清除婴儿周围环境中可能会伤害他的物体，为家具装上安全防撞角。

(2) 确保婴儿站起来时头顶上方有足够的空间，并提醒他不要待在桌子或床等低矮家具下面。

(3) 照护者需要在一旁看护。

1.2 能平稳地独自站立较长时间

指导建议：

(1) 让婴儿在没有依靠的地方站立，将他喜欢的玩具放在高于其头顶的位置，引导婴儿独自站立起来抓住玩具。

(2) 当婴儿独自站立起来时，照护者可以在一旁蹲着或坐着，尽量与婴儿保持在同一水平高度，拿着他喜欢的玩具或用拍手、唱歌等互动方式，吸引他的注意力，使其保持站立姿势。

(3) 照护者在距离婴儿一个手臂的位置，张开双手，用召唤声或玩具，引导和鼓励婴儿向前迈步，随时准备扶住站不稳的婴儿。

(4) 如果婴儿喜欢站着，就允许他站着，不用要求他坐着。

环境支持：

(1) 确保婴儿周围的环境是安全的，地面是平整的。

(2) 照护者需要在一旁看护，并给予积极的鼓励。

(3) 准备婴儿喜欢的玩具。

1.3　能蹲下去再站起来

指导建议：

(1) 照护者向婴儿示范蹲下去捡东西的动作，边做边用语言描述自己的行为。

(2) 照护者准备婴儿熟悉的生活物品或婴儿喜欢的小玩具，将这些东西放在地上，然后说出其中某个物品的名字，请他帮忙捡起来，并说声"谢谢"。例如，"请把地上的袜子捡起来给我，谢谢。""请把红色的小车捡起来给我，谢谢。"以此训练他蹲下去再站起来的灵活性。

(3) 准备一个可爱的婴儿椅和一个成人椅，让婴儿跟随照护者一起，玩坐下、站起的游戏，当婴儿正确完成指令后，照护者应及时表扬他。

环境支持：

(1) 准备婴儿易抓握的生活物品或者玩具。

(2) 准备高矮适宜、有扶手的婴儿座椅。

(3) 照护者需保持耐心和积极支持的态度。

【行走】

2. 能独自行走

2.1　在照护者的帮助下行走

指导建议：

(1) 提供结实的支撑物（如墙面、室内防护栏等），让婴儿能够扶着支撑物尝试行走，照护者在一旁看护。

(2) 在地上将颜色鲜艳的彩带摆成直线，或用粉笔画出直线，在终点处摆放一个婴儿喜欢的玩具，照护者牵着婴儿沿着彩色直线的方向慢慢行走，最终拿到自己喜欢的玩具。

(3) 照护者牵着婴儿行走时，注意不要将他的手臂拉得太直，有可能造成脱臼。让婴儿的手臂保持一定的弯度，慢慢带着他向前走，边走边给予言语鼓励。当婴儿要摔倒时，不宜用力拉起他，容易造成手臂脱臼，可以蹲下

来，试着抱住婴儿。

(4) 婴儿行走时，照护者也可以将双手放在婴儿的腋下扶着他的躯体，当婴儿快要摔倒时，可以迅速抱住他。

(5) 谨慎使用学步车等辅助婴儿走路的工具，这些可能会使婴儿学会错误的走路姿势，影响腿部发育。

环境支持：

(1) 确保辅助婴儿行走的支撑物表面没有尖锐的物品，并且足够牢固，不易倒塌。

(2) 提供室内和室外练习行走的场所，保证场所是安全的，地面是平整的，没有危险障碍物。

(3) 准备婴儿喜欢的玩具。

(4) 为婴儿准备舒适跟脚的鞋，避免有鞋带的鞋子，以免不小心绊倒。

2.2 独自进行不稳定的行走

指导建议：

(1) 婴儿在初次尝试独自站立、迈步、摇晃、摔倒、再重新站起来的循环过程中，锻炼肌肉力量，发展肢体的协调性，照护者对此反复摔倒再站起来走路的过程应予以理解，不宜急于求成。

(2) 为婴儿提供一块可以自由行走的安全区域，铺上垫子、地毯或毛毯，将婴儿放在该安全区域，允许他自由活动，照护者在一旁看护，每天保证婴儿有自由活动的时间(至少60分钟)。

(3) 婴儿第一次能自己独立行走时，他的身体会摇晃，走路会不稳定，即使为他创设一个安全柔软的行走空间，仍然有可能会摔倒。当婴儿摔倒时，如果没有受伤，不是很严重，照护者可以及时给他一个安慰的拥抱，然后放手，让他继续练习行走。照护者应理解婴儿在行走初期的摔倒是不可避免的，而自身的焦虑和紧张只会让婴儿对摔跤受伤这件事情产生恐惧，从而不敢尝试行走。

(4) 照护者可以待在距离婴儿两三步的位置，通过动作、玩具或者呼唤声吸引他走向自己。当婴儿成功走过来时，给予大大的拥抱和亲吻表示奖励。

环境支持：

(1) 在室内、室外提供充足的空间和机会让婴儿进行行走练习。

(2) 保证婴儿练习走路的场所是安全的，不会撞上家具；地面是平整的，没有散落的小玩具或危险障碍物等。

(3) 以平常心看待婴儿的摔跤。

(4) 准备好碘伏、棉签、纱布、创口贴等轻微擦伤所需的护理物品。

(5) 准备婴儿喜欢的玩具。

(6) 为婴儿准备舒适跟脚的鞋，避免有鞋带的鞋子，以免不小心绊倒。

2.3 独自尝试稳定的行走

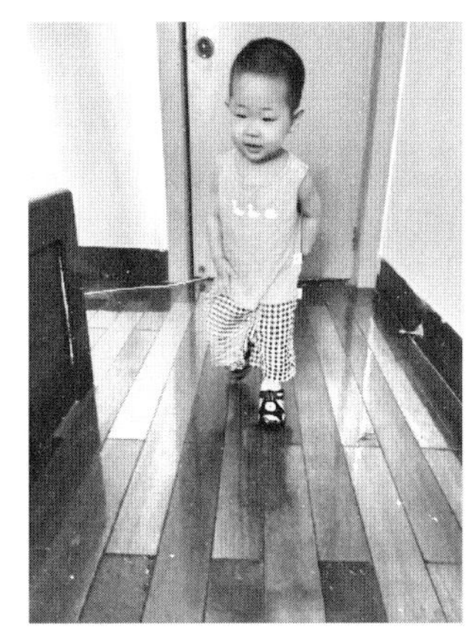

指导建议：

(1) 婴儿对新掌握的技能总是充满了兴趣，学会独立行走后的婴儿会迫不及待地一遍又一遍地练习，照护者既要给他练习的机会，又需要花更多的注意力关注他，保证他的安全。

(2) 在熟练地掌握了行走的技能之后，有部分婴儿可能会对自己独立行走失去兴趣，转而要求照护者抱，这个时候，照护者需要鼓励他自己行走。

(3) 将婴儿喜欢的玩具放到离他稍远一点的位置，引导他自己走过来拿；或者在离婴儿一段距离的位置，张开双手，召唤婴儿走过来获得拥抱。

(4) 在空旷、无障碍物的场地，与婴儿玩追逐游戏，照护者行走的速度不宜过快。

(5) 由于婴儿的活动范围变大，活动能力变强，可以让婴儿在能力范围内为照护者提供帮助，例如，让婴儿走到茶几旁抽一张纸巾递给照护者等。既能让婴儿练习走路，又能让他感受到自己的能力。

环境支持：

(1) 在日常生活中创造让婴儿独自行走的机会。

(2) 保证行走环境的安全性。

(3) 准备婴儿喜欢的玩具。

(4) 为婴儿准备舒适跟脚的鞋，避免有鞋带的鞋子，以免不小心绊倒。

(5) 照护者在一旁看护，避免婴儿走入危险区域。

2.4 边走边推拉玩具

指导建议：

(1) 提供婴儿可以推拉的玩具，让婴儿推着或者拉着玩。

(2) 提出简单的搬运玩具的要求，让婴儿将可以推拉的玩具从一个地方搬运到另一个地方。例如："把小推车推过来给妈妈。"也可以让婴儿将积木或者小玩具放在可以推拉的小车上，从一个地方搬运到另一个地方。

（3）尝试让婴儿帮忙收拾游戏区域，例如，让婴儿将游戏区里易于移动的较大玩具或小椅子，推到墙边收拾起来。

环境支持：

（1）准备可用于推拉的、不易翻倒的玩具，例如，拉绳玩具车、拉杆手推车、四轮手推车等。拉绳不易过长，注意防止婴儿被绳子绊倒。

（2）条件许可的情况下，选择可以发出音乐或声响的推拉玩具，以激发婴儿的兴趣。

【攀爬】

3. 攀爬低矮的物体

3.1 能手脚并用爬上台阶

指导建议：

（1）带着婴儿玩儿童滑滑梯或爬台阶等需要攀爬的游戏。例如，将婴儿喜欢的玩具放在需要他攀爬的物体上面，引导婴儿爬上去取玩具。

（2）如果没有真实的台阶，可以让婴儿在替代品上练习爬台阶。例如，将结实的泡沫块或坚固的木箱包裹一层布，作为障碍物；也可以利用几个抱枕和沙发就可搭建多级台阶供婴儿攀爬等。

（3）避免将婴儿独自一人放在较高的沙发、大床、台阶等上面，而没有照护者在一旁，这样容易出现婴儿不小心掉下来摔伤的情况。

环境支持：

（1）提供婴儿可以爬上去的结实、低矮的物体。

（2）留心发现并利用婴儿日常生活中的台阶。

（3）确保供婴儿攀爬的物体表面是干净的，无细小颗粒等危险物品。

（4）照护者需在一旁看护婴儿完成各项攀爬任务。

3.2 在照护者的帮助下能迈上台阶

指导建议：

（1）照护者坐在或蹲在台阶上召唤婴儿，与婴儿的距离保持在双手可扶住他的范围

内(如 1—2 级台阶的高度),鼓励婴儿扶着栏杆,一步一步踩着台阶上楼梯。照护者应注意观察婴儿上台阶的每一步,随时准备扶住他,以防他不慎摔倒。当婴儿成功走上来后,照护者应及时给予拥抱、亲吻等作为奖励。

(2) 带婴儿玩宝宝滑梯,需要照护者在一旁看护着或者牵着婴儿爬上滑梯,并让他自己滑下来。照护者要注意做好安全保护,婴儿坐滑梯要穿死裆裤,同时避免衣服帽子上有拉绳,以防出现意外。

(3) 在日常生活中,照护者可以牵着婴儿的手,带着他一起上楼梯。注意避免用力拽他的手臂,防止婴儿手臂脱臼。面对攀爬能力强的婴儿,照护者可以让他自己扶着栏杆上楼梯,这样有利于锻炼婴儿的肌肉力量,提高肢体平衡能力。

环境支持:

(1) 可以准备安全结实的宝宝滑梯或者有台阶的可供婴儿攀爬的玩具。

(2) 保证供婴儿攀爬的物体、栏杆扶手等表面是干净的,无细小危险颗粒。

(3) 利用日常生活中的台阶进行练习。

(4) 照护者需在一旁看护婴儿完成上楼梯的活动。

3.3　在照护者的帮助下能走下台阶

指导建议:

(1) 照护者坐在或蹲在台阶上召唤婴儿,与婴儿的距离保持在双手可扶住他的范围内(如 1—2 级台阶的高度)。鼓励婴儿扶着栏杆,一步一步踩着台阶上楼梯。照护者应注意观察婴儿上台阶的每一步,随时准备扶住他,以防他不慎摔倒。当婴儿成功走上来后,照护者应及时给予拥抱、亲吻等作为奖励。

(2) 在日常生活中,照护者可以牵着婴儿的手,带着他一起下楼梯。注意避免用力拽他的手臂,防止婴儿手臂脱臼。面对攀爬能力强的婴儿,照护者可以让他自己扶着栏杆下楼梯,这样有利于锻炼婴儿的肌肉力量,提高肢体平衡能力。

环境支持:

(1) 可以准备安全结实的有上下台阶的可供婴儿攀爬的玩具。

(2) 保证供婴儿攀爬的物体、栏杆扶手等表面是干净的、无细小危险颗粒。

(3) 利用日常生活中的台阶进行练习。

(4) 照护者需在一旁看护婴儿完成下楼梯的活动。

第三节 13—18个月婴儿精细动作发展与指导

一、13—18个月婴儿精细动作发展特点

13—18个月的婴儿手眼协调能力进一步发展，手的动作越来越灵活，能完成简单的抓握、拿取等任务，学会灵巧地运用拇指和食指抓取物品，能较好地进行双手的配合活动。在这一阶段，手在认知活动中作用越来越大，成为认知活动的主要器官。表3-2呈现的是13—18个月婴儿精细动作的具体发展特点。

表3-2　13—18个月婴儿精细动作发展特点

手眼协调	1. 能从容器中取放物品
婴儿发展阶段	1.1　将容器里的物品倒出来，并尝试往回放 1.2　能准确地将小球一个一个投入容器中 1.3　可以将小球一个一个从容器中取出来
	2. 能堆砌搭高积木
	2.1　能堆砌搭高2块积木 2.2　能堆砌搭高4块积木
抓握与拿取	3. 控制手和手指的能力增强
婴儿发展阶段	3.1　用一只手抓起或握住手掌般大小的物体 3.2　用拇指和食指抓起或握住小玩具
操作物品	4. 双手取物并换手
婴儿发展阶段	4.1　双手能拿起物品 4.2　可以左右手分别拿着物品，协调地相互敲击 4.3　可以自如地将一只手上的东西换到另一只手上
	5. 用手握住并使用工具
	5.1　能用手拿住蜡笔或水彩笔 5.2　能用蜡笔或水彩笔等工具在纸上做标记或涂鸦 5.3　能握住小勺子或小铲子舀起物品

二、13—18个月婴儿精细动作发展指导

这一阶段婴儿的精细动作从单手抓握、取放物品发展到能双手取物并换手，并且在手

眼协调和操作物品方面的能力也得到进一步发展。照护者可以认真观察和记录婴儿这个阶段精细动作发展的行为表现，依据婴儿精细动作的发展规律及特点，结合每个婴儿独特的个体差异，对其进行有针对性的个别化科学指导。

在进行婴儿精细动作指导时，需要注意以下几点：

（1）每天为婴儿提供精细动作的练习机会，做好活动计划。善于发现并利用生活中的一切机会发展婴儿的精细动作，凡婴儿想做也能做到的事，照护者都应支持、鼓励，例如自己吃饭、洗脸、洗手、脱穿衣服等，照护者在一旁看护，必要时提供帮助。

（2）提供多种操作活动（如绘画、捏泥、折叠、搭建、拼拆、玩沙、玩水等）和操作工具（小桶、铲子、小木棒等），发展婴儿的精细动作。照护者可以提供示范和帮助，但尽量不要替代他完成。

（3）将热水壶、厨具、刀叉、熨斗等尖锐或容易烫伤的物品放置在婴儿无法触及的地方。同样，将家里的药品、洗洁精、蚊香等化学物品放置在婴儿无法触及的地方。

【手眼协调】

1. 能从容器中取放物品

1.1　将容器里的物品倒出来，并尝试往回放

指导建议：

（1）可以在饼干盒、空的奶粉罐、小篮子等容器里装上婴儿的小玩具，和婴儿一起玩游戏，将玩具倒出来。

（2）在婴儿熟练掌握倒物品的技能之后，照护者可以尝试带着婴儿一起收拾玩具，将玩具捡回收纳箱中。在日常生活中，照护者也可以带领婴儿一起收纳日常生活用品。

（3）让婴儿在生活中尝试自己倒水、果汁、牛奶等，倒液体和接液体的容器不宜过重过大，要方便婴儿操作。

（4）与婴儿玩倒豆子的游戏。准备两个广口瓶子，其中一个装上若干豆子，让婴儿将豆子从一个瓶子倒入另一个瓶子。开始时，如果婴儿出现操作困难，照护者可以一只手扶住被倒的瓶子，以免瓶子翻倒，另一只手扶住婴儿握着瓶子的那只手，引导他对准瓶口。同时准备一个托盘放在瓶子下方，让婴儿将洒到盘子上的豆子捡到瓶子里，当婴儿将全部的豆子都放回到瓶子里之后，及时给予他表扬和肯定。

环境支持：

（1）准备饼干盒、空的奶粉罐、小篮子等广口容器，重量和大小适宜，以方便婴儿拿起

倾倒为宜。

(2) 提供需要收纳的玩具或日常物品。

(3) 婴儿在倾倒物品或液体的时候,如果不小心洒出来,照护者应保持包容和鼓励的态度,避免责骂婴儿。

1.2 能准确地将小球一个一个投入容器中

指导建议:

(1) 照护者先示范将两块积木放进盒子里,再让婴儿自己拿起两块积木模仿照护者的做法,将积木一块一块放进盒子里。要注意让婴儿有目的地投放,避免他不小心将积木掉进盒子里。

(2) 照护者先示范用拇指和食指拿稳小球,拿到杯口时说"放开",让小球落入杯内。接着让婴儿自己拿球,同时告诉他拿到杯口时放开。当婴儿放入第一个球,照护者可以给予肯定(如点头表示赞许),并鼓励婴儿继续将桌上剩余的小球一个一个准确地放入杯内。

(3) 提供不同大小的容器,先让婴儿将物品投入大口径的容器中,再逐渐改用小口径的容器,增加难度。

(4) 照护者可以和婴儿一起玩几何形状配对游戏,将不同形状、不同颜色的积木投放到相应的洞口中。在这个过程中,不仅能训练婴儿准确投放物品,还能增加他们对颜色和形状的认知。

环境支持:

(1) 提供婴儿能抓握起来的小球、积木等玩具。

(2) 提供口径大小不同的容器。

(3) 照护者保持足够的耐心陪伴婴儿将物品一个一个放进容器中。

(4) 根据婴儿的能力水平,可以准备能投放不同形状、不同颜色积木的配对盒。

1.3 可以将小球一个一个从容器中取出来

指导建议:

(1) 照护者可以先示范用拇指和食指拿稳小球,从广口瓶子里拿出来,接着让婴儿自己模仿照护者的做法,将瓶子里的小球一个一个取出来。当婴儿取出第一个小球时,照护者可以给予肯定(如点头表示赞许),并鼓励婴儿继续将瓶子里的小球一个一个取出来。要注意让婴儿有目的地取小球,而不是一口气将瓶子里所有的小球都倒出来。

(2) 在婴儿能力范围内,让婴儿帮照护者取物品,例如,让婴儿帮忙从果篮里取出一个小橘子给照护者吃,让婴儿帮忙从洗衣篮里将小袜子取出递给照护者等,并及时给予肯定。

(3) 指导婴儿拿玩具时,一个一个从盒子里拿出来,而不是一起倒出来。

环境支持:

(1) 准备婴儿能抓握起来的小球、玩具等物品。

（2）提供口径大小不同的容器。

（3）有足够的耐心陪伴婴儿将物品一个一个从容器中取出来。

（4）在日常生活中创造各种机会让婴儿练习从容器中取物品的动作。

2. 能堆砌搭高积木

2.1　能堆砌搭高2块积木

指导建议：

（1）搭积木是婴儿空间知觉和手—眼—脑协调水平提高的重要标志，需要婴儿首先能够控制拇指和食指，靠钳形抓握来实现一系列的动作。这一系列的动作包括触摸到一块积木、抓住积木、把积木平稳地放到另外一块积木上面，然后准确地把积木放下。在这个过程中可能会存在抓不住或者搭不上的情况，有时候婴儿会将积木放歪或不小心掉下来，照护者在旁边可以先做示范，适当的时候可以帮婴儿稍微扶一下。给婴儿提供自己练习的机会，切忌代替婴儿完成。当婴儿成功搭好一个积木后，照护者及时通过鼓掌、点头等方式给予表扬，以增强婴儿对于搭高楼的兴趣，并从中获得成就感。

（2）可以使用家里喝水的塑料杯子，和婴儿进行套叠游戏；还可以陪婴儿玩套塔等需要堆砌搭高的玩具。

（3）有时婴儿会将食物当作玩具，例如，将饼干一块一块堆高，这时照护者尽量避免制止或批评婴儿，因为他不是在故意捣乱，很可能是在练习堆砌搭高物品的动作。

环境支持：

（1）准备积木若干，陪伴婴儿一起搭建积木塔。

（2）提供套塔或类似的玩具。

（3）提供生活中可以叠高堆砌在一起的物品，例如塑料杯、塑料盘子、饼干等。

（4）照护者保持足够的耐心，理解婴儿在堆砌积木的过程中可能会出现的倒塌，给予其反复练习的机会。

2.2　能堆砌搭高4块积木

指导建议：

（1）当婴儿能独立搭高2块积木之后，与婴儿比赛“看谁搭得高”，鼓励他继续尝试往上搭更多的积木。婴儿在搭建的过程中，可能会常常出现积木倒塌的情况，这时照护者要多给予鼓励，例如“倒了，没关系，再试试。”也可以适时地在一旁帮忙扶一下，每成功放上去一个就给予积极的反馈，以增强婴儿对于搭高楼的兴趣，并从中获得成就感。

（2）在家务活动中，可以让婴儿一起参与堆放物品相关的活动。

环境支持：

（1）准备积木若干，陪伴婴儿一起搭建积木塔。

（2）提供套塔或类似的玩具。

（3）提供生活中可以叠高堆砌在一起的物品，例如塑料杯、塑料盘子、饼干等。

（4）照护者保持足够的耐心，理解婴儿在堆砌积木的过程中可能会出现的倒塌，给予其反复练习的机会。

【抓握与拿取】

3. 控制手和手指的能力增强

3.1 用一只手抓起或握住手掌般大小的物体

指导建议：

（1）可以选择和婴儿手掌差不多大小的物品供他练习抓握。这个阶段，婴儿最喜欢的一些游戏包括：扭动门的把手、扔和拣球或者其他运动的物体等。

（2）让婴儿在进行抓握练习的同时感知不同物体的表面特征。例如，可以准备两套各式各样不同材质的物品（两块方巾、两只蜡笔、两个贝壳等），将它们分别放在两个袋子里，照护者从一个袋子中拿出一件物品，让婴儿用手去抓握并感受物品的大小、形状和材质，接着让婴儿将手伸进另一个袋子里仅凭手的触觉找出与之相同的物品，并拿出来交给照护者。

（3）在保证婴儿双手干净的情况下，允许婴儿用手抓食物吃，例如，给婴儿一个小面包，自己拿着吃。饭后还可以指导婴儿用小抹布擦桌子，尽管婴儿很难将桌子擦干净，需要照护者的二次清洁，但此活动的目的并不真正在于清洁桌面，而是训练婴儿控制手的能力，同时培养他们的自理意识。

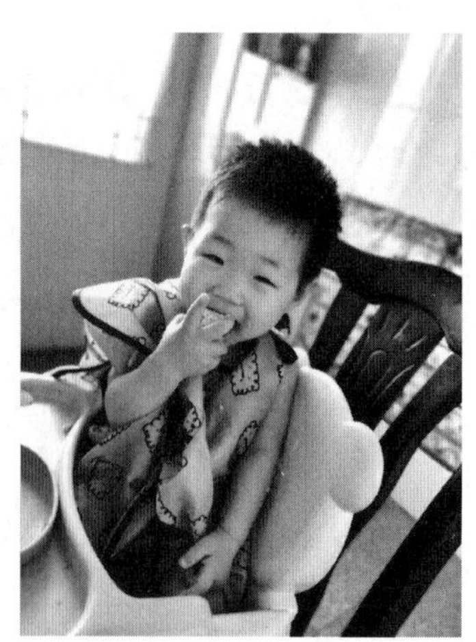

（4）告诉婴儿哪些物品可以抓，哪些物品不可以抓。例如表面尖锐的、温度很高的、对皮肤有伤害性的物品不可以抓取。

环境支持：

（1）提供各种手掌般大小的物品，例如小球、小镜子、小积木等。所选物品需清洗，在玩之前要进行消毒处理，以

防婴儿将其塞进嘴里。

(2) 剪刀、开水壶等危险物品置于婴儿无法接触到的地方。

(3) 准备适合婴儿用手抓握的食物,鼓励婴儿自己进餐。餐前给婴儿洗手,保证进餐卫生。

3.2　用拇指和食指抓起或握住小玩具

指导建议:

(1) 选择婴儿喜欢的小玩具,照护者示范用食指和拇指抓取玩具,接着让婴儿尝试用拇指和食指抓取玩具,并递给照护者或者放到盒子里。

(2) 在日常进餐过程中,可以将水果、煮熟的蔬菜等切成小块,让婴儿自己用手抓着吃。如果婴儿抓握技能提高,可将食物切得更小,引导婴儿运用拇指和食指练习抓握。

(3) 婴儿不小心掉到地上的物品,尽量让他自己捡起来。

(4) 在做家务的过程中,可以鼓励婴儿一起参与进来,给他布置能力范围内的任务,例如,让婴儿将桌上的纸团扔到垃圾桶里。

(5) 带婴儿到户外玩时,和婴儿一起在草地上捡树叶、小果子、小石头等。

环境支持:

(1) 利用身边一切婴儿感兴趣的安全的小物品进行抓握练习。注意物品的安全性,注意防止婴儿将细小的物品放入口中发生噎食、呛食。

(2) 准备适合婴儿用手抓握的食物,鼓励婴儿自己进餐。餐前给婴儿洗手,保证进餐卫生。

【操作物品】

4. 双手取物并换手

4.1　双手能拿起物品

指导建议:

(1) 生活中,鼓励婴儿自己的事情自己做。例如,让婴儿自己用双手拿起奶瓶喝奶,自己拿着食物吃东西,自己收拾玩具等。

(2) 在家务中,引导婴儿协助照护者做力所能及的活动。例如,让婴儿从洗碗机里取出盘子递给照护者,吃饭前让婴儿自己取餐具(餐具收纳在婴儿能取得的地方),帮助照护者从洗衣机里取出洗好的衣服放进篮子里等。

环境支持：

(1) 在生活中提供各种机会让婴儿自己拿物品。

(2) 准备需用双手进行游戏的玩具或物品。

4.2 可以左右手分别拿着物品，协调地相互敲击

指导建议：

(1) 教婴儿用双手鼓掌。

(2) 提供一些能发出声响的玩具，如小沙锤等，吸引婴儿的注意，引导其拿起敲击。

(3) 带着婴儿玩简单的打鼓、敲瓶等音乐器械。

(4) 让婴儿尝试敲击不同材质的物品，感受材质不同，发出的声音也不同。

(5) 在公共场所，避免婴儿因敲击物品而制造出影响他人的噪音。

环境支持：

(1) 提供需要双手操作的、较容易抓握的、安全的、能发出声响的活动材料。

(2) 准备有节奏的音乐和敲击类的儿童音乐器械。

4.3 可以自如地将一只手上的东西换到另一只手上

指导建议：

(1) 将婴儿想要的物品(如奶瓶、玩具等)递到他不常用于拿取物品的那只手上，如：婴儿常用右手拿取物品，那么在练习时，照护者可以将物品有意识地递到他的左手上，激发他将物品换到另一只手上的欲望。

(2) 照护者带着婴儿跟随音乐玩左右手传球的游戏。例如，照护者先示范，将球从左手传到右手，再将球从右手传到左手，跟着音乐的节奏反复在两手间传球，接着引导婴儿一起玩左右手传球的游戏。

环境支持：

(1) 提供大小合适、婴儿容易握住的玩具或生活物品。

(2) 准备有节奏感的音乐。

5. 用手握住并使用工具

5.1 能用手拿住蜡笔或水彩笔

指导建议：

(1) 当婴儿在使用蜡笔或水彩笔的时候，常常会翘起大拇指并用其他手指紧紧握住蜡笔或水彩笔，同时摆动整个胳膊来涂画。因此，照护者可以给婴儿提供大号蜡笔或水彩笔。

(2) 照护者可以在婴儿面前示范在白纸或白板上用笔画点，让婴儿模仿。

（3）在沙地、泥地、雪地上，同样可以给婴儿提供木棍或树枝，让其抓握并练习使用。

环境支持：

（1）提供不同种类、不同颜色、婴儿易于握住的书画工具，如：大的彩色蜡笔、水彩笔等画笔。

（2）准备书画材料，如：纸张、白板、黑板等。

5.2　能用蜡笔或水彩笔等工具在纸上做标记或涂鸦

指导建议：

（1）与婴儿一起在白纸、白板、黑板等地方使用蜡笔、水彩笔等书画工具，随意做标记或涂鸦，同时可以提供背景音乐，激发婴儿的创作灵感。也可以提供一些图片，鼓励婴儿模仿画一些线条。

（2）在婴儿涂鸦后，照护者可以对婴儿的作品进行描述，如“你画了一条长长的红线”，并给予正向的反馈，从而鼓励婴儿做出更多的涂鸦行为。照护者不需强求婴儿画得像什么东西，婴儿这一阶段的涂鸦，只是在练习运用笔的能力。

（3）明确告知婴儿可以涂画的区域，但即使婴儿在家具或墙面上涂鸦，或者在涂鸦过程中将衣服弄脏，照护者也不宜责怪他，应更多地给予理解和包容，给婴儿提供更多的练习精细动作的机会。

环境支持：

（1）提供可以涂鸦的场地、工具和材料等。

（2）鼓励婴儿随意涂鸦，赞美和肯定婴儿的作品。

5.3　能握住小勺子或小铲子舀起物品

指导建议：

（1）婴儿洗澡的时候，照护者可以准备小杯子、水瓢等工具，让婴儿边洗边玩舀水和倒水的游戏。

（2）给婴儿提供玩沙的机会，让他在使用勺子和铲子玩沙的过程中，学习控制手部肌肉。

（3）照护者可以准备两个盒子，一个盒子里装满小球或生活中易得的小物品，让婴儿用勺子将一个盒子里的小球或其他物品，舀到另一个盒子里去。

（4）吃饭的时候，鼓励婴儿自己用勺子舀食物吃。

可能一开始,婴儿还不太会使用勺子,会将食物撒出来,弄脏餐桌,但照护者需要认识到这是一个正常现象,不要急于去责怪婴儿或者直接给他喂饭吃,照护者需要有足够的耐心,给婴儿充足的练习机会,这样,婴儿才能更快学会自己用勺子吃饭。

环境支持:

(1) 提供大小适合幼儿抓握的勺子、铲子等工具。

(2) 注意不要让婴儿将这些工具放在嘴里玩弄,以防受伤。

(3) 在日常生活中提供各种机会让婴儿练习舀起的动作。

第四节 13—18个月婴儿动作发展案例与分析

在活动设计时,应根据13—18个月婴儿动作发展与运动能力发展的规律和特点,创设适宜的环境,设计适合家庭照护者和托育机构专业教师开展的促进婴儿动作发展的教育活动,提高这一时期婴儿的动作能力。

一、家庭中13—18个月婴儿动作发展活动案例

摘星星

活动目标:婴儿能独自站立。

适用年龄:13—15个月。

活动准备:彩纸做的五颜六色的星星若干,细线。

与婴儿一起玩:

1. 家长用细线绑住一颗彩色的星星,手拿细线,将星星落在婴儿头顶上方且站起来就可以抓到的高度。

2. 家长鼓励婴儿站起来摘星星:"宝宝,你看,这里有颗好漂亮的星星,摘下来给爸爸好吗?"

3. 婴儿站起来后,家长操控细线,变换星星的位置,引导婴儿保持站立姿势不倒去摘星星。

4. 在婴儿尝试了几次之后,可以让他最终摘到星星,并及时给予表扬。

活动时长:只要婴儿情绪稳定,可以不断更换物品,重复以上游戏。

【案例分析】

家长在帮助婴儿练习站立动作的时候,可以选择他们感兴趣的物品吸引他们的注意,

从而引导他们站起来抓取物品。本活动中使用的游戏材料生活中易获取，成本低，而且颜色鲜艳，可活动，由家长操控改变星星的位置，能对这个时期婴儿的视觉、触觉形成良好刺激。星星可以根据实际情况换成其他能吸引婴儿注意力的物品，活动玩法简单，随时随地都可以进行，家长与婴儿的亲子互动也能增加亲子间的感情。在安全方面，需注意活动时婴儿周围没有危险尖锐或坚硬的物品，以免婴儿站不稳摔倒时产生磕碰。

小动物春游

活动目标：婴儿能扶着推车向前走。

适用年龄：13—15个月。

活动准备：玩具手推车一辆，动物玩偶若干。

与婴儿一起玩：

1. 家长准备好若干动物玩偶，告诉婴儿："宝宝，小动物们在卧室里待久了，想换个地方玩玩，我们带它们到客厅沙发上坐坐吧！"

2. 家长协助婴儿将卧室里的动物玩偶依次放进玩具手推车里。

3. 让婴儿独自扶着手推车，将动物玩偶从卧室运到客厅沙发旁边。家长在一旁看护着。

4. 家长协助婴儿将手推车里的动物玩偶依次取出放到沙发上，并表扬婴儿："小动物们第一次到沙发上来玩，他们很开心，谢谢宝宝！"

活动时长：由于婴儿的腿部力量还在发展中，每次活动重复1—2次可让婴儿休息一下。

【案例分析】

婴儿在最开始练习走路时，步伐还不太稳，手推车这类玩具可以辅助婴儿练习走路。通过设计带小动物去春游的活动，能激发婴儿参与活动的兴趣，在游戏中练习走路。家长也可以根据实际情况设计其他利用手推车运送物品的活动，以任务为导向，让婴儿乐于参与。在这个过程中，也能培养婴儿的倾听理解能力，执行家长的简单指令。需要注意的是，手推车大小可以根据婴儿的实际身高来选择，不宜过高或过矮，放在手推车里的物品不宜过多过重，以免婴儿无力推动，家长应尽量鼓励婴儿独立完成，必要的时候可以给予适当的协助。

拯救小熊

活动目标：婴儿能向上爬楼梯。

适用年龄：13—18个月。

活动准备：有阶梯的儿童滑梯，小熊玩偶。

与婴儿一起玩：

1. 家长带领婴儿来到滑梯边，手指滑梯顶端的小熊玩偶，对婴儿说："小熊贪玩，爬到了滑梯上，下不来了，我们一起把它拿下来，带它回家好吗？"

2. 家长引导婴儿从滑梯的楼梯侧爬上去，爬到滑梯顶端，拿到小熊，再从滑梯上滑下来。

3. 引导婴儿将取下来的小熊放回到原来的地方，并表扬：“宝宝真棒，拯救了小熊，带它回家！”

活动时长：由于婴儿的腿部力量还在发展中，每玩一次就让婴儿休息一下。

【案例分析】

儿童滑梯既能让婴儿享受滑下来的乐趣，又能在爬楼梯时锻炼婴儿的攀爬能力。利用婴儿喜欢的玩偶引导其爬上滑梯的顶端，家长可以牵着婴儿爬上滑梯并让他自己滑下来，如果婴儿运动能力强，也可以让他尝试独自上楼梯，家长需要在一旁看护着，随时准备扶住婴儿。最后，让婴儿将取下的小熊放回原来的地方，意在培养他收拾玩具的意识。生活中，家长可以牵着婴儿进行上下楼梯的练习。需要注意的是，家长牵着婴儿时避免用力拽他的手臂，防止婴儿手臂脱臼；婴儿玩滑梯时不要穿开裆裤，避免衣服帽子上有拉绳。

分豆子

活动目标：婴儿能用食指和拇指抓起蚕豆和豌豆。

适用年龄：13—18个月。

活动准备：蚕豆若干，豌豆若干，贴有蚕豆图片的瓶子，贴有豌豆图片的瓶子（瓶子应选择较轻较小的、便于婴儿抓握的）。

与婴儿一起玩：

1. 家长用夸张的动作将蚕豆放入相应的瓶子中，边放边说：“这是蚕豆，把蚕豆放在瓶子里。”

2. 家长引导婴儿一起将蚕豆放进瓶子里，并盖上盖子，摇晃瓶子，让婴儿听听发出的声音。

3. 再让婴儿用手指抓起豌豆放入相应的瓶子中，边放边说：“这是豌豆，把豌豆放在瓶子里。”再盖上盖子，摇晃瓶子，让婴儿听听不同物品在瓶中摇晃时发出的不同声音，以此吸引婴儿的注意。

4. 带着婴儿拿着自己制作的玩具，随着欢快的音乐声，摇一摇，扭一扭，跳一跳。

活动延伸：家长可以鼓励婴儿自主选择不同材质的珠子或大小适合手指抓取的物品，放进不同材质的瓶子里，摇晃瓶子，听听不同的声响。

活动时长：只要婴儿情绪稳定，可以不断更换物品，重复以上游戏。

【案例分析】

本活动主要训练婴儿用食指和拇指抓起物品的能力，同时熟悉物品的名称，如“蚕豆”“豌豆”这两个词。家长也可以鼓励婴儿自主选择不同材质的珠子或大小适合手指抓取的

物品，放进不同材质的瓶子里，通过摇一摇、听一听，让婴儿感受不同材质的物品发出的不同声音，激发婴儿的好奇心，激发婴儿对音乐活动的兴趣。本活动既能促进婴儿动作能力的发展，又能对婴儿的视觉、触觉、听觉产生良好的刺激。需要注意的是，防止婴儿将蚕豆、豌豆或其他小珠子塞进鼻子里或误食。

请小动物吃饭

活动目标：婴儿能用勺子舀东西。

适用年龄：15—18个月。

活动准备：一盒大米，小勺，贴有小兔头像的盒子，贴有小狗头像的盒子。

与婴儿一起玩：

1. 家长出示小兔、小狗头像盒，提问婴儿："宝宝，看看今天来了哪些客人呀？"

2. 待婴儿回答后，家长示范用小勺舀起一勺大米分别放进小兔和小狗的盒子里，并说："我们请小兔吃饭，请小狗吃饭。"

3. 家长让婴儿选择自己喜欢的小动物，并引导婴儿用勺子舀大米喂小动物吃："你喜欢哪个小动物呀？你想不想请它吃饭呀？"指导婴儿边喂边说："小狗，请你吃饭。"

4. 在这个过程中，提醒婴儿正确使用勺子舀大米，家长切勿代劳。

活动时长：只要婴儿情绪稳定，可以不断更换物品，重复以上游戏。

【案例分析】

本活动主要训练婴儿用工具舀物品的动作，同时在引导婴儿请小动物吃饭的过程中，培养婴儿分享的意识，有利于婴儿的社会交往能力发展。本活动中的材料方便易得，能在生活中随时随地进行。家长可以将舀物品的动作训练与婴儿的自理能力的培养相结合，如吃饭的时候，让婴儿用勺子自己舀着吃，或者在冲奶粉时，让婴儿自己用勺子舀奶粉等。需要注意的是，婴儿在舀米或者其他物品的过程中，可能会因为自身手部力量不足，手眼协调能力还在发展，出现撒落的现象，家长应给予理解和包容，避免因此而责骂婴儿，剥夺他们练习舀的动作的机会。

好听的声音

活动目标：婴儿能双手各拿一个物品对敲。

适用年龄：13—18个月。

活动准备：积木两个，碰铃两个，小塑料瓶两个等。

与婴儿一起玩：

1. 婴儿面向外靠坐在家长怀里，家长双手各拿一个碰铃对敲，吸引婴儿注意，并对婴儿说："碰一碰，声音真好听呀！"

2. 让婴儿选择喜欢的物品（积木、碰铃、小塑料瓶等），双手各拿一个，家长握住婴儿的手，教他对敲，发出不同的声音。

3. 让婴儿独自尝试对敲，发出声音。当婴儿能正确对敲后，家长双手鼓掌及时给予表扬:“宝宝真棒,敲出来的声音真好听!”

活动时长:只要婴儿情绪稳定,可以不断更换物品,重复以上游戏。

【案例分析】

本活动主要训练婴儿左右手拿物品协调地相互敲击。家长先示范再让婴儿选择自己喜欢的物品进行模仿,可以选择不同材质的物品让婴儿对敲以感受不同的声音。这一活动不仅促进婴儿手眼协调能力的发展,也能对婴儿的视觉、触觉、听觉产生良好的刺激。需要注意的是,作为敲击的物品应易于婴儿抓握并操作,提醒婴儿手里的物品是用于对敲而不是敲击他人的。

二、托育机构中13—18个月婴儿动作发展活动案例

表3-3 活动案例“小小建筑师”

<table>
<tr><td colspan="3">活动内容:小小建筑师　　适合月龄:13—18个月
场　　地:室内活动室(地垫)　　人　　数:14人(宝宝7人,成人7人)</td></tr>
<tr><td rowspan="2">活动目标</td><td>家长学习目标</td><td>宝宝发展目标</td></tr>
<tr><td>1. 体验与婴儿在游戏中的互动交流,增进亲子关系。
2. 了解13—18个月婴儿搭积木的动作发展水平。
3. 掌握指导婴儿搭积木的方法。</td><td>1. 喜欢和家长一起做游戏,对搭积木活动感兴趣。
2. 了解积木平铺和堆高的样子。
3. 能根据家长的示范完成搭积木的任务。</td></tr>
<tr><td>活动准备</td><td colspan="2">1. 经验准备:婴儿能用食指和拇指抓取物品。
2. 材料准备:积木每人12块,儿童工程帽,小奖状,公路的图片,高塔的图片,小木桥的图片,动画片《巴布工程师》。
3. 环境准备:铺好地垫的空场地。 </td></tr>
</table>

续　表

	环节步骤	教师指导语	教师提示语
活动过程	教师播放动画片《巴布工程师》，家长和宝宝一起观看	播放动画片之前，提醒：宝宝们，今天老师给你们介绍一位新朋友，他叫巴布，巴布是一名工程师，我们一起来看看他每天都在做什么吧！	提问语：各位家长，看完动画片以后，问一下你们的宝宝，工程师是做什么的。
	教师请家长帮宝宝带上工程帽。	引出主题：宝宝们想和巴布一样当工程师吗？	要求语：请各位家长帮助宝宝带上工程帽，准备开始搭建筑了。
	教师出示公路的图片，示范用8块积木修一条公路。	教师示范：这张图片里是什么呀？对了，这是一条公路！巴布工程师想新修一条公路，就像这样，看看老师是怎么修马路的吧！	要求语：各位家长，我先用积木示范修一条马路，待会儿就请你们和宝宝一起也修一条公路。
	让家长引导宝宝用积木修公路。	给宝宝提要求：接下来，巴布工程师还想请宝宝帮他再修一条公路，就像老师刚才那样。注意要修一条笔直的公路哦！	提示语：请各位家长提醒宝宝在修公路时，要将积木摆在一条直线上，至少要用4块积木。
	教师出示高塔的图片，示范用4块积木搭高塔。	教师示范：这张图片里是什么呀？对了，这是一座高塔！巴布工程师想新修一座高塔，就像这样，看看老师是怎么搭高塔的吧！	要求语：各位家长，我先用积木示范搭建高塔，待会儿就请你们和宝宝一起也搭一座高塔吧。
	让家长引导宝宝用积木搭4层高塔。	给宝宝提要求：接下来，巴布工程师还想请宝宝帮他再搭一座高塔，就像老师刚才那样。注意不要让搭上去的积木掉下来哦！	提示语：让宝宝尝试用积木搭4层高塔，家长可以在一旁另外拿4块积木和他们一起搭高塔，起示范作用。如果宝宝能很顺利地完成任务，可以在这个基础上再让他们挑战搭5层塔、6层塔。多鼓励宝宝勇敢参与，提醒他们搭上去的积木不掉下来才能算成功。
	教师出示小木桥的图片，示范用3块积木搭一座桥。	教师示范：宝宝们，森林里的桥坏了，小动物们没有办法回家，巴布工程师让我们一起帮小动物们搭座桥，就像这样！	要求语：各位家长，我先用积木示范搭一座桥，待会儿就请你们和宝宝一起搭桥。
	让家长引导宝宝用积木搭桥。	给宝宝提要求：刚刚老师用积木搭了一座桥，巴布工程师还想请宝宝们也搭一座桥，这样小动物们就可以早点回家看爸爸妈妈了！	提示语：请各位家长让宝宝用3块积木搭桥，并提醒宝宝在搭桥时，不要着急，要把桥搭稳，尽量让宝宝独立完成，必要的时候可以给予适当的帮助。

续 表

活动过程	教师给每一个宝宝颁发优秀工程师的小奖状。	结束语：今天宝宝们都表现得很棒，帮助了巴布工程师，他十分感谢大家，决定给你们每一位小小工程师颁发奖状。	结束语：今天的活动到这里结束，回家后各位家长还可以利用生活中的其他物品来替代积木继续进行搭建游戏。
家庭活动延伸	生活中的鞋盒和快递盒都可以用来进行搭建游戏，如搭建大大的城堡或者小屋，之后可以在其中游戏。 家长还可以和婴儿比赛搭积木，看谁搭得最多，搭得最高；或者家长和婴儿轮流单手搭建一块积木，搭建时谁先让积木倒掉谁就输了，输的人需要将积木捡回盒子里，再重新开始游戏。		

本章回顾

13—18 个月的婴儿在粗大动作的发展上，从需要扶着物品或照护者才能站起来，到能独自蹲下去再站起来；从在照护者的帮助下行走，到能边走边推拉玩具；从能手脚并用爬上台阶，到能在照护者的帮助下走下楼梯。婴儿的运动能力在逐渐增强，活动范围在逐渐扩大。13—18 个月的婴儿在精细动作的发展上，从能将物品从容器里倒出来并尝试放回，到能将物品一个一个取出或放回；从能堆砌搭高 2 块积木，到能堆砌搭高 4 块积木；从用一只手抓起或握住手掌般大小的物体，到用拇指和食指抓起或握住小玩具；从双手能拿起物品，到可以自如地将一只手上的东西换到另一只手；从用拇指和食指拿住蜡笔或水彩笔，到用蜡笔或水彩笔在纸上做标记或涂鸦。可以看出，婴儿在手眼协调、抓握与拿取、操作物品等方面的运动能力在逐渐增强。

这个阶段照护者在指导婴儿粗大动作和精细动作的发展时要注意：尊重婴儿的运动意愿，提供安全的活动环境，创造多样的练习机会，鼓励婴儿独自运动，照护者在一旁密切关注，让婴儿劳逸结合，穿着舒服。最后需要再次提醒的是，每个婴儿都是独特的个体，有着自己的“成长时间表”，照护者需要根据婴儿自身的发展水平对其进行有针对性的个别化科学指导。

思考与练习

参考答案

1. 观察记录一个 13—18 个月婴儿粗大动作发展的情况，并给出相应的指导建议。

13—18 个月婴儿粗大动作发展观察记录表

<table>
<tr><td>婴儿年龄：　　　　　　　　　　　　性别：
观察目的：
观察地点：
观察情景：
观察时间：
观察者：</td></tr>
<tr><td>客观行为记录：</td></tr>
<tr><td>婴儿动作发展的特点：</td></tr>
<tr><td>指导建议：</td></tr>
</table>

职业证书实训

【育婴师资格考试】

1. 设计一个训练 12—16 个月婴儿行走动作的活动。
2. 设计一个训练 13—15 个月婴儿套和垒高动作的活动。

参考答案

推荐阅读

1. [美]黛安娜.帕帕拉等. 孩子的世界：从婴儿期到青春期[M].北京：人民邮电出版社，2013.

2. [美]斯蒂文.谢尔弗. 美国儿科学会育儿百科(第 6 版)[M].北京：北京科学技术出版社，2019.

第四章 13—18 个月婴儿情绪情感与社会适应

学习目标

1. 在对 13—18 个月婴儿情绪情感与社会适应的指导过程中，树立与照护者友善相处，为婴儿营造和谐成长环境的意识。

2. 乐于调动 13—18 个月婴儿的积极情绪，接纳他们的消极情绪，愿意与他们交往。

3. 理解 13—18 个月婴儿情绪情感与社会适应的发展特点和规律。

4. 掌握 13—18 个月婴儿情绪情感与社会适应发展的指导要点，能设计符合婴儿情绪情感与社会适应发展特点的家庭亲子活动和托育机构的教育活动。

思维导图

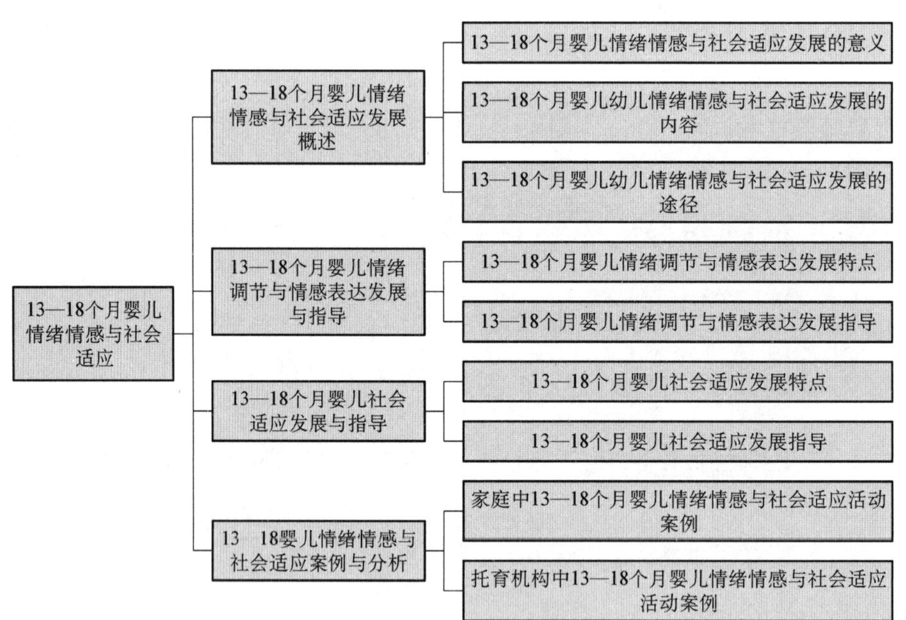

17 个月大的凯凯在海滩上玩耍，一旁 19 个月大的普普正在玩沙。于是，凯凯拿着自己的铁铲走过去，在一旁认真地看着普普玩沙。普普的妈妈发现后问道："你想跟他一起玩吗？"在凯凯妈妈的鼓励下，凯凯就在普普的旁边用铁铲挖了一个洞，也开始玩沙了。他继续认真地观察着这位新朋友，有时会模仿普普的动作，就这样两个小朋友并排坐在一起，各自玩着沙，偶尔观察着对方，但互不交流。

观察 13—18 个月的婴儿，你会发现他们自我意识开始萌芽，意识到自己与他人的不同，能学着感受并表达自己的情绪情感，也开始注意到同龄伙伴并愿意与同龄伙伴进行互动，对更多的熟悉照护者产生依恋。这一阶段的婴儿开始慢慢从自己的"小世界"中走出来，探索外界更广泛的社交互动。

第一节 13—18 个月婴儿情绪情感与社会适应发展概述

一、13—18 个月婴儿情绪情感与社会适应发展的意义

(一) 情绪情感的发展有利于婴儿言语能力的发展

13—18 个月的婴儿虽然能用一个或两个词语进行简单交流，但无法完整用语言表达自己的想法，这时他们非言语交流中的表情动作就能对其言语交流起到补充完善的作用。婴儿的表情动作能够向他人传递情绪情感，表达需求，促进他人对自己的理解，弥补语言表达能力的不足，增进与他人的沟通交流。

(二) 社会交往有利于婴儿认知能力的发展

13—18 个月的婴儿在与照护者交往的过程中，会接收到照护者给予的大量丰富的刺激，如游戏中的互动、生活中的指令等，在照护者的引导下，婴儿习得更多事物的属性及事物之间的关系。13—18 个月的婴儿在与同伴交往的过程中，通过观察模仿同伴的行为，丰富自己对事物的认识，发展自己的操作技能和解决问题的能力。

(三) 社会交往有利于婴儿言语能力的发展

婴儿在与照护者交往的过程中，会接收到照护者提供的语言刺激，促进其倾听理解能力的发展；也会在照护者的引导和鼓励下激发其语言表达的意愿，并能得到照护者及时的语言反馈，这些都能促进婴儿的语言发展。

（四）婴儿情绪情感与社会适应的发展具有一定的生存功能

婴儿从出生起，就是在适应社会中生存。在言语能力发展有限的情况下，13—18 个月的婴儿可以借助情绪信息向照护者传递自身的各种需要。例如，当婴儿饥饿或生病时，通过哭闹的方式向照护者发出信号，引起关注，获得帮助，这都有利于婴儿的健康成长。同时，婴儿在适应社会的过程中，与他人的互动联结能进一步获取更多的关注，从而在需要的时候能获得及时的帮助。

二、13—18 个月婴儿情绪情感与社会适应发展的内容

（一）情绪调节与情感表达的发展

13—18 个月婴儿的情绪进一步分化，出现更多的情绪，并且随着自我意识的萌芽，婴儿也会逐渐表现出与自我体验相关的情绪。在这一阶段婴儿能够察觉到自己正在经历的情绪，也能够注意到他人的情绪，并做出反应。例如，照护者对婴儿做出笑脸，婴儿就会笑，照护者对婴儿做出严厉的表情，婴儿就会哭。虽然此阶段的婴儿只是表现出简单的情绪，对他人情绪的理解也处于初级阶段，但是婴儿情绪调节与情感表达的发展对其早期社会性发展具有重要意义。

（二）社会适应的发展

在出生后的一年半里，婴儿处于自我中心状态，会从自己的角度看世界，认为自己是世界的中心，会将自己的身体和周围的玩具等都视为“自我”的一部分。随着年龄的增长，婴儿开始发展自我意识，会逐渐意识到他人和他物与自己是不同的，开始将他物和他人从“自我”中分离出来，变为“非自我”。

随着身体动作和语言能力的发展，婴儿也开始发现自己能对周围环境及他人产生影响，他们会通过提要求的方式(如让妈妈给他们讲故事、推动玩具车等)，来体验这种掌控力。但同时他们也会发现有些事情是他们想做但又不能做或者无法做到的。例如，当 15 个月大的童童想拿电视遥控器的时候，他的妈妈可能会将遥控器从他手上拿过来放到书架上，并递给他一个有很多按钮可以按的玩具，并对他说：“这个遥控器不是玩具，不能随便按，如果你想玩，可以试试这个。”童童可能会哭闹着要拿回遥控器，可一旦他发现自己没有能力要回遥控器时，他就会慢慢冷静下来，接着玩作为替代品的玩具。在这个过程中，婴儿开始学会自我控制。

在 12—18 个月期间，婴儿的自我控制能力开始显现，婴儿能够意识到照护者对他们的希望，变得更容易服从照护者简单的要求和命令，表现出更多的合作。但是由于 12 个

月以后，婴儿开始要求独立，所以他们也可能会违背照护者的意愿，做出与之相反的事情。抵抗照护者的指示，变得“叛逆”，这是婴儿表现其自主能力的方式之一，也是他们个性发展的一部分。婴儿自控力的发展需要一个过程，更多的时候他们还是需要被及时满足，想要什么就有什么，想干什么就干什么。当需要得不到满足时，婴儿很容易产生消极情绪（生气、伤心、沮丧等）。

13—18 个月的婴儿在与同伴相处中，开始对同伴产生兴趣，但是仍不会与同伴一起玩耍。他们会在一旁看着其他婴儿玩耍或者玩自己的游戏，但不会和他们互动，仍处于平行游戏阶段。此时的婴儿更擅长与年龄更大的婴儿及照护者建立关系，而不是与同伴建立关系。

在这个阶段，婴儿与照护者，特别是他们的母亲，会建立较强的情感联结，对亲密的照护者表现出更明显的依恋。他们会认为自己是世界的中心，希望亲密的照护者始终围绕在他们身边，如果发现没有被照护者注意，他们很可能感到沮丧甚至嫉妒。同时在照护者的陪伴下，他们会觉得很安心，也会更有自信去尝试新的事物，探索新的世界，寻求自我独立，这些有助于婴儿的社会情感发展。但也正是因为婴儿与亲密的照护者间存在着依恋关系，当婴儿发现照护者离开时，更容易表现出难过，产生分离焦虑。然而对于陌生人，婴儿的反应却是不同的，他们能区别熟人与陌生人之间的差异，从而调整自己与他们的互动。例如，他们面对熟悉的照护者会表现得更热切、更激动，但面对一个陌生人则会表现得平静，甚至退缩。

三、13—18 个月婴儿情绪情感与社会适应发展的途径

照护者可以从以下途径促进婴儿情绪情感与社会适应的发展：

（一）正确认识情绪

照护者需要意识到情绪无好坏之分，每个人既有积极情绪，也有消极情绪。特别是面对婴儿的消极情绪时，照护者应更多地给予理解并教会婴儿合理地表达情绪，调节情绪，学会自我安慰。首先，对婴儿表现出来的情绪表示理解，并说出他们当下的感受，例如：“我知道，乐乐抢了你的玩具，你很生气，当然，生气是正常的，但是你不能打他，这会让他受伤的。”其次，教会婴儿表达消极情绪的合理方式，例如，画画、打枕头、言语表达等没有攻击性的发泄。此外，还需要帮助婴儿学会调节情绪，进行自我安慰。通常，当婴儿情绪低落的时候，照护者给予的安慰、帮助他们调节情绪的方法，最终会让婴儿学会自我安慰和自我调节。需要注意的是，有的婴儿情绪不好时，需要有一个让他们冷静下来调整情绪的空间，此时可以给他们提供一个舒适的区域，例如，一个摆放了枕头、毛绒玩具的区角等。

(二) 照护者的情绪示范

婴儿的情绪易受感染，照护者愉快的情绪能感染婴儿，同样焦虑的情绪也能感染婴儿。因此，照护者需要学会调节自身的情绪，在婴儿面前保持稳定愉悦的情绪状态，有利于婴儿保持良好的情绪状态。同时，照护者在调节自己情绪、表达自己情感的过程中，也能起到榜样示范作用，婴儿通过观察学习，能潜移默化地习得合理的情绪调节与情感表达的方法。

(三) 认可婴儿是独立的个体

照护者需要意识到每个婴儿都是一个独立的个体，学会尊重婴儿的想法和意愿，在这个过程中潜移默化地帮助婴儿意识到自己的独特性，帮助他们理解他人会有与自己不同的想法和感受，为他们自我概念的终身扩展提供基础。面对婴儿表现出的自我中心行为，照护者应更多地保持理解和接纳的态度，这是婴儿自我意识发展的一种表现。面对婴儿自控能力的发展，照护者应避免强硬直接的要求和指令，如照护者越是禁止的事情，反而越能引起婴儿的好奇和叛逆。照护者应在尊重和理解的基础上，温柔地、有耐心地对待婴儿，他们会更愿意配合而不是反抗。

(四) 创造社会交往机会

为了增强婴儿社会交往技能，提高社会适应能力，照护者应多为婴儿提供与他人交流相处的机会，避免以电视、电脑、手机等媒介完全替代自己陪伴婴儿。虽然婴儿可能会喜欢电子媒介中的动画片、游戏等，但这些电子媒介也会剥夺婴儿与真实他人交往互动的机会。如果婴儿想看动画片，最好的方式是在照护者的陪伴下一起观看，在这个过程中照护者可以与婴儿交流互动，帮助婴儿识别其中角色的情绪和行为。例如，在陪婴儿看动画片时，照护者可以通过对动画片里的情节进行提问的方式参与其中，例如："你看，小熊把蜂蜜弄丢了，他好伤心。""小猪他们在干嘛呀？""哪个是姐姐呀？哪个是弟弟呀？"

第二节 13—18个月婴儿情绪调节与情感表达发展与指导

一、13—18个月婴儿情绪调节与情感表达发展特点

随着自我意识的发展，13—18个月的婴儿开始学会通过言语或非言语的方式识别并

表达自己的情绪，并且能在照护者的帮助下学习调节自己的消极情绪。表4-1呈现的是13—18个月婴儿情绪调节与情感表达的具体发展特点。

表4-1　13—18个月婴儿情绪调节与情感表达的发展特点

情绪调节	1. 在照护者的帮助下，调节自己的消极情绪
婴儿发展阶段	1.1　以说“不”或者发脾气的方式表达消极情绪 1.2　在照护者的帮助下，学会自我安慰
情感表达	2. 用言语或非言语的方式表达情绪情感
婴儿发展阶段	2.1　能表达一系列情绪情感，包括害怕、惊讶、高兴和满足 2.2　能识别自己及他人的情绪情感 2.3　表达自己的喜好和憎恶

二、13—18个月婴儿情绪调节与情感表达发展指导

这一阶段婴儿的情绪调节和情感表达进一步发展。照护者可以认真观察和记录婴儿这个阶段情绪调节和情感表达发展的行为表现，依据婴儿情绪调节和情感表达的发展规律及特点，结合每个婴儿独特的个体差异，对其进行有针对性的个别化科学指导。

在进行婴儿情绪调节与情感表达的发展指导时，需要注意以下几点：

(1) 每个婴儿是独立的个体，照护者应尊重并理解他们自己独有的情绪情感。

(2) 接纳并命名婴儿表现出来的各种情感，无论是积极的还是消极的。

(3) 主动与婴儿谈论情绪情感，帮助他们认识到自己和他人的情绪情感，并学会以社会接受的方式表达自己的情绪情感。

【情绪调节】

1. 在照护者的帮助下，调节自己的消极情绪

1.1　以说“不”或者发脾气的方式表达消极情绪

指导建议：

(1) 婴儿生气或受挫时，还不能很好地调节自己的消极情绪，常常会以说“不”或发脾气的方式表现出来，照护者需要做的是认可他现在表现出来的情绪，并通过改变导致他生气或受挫的外部因素来帮助婴儿应对消极情绪。例如，婴儿在商场里想要玩具但被拒绝而放声大哭时，照护者无需因此批评或打骂婴儿，可以表示对他得不到玩具而伤心的理解，并告知为什么不买玩具的理由，如果婴儿始终无法平静下来，照护者可以冷静地将婴儿抱起来带离商场。

(2) 避免评价或批评婴儿表达出来的消极情绪。婴儿只有在被理解的情况下，才会更愿意与照护者进行交流。但不代表只要婴儿不开心，照护者就必须百依百顺。面对原

则性事情的时候，照护者需要对婴儿表示理解，同时也要说明这样做的理由，再提出解决方案。例如，“我知道你害怕独自睡觉，但是你现在需要上床休息了，我可以陪你入睡，你想要听摇篮曲吗?”“我知道你很生气，但是你不能乱扔积木，可能会让别人受伤，你可以打枕头出气。”

(3) 当婴儿出现消极情绪时，照护者可以先思考一下：“他为什么会这样，是因为累了? 饿了? 害怕? 生气? 还是什么其他原因?”“我可以怎么帮他应对这些?”“我希望他在这个情绪调节的过程中学会什么?”“我现在是什么感受，该如何应对?”这些思考能帮助照护者冷静有效地应对婴儿的消极情绪。

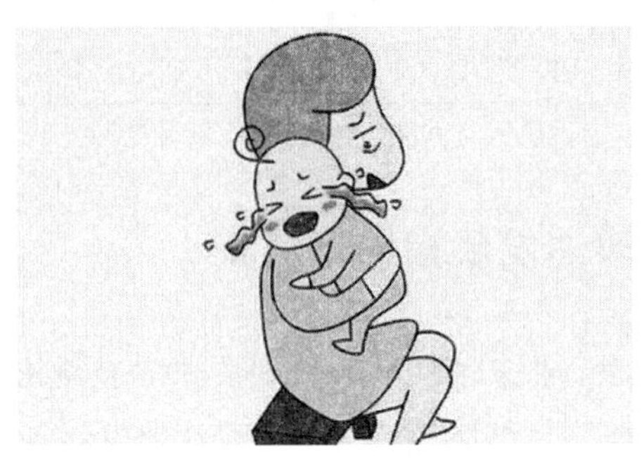

(4) 需要注意的是，有时候婴儿发脾气是为了为所欲为，或者为了追求他的独立性而故意做出与你要求相反的事情。这个时候，作为照护者可以对婴儿发脾气的行为不予回应，如果此时给予关注或回应可能会强化婴儿的行为，反而鼓励他之后再发脾气。当他冷静下来，停止发脾气时，照护者可以给予积极的关注或回应。

(5) 通常，婴儿会向身边的人学习如何调节情绪，特别是他熟悉的照护者。因此，作为照护者首先要学会控制自己的情绪，即使他的行为让你很生气，也要尽力保持情绪的稳定。

环境支持：

(1) 在照护者的陪伴下，给婴儿时间面对自己的情绪。

(2) 面对婴儿的消极情绪，提供认可、理解的情感支持。

(3) 照护者做好榜样示范。

1.2 在照护者的帮助下，学会自我安慰

指导建议：

(1) 允许并认可婴儿的消极情绪(生气、伤心、沮丧等)，并帮助婴儿对情绪进行命名。例如：“你看起来很伤心。”而不是说：“没事没事。”

(2) 观察生活中能让婴儿平静下来的物品或活动，鼓励他在难受时将注意力转向这些物品或活动，从而帮助他找到自我安慰的方法。例如：“抱抱你是不是感觉好一些?”“要小熊陪你一会吗?”

(3) 如果婴儿不知道如何自我安慰，照护者可以主动安慰他。例如，当照护者没收了婴儿正在玩弄的遥控器时，他会感到不开心，这时照护者一方面需要告诉婴儿："我知道你现在很生气，但是遥控器是不可以玩的"，另一方面可以想办法安慰婴儿："你可以玩这个有按钮的玩具。"

（4）创造一个安静、独立、舒适的空间，当婴儿出现消极情绪时可以在这个空间里进行自我安慰。例如，在一个区域里放入枕头、毛绒玩具、书籍等能让婴儿心情平静的物品。也可以邀请婴儿一起参与布置，并告诉婴儿不开心的时候，可以在这里待一会。但不可以出现大喊大叫、打人等攻击行为。

（5）照护者可以向婴儿示范自己是如何进行自我安慰的。

环境支持：

（1）无条件接纳婴儿的情绪。

（2）在照护者的陪伴下，给婴儿时间面对自己的情绪。

（3）收集婴儿喜欢的、能让他们心情平静下来的物品。

（4）打造一个专属婴儿的舒适安静的活动区域。

（5）照护者做好榜样示范。

【情感表达】

2. 用言语或非言语的方式表达情绪情感

2.1　能表达一系列情绪情感，包括害怕、惊讶、高兴和满足

指导建议：

（1）识别并命名婴儿正在表达的情绪情感，例如："你看起来很高兴。"

（2）在游戏活动中，照护者可以一边展示代表不同情绪情感的表情动作或图片，一边说出对应的情绪情感的名称。婴儿最容易学会的是"开心"和"生气"这两个情绪词。

开心

不开心

愤怒

害怕

（3）在阅读活动中，讲述与情绪情感有关的故事，教他识别其中的情绪情感，并从故事中学习应对不同情绪的方法。

（4）允许婴儿有消极情绪，让他知道当下正在体验的消极情绪是什么，并让他明白这是生活中常见的事。如果照护者试图阻止或消除婴儿所有的消极情绪，就会给婴儿传递一种信号，即不开心是一件不好的事情。

（5）教给婴儿合理的发泄情绪的方式，例如，生气时可以采用画画、打枕头等非攻击的方式发泄情绪。

（6）照护者也可以向婴儿表达自己的情绪情感，无论是积极的还是消极的，并对自己表现出的情绪情感命名，例如："我很开心你会收拾玩具了。"

环境支持：

（1）以开放理解的态度接纳婴儿表现出来的各种情绪情感。

（2）指导婴儿用合适的方式表达自己的感受。

（3）准备与情绪情感有关的游戏活动、阅读材料、视频或图片等。

2.2 能识别自己及他人的情绪情感

指导建议：

（1）鼓励婴儿用语言表达出自己的情绪情感，如果暂时无法做到，照护者可以帮助识别并命名婴儿的情绪情感。例如，"乐乐抢了你的玩具，你现在是不是很生气？""爸爸要出差了，你舍不得爸爸，很伤心。"从而帮助婴儿掌握与情绪情感有关的词汇。

（2）对婴儿身边人的情绪情感进行命名，或者借助绘本、表情图片等材料对不同情绪情感进行命名，帮助婴儿学会识别他人的情绪情感。

（3）需要注意的是，情绪情感没有好坏之分，这些仅仅是婴儿正在体验的感受。有些照护者会认为谈论婴儿过激的情绪情感会强化他们的消极体验，于是刻意回避或忽视，但很多时候效果恰恰相反。只有当婴儿的情绪情感得到尊重和接纳时，他才更容易识别自己的情绪情感，进而学会自我控制。与此同时，婴儿也更容易学会尊重和理解他人的情绪情感，这在他们今后的人际交往中起着十分重要的作用。照护者不带评价地接纳婴儿的情绪情感，也能让他今后更多地敞开心扉。

环境支持：

（1）以开放理解的态度接纳婴儿表现出来的各种情绪情感。

（2）识别、认可并表述婴儿表露出来的情感体验。

（3）对他人表现出的情绪情感表示理解和尊重。

2.3 表达自己的喜好和憎恶

指导建议：

（1）尊重婴儿对人、事、物的偏好。认可婴儿喜欢的，例如："我知道你喜欢吃苹果。""这是你喜欢的小猪佩奇。"接纳婴儿不喜欢的，例如："你不喜欢别人抱你，那就妈妈抱。"对婴儿的拒绝表示认可，不宜强迫婴儿去做他们十分抵触的事情。

（2）照护者也可以与婴儿交流自己的喜恶。例如："你喜欢吃苹果，妈妈也喜欢吃苹果。""妈妈很喜欢这个故事，你想不想听？""妈妈不喜欢打人的小朋友。"

（3）多创造让婴儿感到快乐、美好的活动，例如，家庭聚餐、睡前故事、亲子春游等。

环境支持：

（1）尊重婴儿的喜好和憎恶，避免将自身喜好和憎恶强加给婴儿。

（2）向婴儿展现自身的喜好和憎恶，理解并允许婴儿可能表现出的不认可，起到示范作用。

第三节　13—18个月婴儿社会适应发展与指导

一、13—18个月婴儿社会适应的发展特点

13—18个月婴儿在社会适应的过程中，自我意识和交往互动主要表现出以下特点：

在自我意识方面，随着婴儿运动能力的发展，13—18个月的婴儿在与外界互动的过程中，开始意识到自己是不同于他人的独立的个体，逐渐发展出个人的偏好，并且意识到自己的行为是受一定规则约束的。因为出于自我发展的需求，他们常常会反抗照护者对其行为提出的限制，以显示他们的自主性和独特性，最常见的就是开始喜欢说“不”。这表明婴儿的自我意识正在形成。

在交往互动方面，13—18个月的婴儿与同伴一起玩游戏的过程中，更多的时候是各自玩各自的玩具，并没有太多互动，此时同伴间的交往进入平行游戏阶段。这一阶段的婴儿还处于多重依恋阶段，会与多名熟悉的照护者建立依恋关系。通常婴儿会对熟悉的照护者表现出热情、激动，寻求与他们的互动，而对于陌生人则表现出退缩、焦虑。表4-2呈现的是13—18个月婴儿社会适应的具体发展特点。

表4-2　13—18个月婴儿社会适应的发展特点

自我意识	自我认识	1. 认识到自己是不同于其他人的个体
	婴儿发展阶段	1.1　能够从镜子或照片中识别出自己 1.2　能识别自己的名字 1.3　能意识到自己的能力和喜好
	自我表达	2. 通过言语和非言语的方式，表达自己的需要、想法和一些基本情绪
	婴儿发展阶段	2.1　用声音、面部表情或手势表达自己的需要和喜好 2.2　会表现出高兴、伤心和恐惧等基本情绪
	自我调控	3. 在照护者的提示和指导下，学会控制自己的行为
	婴儿发展阶段	3.1　在照护者的帮助下，遵循日常生活中简单的规则 3.2　在照护者的指导下，能初步控制冲动

续 表

交往互动	与同伴互动	4. 开始注意并与同龄婴儿互动
	婴儿发展阶段	4.1 对同龄婴儿的行为做出反应 4.2 表现出与同龄婴儿之间的互动 4.3 与同龄婴儿进行平行游戏
	与照护者互动	5. 表现出对熟悉照护者的依恋
	婴儿发展阶段	5.1 从熟悉的照护者那里获得安心 5.2 从熟悉的照护者那里寻求安慰或帮助
	与照护者互动	6. 出现与依恋相关的恐惧
	婴儿发展阶段	6.1 在陌生人接近时表现出焦虑(陌生人焦虑) 6.2 在与熟悉照料者分离时表现出焦虑(分离焦虑)
	与环境互动	7. 主动与他人及周围世界接触
	婴儿发展阶段	7.1 寻求与照护者、同龄人的互动 7.2 对熟悉照护者发出的指令做出反应 7.3 与照护者一起探索周围的环境

二、13—18个月婴儿社会适应发展指导

这一阶段婴儿的社会适应能力进一步发展。照护者可以认真观察和记录婴儿这个阶段社会适应能力发展的行为表现,依据婴儿社会适应能力的发展规律及特点,结合每个婴儿独特的个体差异,对其进行有针对性的个别化科学指导。

在进行婴儿自我意识的发展指导时,需要注意以下几点:

(1) 将每个婴儿视为独立的个体,尊重他们的情绪情感和社交意愿。

(2) 认识到个体差异的存在,避免与同龄婴儿横向比较,强迫婴儿做不想做的事情。

(3) 为婴儿创造机会去感受成功,获得他人的认可,这有利于增强婴儿的自信心。

(4) 对婴儿成功完成任务感到高兴,对婴儿无法成功完成任务给予理解和帮助。

(5) 尊重婴儿的权利和所有权,这也是帮助婴儿学会尊重他人的权利和所有权。

在进行婴儿交往互动的发展指导时,需要注意以下几点:

(1) 照护者应理解并尊重婴儿自身的社交意愿。

(2) 根据婴儿的发展水平,对他们的社会性行为提出符合实际的期望。

(3) 对婴儿主动寻求关注、拥抱、抚摸的行为表示欢迎,并给予积极反馈。

(4) 承认婴儿存在的陌生人焦虑和分离焦虑,给婴儿时间慢慢去适应,随着时间的推移,这种现在会逐渐好转。

(5) 在生活中为婴儿创造与他人交往、探索世界的机会。

(6) 鼓励婴儿超越年龄、性别、语言、种族等与他人交朋友,包括残疾人。

(7) 引导婴儿理解并学会尊重他人的权利和所有权。

(一) 自我意识

【自我认识】

1. 认识到自己是不同于其他人的个体

1.1　能够从镜子或照片中识别出自己

指导建议:

(1) 婴儿开始能区分自己的形象和他人的形象,并做出不同的反应。照护者可以带着婴儿一起看镜子并让婴儿指认出他自己。例如,边给婴儿照镜子边问:“朵朵在哪儿呀?”当婴儿指出镜子中的自己时,照护者可以及时给予回应,例如:“这是谁呀? 这是朵朵呀!”

(2) 将婴儿及其家人的照片放在婴儿容易看到的地方,让他熟悉自己及家人的形象。陪着婴儿一起看关于他的成长照片,并指认出婴儿来。例如,照护者可以指着照片中的朵朵说:“看! 这是朵朵。”或者向朵朵提问:“这是谁呀?”也可以让朵朵指出照片中的自己:“朵朵在哪儿呀?”

(3) 将不同婴儿的照片贴在小黑板上,让婴儿在其中找出自己的照片,对于成功找出自己照片的婴儿给予表扬。

(4) 可以尝试用手机记录婴儿成长的点滴,并及时与婴儿分享。

环境支持:

(1) 准备婴儿能看得到自己全身的镜子,注意镜子是固定的、稳定的,边角是包裹好的,防止镜子摔碎,割伤婴儿。

(2) 准备有婴儿形象的不同场景的照片。

(3) 准备可以展示照片的黑板、白板或照片墙等。

1.2　能识别自己的名字

指导建议:

(1) 在与照护者的互动中,婴儿开始能够识别出自己的名字,当听到自己的名字时,会做出回应,如拍手、微笑、挥舞双手、看向对方等。因此,照护者在与婴儿互动时,尽量以婴儿的名字称呼他,而不是使用如“宝宝”“婴儿”的统称。例如:“朵朵今天穿新衣服啦!”“朵朵笑得好开心呀!”“朵朵在喝奶。”同样,婴儿在场的情况下,照护者在与他人谈论婴儿时,也尽量称呼婴儿的名字。

(2) 选择婴儿喜欢的歌曲,改编其中的歌词,将婴儿的名字放进歌曲里,唱给他听。

(3) 在婴儿面前书写他的名字,也可以在婴儿的个人物品上贴上写有他名字的标签,以帮助婴儿理解代表自己名字的文字符号与自身的关系。

环境支持：

(1) 婴儿的小名不宜过多，不宜经常变化，照护者之间最好统一对婴儿的称呼，这样有利于婴儿建立名字和自己的联结。

(2) 准备若干写有婴儿名字的标签。

1.3　能意识到自己的能力和喜好

指导建议：

(1) 婴儿对自身的能力感增强，喜欢自己的事情自己做，并从中获得自信和成就感。照护者可以根据婴儿的能力和兴趣爱好，每天给他布置力所能及的小任务，为他提供展现自己能力的机会。例如："帮妈妈把拖鞋拿来"，"把地上的玩具捡起来"等。要允许婴儿自己照顾自己，例如，鼓励婴儿自己吃饭，吃完饭后自己擦手、擦脸、擦桌子等，即使婴儿无法擦得很干净也没关系，重要的是给予婴儿发挥自己能力的机会。

(2) 为婴儿独立完成任务提供情感支持，例如："如果需要帮忙的话，妈妈就在这儿。"当婴儿完成任务并向你展示他的成就时，照护者要及时给予表扬和肯定。例如："朵朵真棒，会自己吃饭了。"

(3) 给婴儿一定的自主权，让他有机会选择自己喜欢的物品或活动。例如，让婴儿选择自己喜欢的衣服、图书、油画棒等，让婴儿选择自己感兴趣的玩具或材料进行游戏。在安全、健康的前提下，尊重婴儿的选择。尽量少对婴儿说"不"，因为很可能越禁止越叛逆。

环境支持：

(1) 提供婴儿能够完成的任务。

(2) 提供婴儿有兴趣去探索的材料或活动。

(3) 认可婴儿做出的选择，肯定婴儿表现出的能力。

【自我表达】

2. 通过言语和非言语的方式，表达自己的需要、想法和一些基本情绪

2.1　用声音、面部表情或手势表达自己的需要和喜好

指导建议：

(1) 婴儿会使用声音、面部表情或手势进行交流，这为今后的自我表达奠定基础。虽然这一阶段婴儿无法用言语完整地表达自己，但照护者仍应该尊重他们，将他们作为独立的个体看待，主动征询他们的意见或想法。例如，在讲故事前询问他们的意愿："你想听故事吗？"

早上起来穿衣服前，请他们自己挑选想穿的衣服："你今天想穿哪一件衣服呀？"

（2）婴儿无法用言语完整表述自己的需要或喜好时，照护者可以试着通过婴儿的声音、面部表情或手势等识别他想要表达的意思，并用简单的、完整的语言表达出来，反复多次，鼓励婴儿学习用语言来表达自己，与他人交流，这也是婴儿表达性语言积累和学习的过程。

（3）允许婴儿参与自己喜爱的活动，认可他的拒绝行为。例如，当婴儿摇头表示不想玩球时，照护者应给予理解和尊重，不要强迫他玩。

（4）在日常生活中，照护者也需学会用语言表达自己的需要和喜好，在婴儿面前做好示范。

环境支持：

（1）照护者尽量站在婴儿的角度，理解并尊重他们的需要和喜好。

（2）照护者做好榜样示范。

2.2　会表现出高兴、伤心和恐惧等基本情绪

指导建议：

（1）婴儿会用言语或非言语的方式表达自己的情绪，照护者需要识别并命名婴儿的情绪，例如："你害怕了。""你看起来好开心呀！"照护者也可以对自己的情绪进行命名，例如："你这样做，妈妈很生气。""宝宝把饭都吃完了，妈妈好开心！"通过照护者的示范，引导婴儿学会用语言表达自己的情绪。

（2）认可婴儿表现出来的情绪，无论是积极的还是消极的，并给予回应。例如："我知道你现在很伤心，来妈妈抱抱！"

（3）给婴儿播放与情绪相关的歌曲或视频短片，配合相应的表情或动作，帮助他在表达情绪时完成从非言语向言语的转化。

（4）提供有关情绪表达的绘本，和婴儿一起阅读。

（5）提供展现不同情绪的图片，教婴儿识别并命名。

环境支持：

（1）婴儿表达自身情绪情感时，照护者应尽量识别、命名并认可婴儿的感受。

（2）准备与情绪相关的歌曲或视频短片，如《幸福拍手歌》等。

（3）准备展示不同情绪的图片、与情绪有关的绘本等材料。

【自我调控】

3. 在照护者的提示和指导下，学会控制自己的行为

3.1　在照护者的帮助下，遵循日常生活中简单的规则

指导建议：

（1）明确告知婴儿日常生活中的规则并提示婴儿遵守。例如，将用过的纸巾扔进垃

圾箱里，游戏后将玩具放回到收纳箱里等。在婴儿做出遵守规则的行为后及时给予表扬和肯定。

(2) 为婴儿制定有规律的一日生活安排，让婴儿能够提前知晓每日的基本活动，在有规律的生活中培养良好的日常生活习惯。例如，早起后洗漱、吃早餐，午餐后要午睡，餐前洗手，餐后漱口等。

(3) 婴儿记忆和遵守规则的能力有限，照护者可以反复提醒。

(4) 根据婴儿能力的发展水平，逐渐增加规则要求，例如，与安全、礼貌、简单家务等相关的规则。

(5) 照护者也应该同样遵守日常生活规则和一日生活安排，发挥好榜样示范作用。

环境支持：

(1) 制定婴儿日常生活中需遵守的规则，尽量以图片的形式展现这些规则。

(2) 制定婴儿一日生活计划，尽量做到图表结合。

3.2 在照护者的指导下，能初步控制冲动

指导建议：

(1) 婴儿的自控能力有限，面对婴儿表现出来的冲动行为，照护者应给予更多的理解和包容，对婴儿的不恰当行为及时制止和指导。例如，当几个婴儿排队玩滑梯时，一个婴儿将另一个婴儿推开想插队，照护者应立即制止推人的婴儿，并告诉他要排队。同时，对婴儿表现出来的控制冲动、自我调节、遵守规则等行为，给予肯定和鼓励。例如："很好，我们知道要排队了，一个一个来。"让他逐渐理解什么是可以做的，什么是不能做的。

(2) 让婴儿知道不同的行为会导致不同的结果，例如，如果早上将糖果吃完，午饭后就不会有糖果吃；如果早上只吃一半的糖果，午饭后就仍会有糖果吃。

(3) 让婴儿学会等待，带婴儿参与需要轮流进行的游戏，或者需要排队玩的游戏。可以准备一个婴儿能看得到时间的计时器或沙漏，让他知道还需要等多久，在他无法耐心等待的时候安慰他，用其他的活动转移他的注意力。

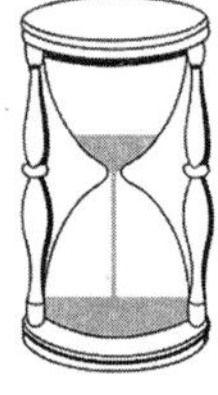

(4) 照护者是婴儿学习模仿的对象，照护者表现出较好的自控能力对婴儿来说是最有效的示范。

环境支持：

(1) 做有原则的照护者，教会婴儿什么可以做，什么不能做。

(2) 在日常生活中创造需要婴儿耐心等待的机会。

(3) 照护者做好榜样示范。

（二）交往互动

【与同伴互动】

4. 开始注意并与同龄婴儿互动

4.1 对同龄婴儿的行为做出反应

指导建议：

（1）当婴儿注意到其他同伴时，可能会表现出看向对方、发出声音、微笑、打手势、伸手想要触摸对方等行为，好像是在跟对方打招呼。照护者可以跟婴儿介绍新出现的同伴，并跟他谈论同伴正在做什么，例如："这是亮亮，你看，亮亮在对你笑。"鼓励并认可他对同伴做出的回应，识别并用言语描述婴儿的行为，例如："你也在看亮亮，跟他挥手。"

（2）当婴儿在模仿同伴时，给予认可并用言语表达出他正在做的事情，例如："你在学亮亮搭积木。"

（3）向婴儿解释同伴的行为，帮助他理解同伴的想法。例如："你看看乐乐一个人在那里，看起来很伤心的样子，因为他妈妈要走了。"

（4）照护者对待其他婴儿的态度和行为，也会影响到婴儿对待同伴的态度和行为。因此，照护者应热情友好地对待其他婴儿，做好榜样示范。

环境支持：

（1）给婴儿提供与同伴接触的机会，例如，带婴儿出去和其他小伙伴一起玩，也可以带婴儿去其他婴儿家串门或者请其他婴儿来家中做客。

（2）对其他婴儿表现出热情友好的态度。

4.2 表现出与同龄婴儿之间的互动

指导建议：

（1）识别并用言语表述婴儿间的互动，例如："亮亮在朝你挥手，他在跟你说你好！"

（2）告诉婴儿在与同龄人互动时，什么能做，什么不能做。例如，轻轻抚摸婴儿的手，并告诉他："你可以轻轻摸一摸亮亮的手。"

（3）给婴儿示范如何与其他同伴礼貌互动。例如，教他"你好""谢谢""再见"等语言或手势。

（4）照护者组织多个同龄婴儿们一起唱歌，跳舞，玩游戏等，为他们提供互动机会。

（5）婴儿会对自己的物品有所有权的意识，不宜强迫婴儿分享他的物品。可以给婴儿讲述与分享有关的小故事，在他面前示范分享行为，培养他分享的意识。

（6）为婴儿之间提供机会进行社会性互动，照护者只需在一旁观察，必要时提供安慰和支持。

环境支持：

（1）为婴儿提供与同伴接触的机会。

(2) 示范并鼓励婴儿与同伴互动。

4.3 与同龄婴儿进行平行游戏

指导建议:

(1) 在这一阶段,婴儿虽然会与其他同伴在一起,玩相似的玩具,进行相似的游戏内容,并能意识到对方的存在,有时还会模仿对方,但是彼此之间没有互动,也没有合作,对一起玩游戏没有兴趣,就好像在两个平行空间里各自玩自己的游戏。这是该阶段的正常表现,作为照护者应予以理解。照护者可以为婴儿提供与同伴在一起游戏的机会,并准备数量充足的玩具和设备,使他们都能有想玩的物品,允许他们自己玩自己的游戏,鼓励他们之间共享玩具,但避免强迫婴儿共享。

(2) 在婴儿与同伴开展平行游戏时,照护者在一旁陪同但不要打断,保持密切的关注,如果发生争抢玩具、哭闹等行为,应及时上前干预。

(3) 照护者可以有意识地做婴儿之间互动的桥梁,引导婴儿彼此关注。例如:"朵朵,你看到亮亮是怎么用积木搭房子的? 亮亮,朵朵正在看你搭房子。"

(4) 给婴儿讲与友谊有关的故事书,示范分享行为,并给婴儿提供分享的机会。例如,在分蛋糕时,保证婴儿有一块蛋糕的同时,照护者将剩余蛋糕分给其他人,将切好的蛋糕交给婴儿,带领他将蛋糕分享给其他同伴。

(5) 可以尝试安排需要两人合作才能完成的游戏,如盖房子、拉大锯等游戏。鼓励婴儿与同伴一起玩,例如,当一个婴儿好奇地走到另一个正在玩沙的婴儿身边时,照护者可以适时引导他:"要不要跟这个小朋友一起玩沙?"

(6)当婴儿在游戏中遇到困难时,也可以建议他寻求同伴的帮助。

环境支持:

(1) 给婴儿提供与同伴接触的机会。

(2) 提供足够大的、能容纳多个婴儿一起玩耍的游戏空间。

(3) 准备数量充足的玩具和设备。

(4) 示范并鼓励婴儿与同伴分享、合作,但不必强求。

【与照护者互动】

5. 表现出对熟悉照护者的依恋

5.1 从熟悉的照护者那里获得安心

指导建议:

(1) 虽然婴儿需要去探索,但仍然希望在探索新事物的时候,身边有一个熟悉可靠的

照护者。婴儿会将熟悉的照护者看作他的“安全基地”，他会从熟悉的照护者身边出发去探索新的事物或环境，再返回到熟悉的照护者身边，以寻求情感支持。因此，婴儿在玩耍的时候，熟悉的照护者可以陪在一旁关注他，但不需要打断他正在参与的活动。

(2) 当婴儿开始寻找照护者时，可以提供口头上的安慰，让他知道你在这里，时刻关注着他，例如：“妈妈在这里，我看见你在玩积木了。”当婴儿走向你，寻求你的关心或帮助时，及时给予回应。例如，给他一个拥抱。这些都能增强婴儿的安全感，让他可以更放心大胆地去探索。

(3) 给予婴儿积极的关注，通过描述、评价或者参与婴儿正在做的事情，让他感受到照护者的注意。例如，评价婴儿搭好的高楼，或者和他一起搭建高楼。

(4) 每天抽一定时间和婴儿进行有目的的互动，包括亲吻、拥抱、交谈、依偎而睡、一起玩游戏等，增强与婴儿之间的情感联结，特别是父母避免缺位。让婴儿来决定玩什么，照护者只需全身心投入地陪他游戏，避免一心两用。照护者全身心的关注会让婴儿感受到被爱。当照护者需要离开时，提前告知婴儿，并告诉他什么时候会回来。

(5) 为婴儿安排规律的生活，例如，按时起床、洗漱、吃饭、游戏、睡觉等。当婴儿的生活安排可能有所变化时，提前告知婴儿。例如，在午餐后告诉婴儿接下来将要睡一会午觉，然后去爷爷家玩。让他对未来有所预期，这样有助于增强他对周围环境的安全感及掌控感。

环境支持：

(1) 关注婴儿，让他感觉到熟悉的照护者一直在身边陪伴。

(2) 对婴儿向照护者发出的信号做出及时的反馈。

(3) 为婴儿营造一个有计划、可预期的生活环境。

(4) 父亲在这一阶段是婴儿重要的玩伴，避免父亲角色在婴儿生活中缺位。

5.2　从熟悉的照护者那里寻求安慰或帮助

指导建议：

(1) 对婴儿抱有耐心，敏锐察觉他的需要，并及时给予回应。

(2) 在婴儿需要安慰时，及时给予拥抱和语言上的安抚。

(3) 对婴儿的非言语互动进行解读，通过观察发现他的需求，用语言描述他的需求，例如：“你是想要喝水了吗？”并及时给予满足。

(4) 父亲应更多地参与到婴儿的照料与陪伴中，婴儿感受到的父爱越多，未来越有可能更加良好地发展。如果父亲无法参与婴儿的照料，也可以努力成为婴儿的玩伴，通过与婴儿一起玩游戏的方式表达爱意和温暖。通常，母亲更多地与婴儿一起玩玩具、聊天或进行传统的游戏，父亲则更多地与婴儿进行令人兴奋的、活动量更大的游戏，如托举游戏。

环境支持：

（1）关注婴儿的需求，并及时给予回应和满足，让他感觉到熟悉的照护者一直在身边陪伴。

（2）为婴儿提供情感上的支持与帮助。

（3）父亲在这一阶段是婴儿重要的玩伴，避免父亲角色在婴儿生活中缺位。

6. 出现与依恋相关的恐惧

6.1 在陌生人接近时表现出焦虑（陌生人焦虑）

指导建议：

（1）婴儿第一次见到照护者的朋友时，对于他来说属于陌生人。当陌生人接近时，婴儿常常出现盯着看、回避或哭泣等行为，表现出戒备和恐惧。因此，当婴儿第一次面对不熟悉的人时，可以让他们之间保持一定的距离，并告诉他面前的这个人是谁，来干什么，例如："这是高叔叔，他来我们家玩。"同时保证婴儿熟悉的照护者此刻陪伴在他身边，在婴儿需要的时候给予他拥抱和安慰。

（2）照护者在与他人相处时表现出友好的态度和行为，给婴儿示范，例如，友好地与他人打招呼，用热情的语调向婴儿介绍他第一次认识的人，这样有助于减少他对于陌生人的焦虑。

（3）如果有照护者都不熟悉的陌生人接触婴儿，照护者需要保持警惕，时刻陪伴在婴儿身边，以防遇到拐卖婴儿或企图伤害婴儿的人。

（4）作为第一次与婴儿见面的照护者的熟人，一开始最好与婴儿保持一定距离，然后温柔地与婴儿交流，微笑着拿着婴儿熟悉的玩具或做出婴儿熟悉的动作，慢慢靠近婴儿。尽量避免一见面就靠近或试图抱起婴儿，这样会惊吓到他。

环境支持：

（1）照护者可以带婴儿认识自己的朋友，对婴儿表现出来的陌生人焦虑给予理解，给婴儿时间，鼓励他慢慢熟悉陌生人，而不是责怪他没有礼貌，或者急于强迫他们之间熟络起来。

（2）避免让婴儿单独接触连照护者都不熟悉的陌生人。

（3）营造礼貌友好的人际交往氛围。

6.2　在与熟悉照护者分离时表现出焦虑(分离焦虑)

指导建议：

(1) 婴儿在与熟悉的照护者形成依恋关系后，会对依恋对象的离开表现出明显的不安。例如，当看到妈妈披上外套，拎起包包准备出门时，婴儿会哭闹起来，甚至抱着妈妈不让走。

(2) 照护者需要对婴儿表现出的分离焦虑表示理解，认可并说出婴儿的感受，并告知婴儿回来的时间，例如："我知道妈妈走了，你会不开心，但是妈妈会在你午睡后就回来，你醒来就会看到妈妈了。"在婴儿熟悉的其他照护者的帮助和安慰下，与婴儿分离，但不宜批评、嫌弃婴儿，表现出不耐烦。

(3) 照护者离开前，告诉婴儿自己要去哪里，去干什么，什么时候回来。要让婴儿明白自己会回来的，只是暂时离开，不是不要他了，让婴儿感觉安心。

环境支持：

(1) 离开时按照一贯的道别模式进行，每次重复，让婴儿熟悉道别这件事，知道只是暂时分开。

(2) 在婴儿哭闹时，照护者保持情绪的稳定，提供情感支持。

母亲的依恋史和敏感性对婴儿依恋的影响

张茜等人(2015)对 68 对母婴进行实验室陌生情境观察、家庭母婴互动观察和成人依恋的问卷调查，采用变量定向和个体定向的方法分析数据，考察母亲成人依恋、母亲敏感性以及婴儿依恋三个变量之间的关系。结果发现：

从母亲自身的角度出发，结果表明当母亲自身的依恋类型为安全型时更倾向于形成以孩子为中心的养育方式，反之则有以自身为中心的养育方式的倾向，这对于孩子的发展是一个不利的因素，然而这种影响并不是绝对的。采用定量和个体定向分析方法均表明母亲自身的依恋史和敏感性对婴儿是否形成安全型依恋有一定的影响，而这种保护作用在母亲自身依恋为安全型的时候更为明显；在母亲自身依恋类型为不安全型时，敏感性养育的作用就会受到抑制。但是，如果母亲本身是不安全型依恋，却能够在照顾孩子的时候从婴儿的角度出发，以孩子为中心，及时注意婴儿发出的信号并给予适当的反应，增加婴儿积极的情绪体验，这将大大减小婴儿形成不安全型依恋的可能。所以即使由于时代特征导致部分母亲自身依恋状态为不安全型时，提高自身对婴儿的关注度，改善自己的养育质量，同样可以养育出安全型依恋的宝宝。

这些结果启示我们:在婴幼儿成长的早期,年轻的母亲不仅要关注对孩子的高质量的养育,做到对孩子信号/需要的敏感的觉察,及时/快速/准确地反应。而且要学会反思自己的依恋经历,特别是童年期在原生家庭中与自己父母的关系。依恋关系是一个毕生发展的过程,它是可以不断地完善和修复的。因此,年轻的父母要对自己的依恋关系进行及时的调节和梳理,理解自己父母对自己的影响,接纳自己的成长经历,从而更好地进入和自己孩子的安全依恋关系的建立中,而不受干扰/污染。此外,在必要的时候,也可以接受一定的养育技能训练。

资料来源:张茜,王争艳,程南华,王朝,梁熙. 母亲的依恋史和敏感性对婴儿依恋的影响[J]. 中国临床心理学杂志,2015,23(1):124-128.

【与环境互动】

7. 主动与他人及周围世界接触

7.1 寻求与照护者、同龄人的互动

指导建议:

(1) 婴儿对照护者微笑和发声时,照护者应回以微笑和发声,让他们体会到与他人的互动是有效的,明确自己与他人的联系。

(2) 照护者应给予婴儿有效的陪伴,而非坐在婴儿身边玩手机。照护者应尽量将注意力都放在与婴儿的互动中,与婴儿一起游戏,一起阅读,一起交流。

(3) 在互动时照护者应尽量保持与婴儿视线平行,例如,照护者可以坐着或者蹲着。

(4) 尊重婴儿的意愿,以婴儿为主体开展游戏,在游戏互动时让婴儿带领照护者玩耍。

(5) 观察并尝试解释婴儿的行为,例如:"你拉着我的手,是想跟我一起玩吗?"对婴儿主动表现出的互动需求,表示欢迎并给予积极回应。

(6)让婴儿观察其他婴儿之间(特别是大一点的婴儿),以及照护者之间是如何进行社会互动的。

环境支持:

(1) 给予婴儿积极的关注与反馈。

(2) 提供全身心投入的陪伴。

(3) 创造与同伴交往的机会。

(4) 营造尊重、理解的互动氛围。

7.2 对熟悉照护者发出的指令做出反应

指导建议:

(1) 给婴儿提出他能够做到的简单要求。例如,收拾玩具、帮照护者拿取小物品等。

当他根据照护者的指令完成任务时，可以用言语描述他的行为，并给予表扬、拥抱、亲吻等作为奖励，例如："朵朵真棒，听妈妈的话，把玩具放进了盒子里。"

（2）同时完成多项任务对婴儿来说比较难，因此，照护者尽量做到一次只提一个要求。

环境支持：

（1）给出的指令是简单的、明确的、婴儿能做到的。

（2）支持婴儿自己的事情自己做。

7.3　与照护者一起探索周围的环境

指导建议：

（1）为婴儿提供探索周围环境的机会。照护者可以多带婴儿去室外接触大自然，去亲戚朋友家接触长辈或其他同龄人，去游乐场认识更多玩伴等，让婴儿体验不同的社会环境，学习在不同场所与不同人的互动方式。

（2）当婴儿来到新的环境时，照护者应耐心给婴儿时间去适应，带他参观新环境并进行介绍。

（3）照护者跟随婴儿去看他发现的新事物，并鼓励他用言语描述所看、所听、所感。照护者对此表现出来的兴趣，会进一步激发婴儿表现出更多的探索行为。

环境支持：

（1）带婴儿体验室内、室外不同的活动场所或社交场所。

（2）确保婴儿周围环境的安全性。

（3）婴儿在照护者的陪伴下探索。

第四节　13—18个月婴儿情绪情感与社会适应发展案例与分析

在活动设计时，应根据13—18个月婴儿情绪情感与社会适应发展规律和特点，创设适宜的环境，设计适合家庭照护者和托育机构专业教师开展的相关教育活动，促进这一时期婴儿情绪情感与社会适应能力的发展。

一、家庭中13—18个月婴儿情绪情感与社会适应活动案例

变化的表情

活动目标：能够初步识别开心、生气、伤心等基本情绪的表情，并理解对应的情绪词。

适用年龄：13—18个月。

活动准备：将纸片剪成不同五官的形状并上色，白色圆形卡片一张（如图所示）；玩偶三个，小玩具一个。

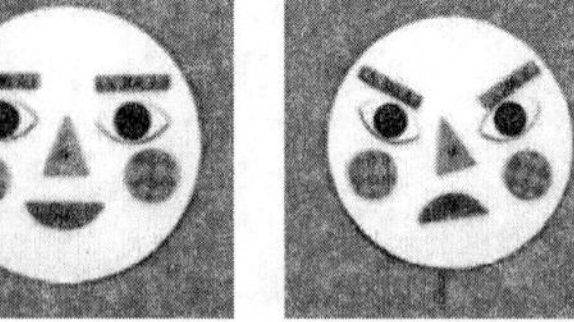

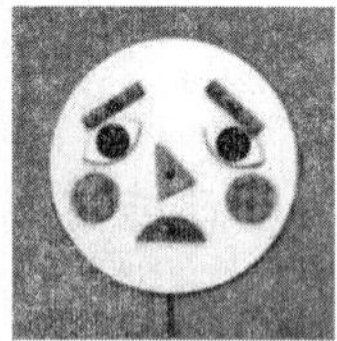

与婴儿一起玩：

1. 家长将纸片五官摆出“开心”的表情，一边用玩偶模拟情境，一边对婴儿说：“这是乐乐小朋友，他妈妈给他买了一个新玩具，他很开心，你看他笑了！”再次用简洁明确的语言说出该表情对应的情绪：“乐乐很开心！”

2. 家长将纸片五官摆出“生气”的表情，一边用玩偶模拟情境，一边对婴儿说：“可是他的玩具被其他小朋友抢走了，他很生气，你看他皱眉了！”再次用简洁明确的语言说出该表情对应的情绪：“乐乐很生气！”

3. 家长将纸片五官摆出“伤心”的表情，一边用玩偶模拟情境，一边对婴儿说：“玩具被弄坏了，他很伤心，你看他瘪嘴了！”再次用简洁明确的语言说出该表情对应的情绪：“乐乐很伤心！”

4. 让婴儿根据家长给出的情绪词（如“开心”“生气”“伤心”），用纸片摆出不同的表情。

5. 当婴儿正确摆出情绪词对应的表情后，家长及时重复该情绪词：“这是开心”“这是生气”“这是伤心”。当婴儿未能正确摆出表情时，家长可以再次进行示范引导。

活动时长：只要婴儿情绪稳定，可以不断改变表情，重复以上游戏。

【案例分析】

面部表情是情绪的外部表现，本活动利用纸片人面部表情的变化，直观形象地帮助婴儿初步认识开心、生气、伤心等基本情绪。由于婴儿记忆能力有限，在帮助婴儿习得不同的情绪词时，语言需简单明了，反复强调该表情对应的情绪状态，促进婴儿建立面部表情与相应情绪词之间的联结。在日常生活中，家长也可以随时对婴儿的情绪、对自己的情绪、对他人的情绪进行命名，有利于婴儿识别自己和他人的情绪，合理地表达自己的情绪。

送玩具宝宝回家

活动目标：能够初步形成收拾玩具的规则意识。

适用年龄：13—18个月。

活动准备：玩具收纳箱上贴上相应的玩具图片，婴儿游戏结束后散落在外的玩具。

与婴儿一起玩：

1. 当婴儿游戏后，未收拾玩具，家长可以将婴儿带到之前的游戏区域，指着地上的玩具说：“哎呀，宝宝你看，这些玩具找不到自己的家了，孤零零在外面，好伤心的，我们快帮帮它吧，我们一起找找看它的家在哪。”

2. 引导婴儿来到玩具收纳箱前，并提示婴儿："看看这里哪一个是它的家呀？"

3. 在婴儿正确指认出该玩具的收纳箱后，引导婴儿将未收拾的玩具送回收纳箱："这是它的家，你快点将那个玩具送回家吧！"

4. 当婴儿成功将玩具放回收纳箱后，及时给予表扬："玩具找到家了，宝宝真棒！谢谢宝宝！"

活动提示：在送玩具回家时，家长应鼓励并引导婴儿自己完成任务，不宜代劳，多份耐心；如果婴儿不知道如何做，家长可以先示范，再让婴儿模仿。

活动时长：收拾完散落的玩具为止。

【案例分析】

本活动通过家长引导婴儿收拾玩具，帮助婴儿初步形成规则意识。借助送玩具回家这种拟人化的活动设计，能帮助婴儿理解抽象的规则意识，也有利于婴儿亲社会行为的发展。在让婴儿送玩具回家的过程中，如果婴儿未能理解家长的要求，家长可以边说边做示范，但不可完全包办代替，应鼓励婴儿自己动手将玩具送回家。由于婴儿记忆和遵循规则的能力有限，家长可以将"送玩具宝宝回家"活动作为每次游戏的结束环节，不断提醒婴儿收拾玩具。

见面问声好

活动目标：学会与人交往的礼节以及礼貌用语的相关词汇。

适用年龄：13—18个月。

活动准备：手指玩偶2个。

与婴儿一起玩：

1. 家长将两个玩偶分别戴在自己两只手的手指上，先做示范。

2. 家长舞动手指模拟小动物见面时的情境对话。例如，两个动物玩偶是小猴子和小狐狸，家长就分别模仿小狐狸和小猴子说话："你好呀，小猴子！""你好呀，小狐狸！"

3. 家长一边弯弯手指，碰碰手指，模仿小动物点头、弯腰、握手，一边说道："见面问声好，你好你好！点点头，弯弯腰，握握手，我们都是好朋友！"

4. 给婴儿戴上一只手指玩偶，家长戴上一只手指玩偶，重复上面的礼貌问候，与婴儿进行互动。

活动时长：只要婴儿情绪稳定，可以不断更换手指玩偶，重复以上游戏。

活动延伸：在日常生活中，家长带着婴儿见其他人时，注意示范并引导婴儿进行礼貌问候。

【案例分析】

本活动利用婴儿喜欢的动物玩偶做示范，向婴儿展示与人交往的基本礼节及礼貌用语，接着通过亲子互动，引导幼儿练习先前示范过的社交礼仪，有利于婴儿习得社会交往的技巧，获得良好的人际关系。在日常生活中，家长也应做好榜样示范，与人相处时礼貌友善，在潜移默化中对婴儿的社会交往能力产生影响。

二、托育机构中13—18个月婴儿情绪情感与社会适应活动案例

表4-3　活动案例“我要抱抱”

<table>
<tr><td colspan="4">活动内容：我要抱抱　　　　适合月龄：13—18个月
场　　地：室内活动室（地垫）　　人　　数：14人（宝宝7人，成人7人）</td></tr>
<tr><td rowspan="2">活动目标</td><td colspan="2">家长学习目标</td><td>宝宝发展目标</td></tr>
<tr><td colspan="2">1. 和婴儿拥抱，体验亲子游戏的快乐，增加亲子感情。
2. 了解婴儿对家长的情感状况。
3. 掌握引导婴儿学会拥抱的方法。</td><td>1. 喜欢和家长拥抱。
2. 学会拥抱的姿势。
3. 通过不同性别的拥抱，感受到爸爸的力量和妈妈的温柔。</td></tr>
<tr><td>活动准备</td><td colspan="3">1. 经验准备：婴儿能正确地称呼爸爸、妈妈，理解爸爸、妈妈的含义。
2. 材料准备：三只熊的玩偶（熊爸爸、熊妈妈、熊宝宝）。
3. 环境准备：铺好地垫的空场地。</td></tr>
<tr><td rowspan="2">活动过程</td><td>环节步骤</td><td>教师指导语</td><td>教师提示语</td></tr>
<tr><td>教师出示小熊一家的玩偶，一一介绍。</td><td>介绍小熊的一家：“宝宝们，今天老师请来了小熊的一家，这是熊爸爸，这是熊妈妈，这是熊宝宝。”</td><td>要求语：各位家长，请宝宝指出谁是熊爸爸，谁是熊妈妈，谁是熊宝宝。</td></tr>
</table>

续 表

活动过程	教师边念儿歌边用熊爸爸、熊妈妈、熊宝宝的玩偶分别示范拥抱的动作。	教师示范：熊宝宝爱熊妈妈，熊妈妈爱熊宝宝，抱一抱，抱一抱，熊宝宝和熊妈妈抱一抱；熊宝宝爱熊爸爸，熊爸爸爱熊宝宝，抱一抱，抱一抱，熊宝宝和熊爸爸抱一抱。	提示语：各位家长，我先用小熊示范一遍拥抱的动作。
	边念儿歌，边引导宝宝和爸爸妈妈拥抱。	边听儿歌边做动作：宝宝爱不爱你们的爸爸妈妈呀？爱爸爸妈妈，我们就抱抱爸爸妈妈，好不好？抱一抱，抱一抱，宝宝和妈妈抱一抱；抱一抱，抱一抱，宝宝和爸爸抱一抱。	要求语：请家长和宝宝面对面坐着，张开双手，充满爱地拥抱宝宝。
	找爸爸。请宝宝的爸爸走到活动室的一端，蹲下来伸出双手做“接”的动作。宝宝的妈妈和宝宝在另一端准备。根据教师的指令，宝宝从起点开始走向爸爸，找到爸爸后，和爸爸拥抱。	引导宝宝找爸爸：宝宝，我们看看爸爸在哪，我们去找爸爸，找到爸爸后，抱一抱爸爸，亲一亲爸爸。	提示语：爸爸可以抱一抱宝宝，亲一亲宝宝，也可以把宝宝举高高，让宝宝感受爸爸的力量。
	找妈妈。请宝宝的妈妈走到活动室的一端，蹲下来伸出双手做“接”的动作。宝宝的爸爸和宝宝在另一端准备。根据教师的指令，宝宝从起点开始走向妈妈，找到妈妈后，和妈妈拥抱。	引导宝宝找妈妈：宝宝，我们看看妈妈在哪，我们去找妈妈，找到妈妈后，抱一抱妈妈，亲一亲妈妈。	提示语：妈妈可以抱一抱宝宝，亲一亲宝宝，让宝宝感受妈妈的温柔。
	活动结束，请宝宝和一起上课的其他宝宝抱一抱，和教师抱一抱。	结束语：宝宝们，我们今天学会了拥抱，在活动结束前，我们和身边的小朋友们也抱一抱，和老师也抱一抱。	结束语：各位家长可以鼓励宝宝和身边的宝宝抱一抱，最后和老师也抱一抱。
家庭活动延伸	在日常生活中，家长也可以经常和婴儿拥抱，表达爱、感谢、表扬、关心等。例如，让宝宝帮忙拿张抽纸递给妈妈，当宝宝准确完成指令后，妈妈应及时给予回应，抱一抱宝宝表示感谢。 此外，还可以进一步引导宝宝和其他熟悉的照护者拥抱，如爷爷奶奶、外公外婆等，以及和其他宝宝拥抱。		

本章回顾

13—18个月的婴儿在情绪调节和情感表达方面，能在他人的帮助下，调节自己的消极情绪，能用言语或非言语的方式表达自己的情绪情感。13—18个月的婴儿在社会适应方面，自我意识逐渐形成，能认识到自己是不同于其他人的个体，学会通过言语或非言语的方式表达自己的需要、想法和一些基本情绪，在他人的提示和指导下，学会控制自己的行为。在这个基础上，13—18个月婴儿的交往互动活动也有了新表现。他们开始注意与同龄婴儿的互动，表现出对熟悉照护者的依恋，并出现与依恋相关的恐惧，此外，也会主动与他人及周围世界接触。

在这个阶段照护者在指导婴儿情绪情感和社会适应的发展时要注意：尊重他们的情绪情感和社交意愿，尊重婴儿的权利，为婴儿提供机会感受成功，理解、接纳并命名婴儿表现出的各种情绪，引导婴儿合理表达自己的情绪，鼓励婴儿与他人交往，对婴儿主动表现的交往意愿或行为给予积极反馈。最后需要再次提醒的是，照护者要认识到婴儿间个体差异的存在，应根据婴儿自身的发展水平，对他们的社会性行为提出符合实际的期望，避免强迫婴儿做不想做的事情。

思考与练习

1. 观察记录一个13—18个月婴儿情绪情感发展的情况，并给出相应的指导建议。

13—18个月婴儿情绪情感发展观察记录表

婴儿年龄：	性别：
观察目的：	
观察地点：	
观察情景：	
观察时间：	
观察者：	
客观行为记录：	

续　表

婴儿情绪情感发展的特点：
指导建议：

2. 设计一个促进 13—18 个月婴儿同伴交往的游戏活动。

参考答案

职业证书实训

【国赛真题】

1. 1 岁以后的婴幼儿，随着动作能力、言语能力的发展，活动范围的扩大，开始表现出强烈的追求小伙伴的愿望，于是出现(　　)关系。

A. 亲子　　B. 玩伴　　C. 朋友　　D. 群体

2. 婴幼儿 1 岁左右，在活动过程中，通过(　　)逐步认识作为生物实体的自我。

A. 自我评价　　B. 自我监督　　C. 自我感觉　　D. 自我欣赏

3. 婴幼儿的皱眉、纵鼻、噘嘴、哭和笑及身体动作是一种(　　)。

A. 感情信息　　B. 表达信息　　C. 生存信息　　D. 生理信息

4. 婴儿微笑不仅意味着机体生理运作处于平衡状态，而且是(　　)的手段。

A. 拒绝成人接近　　B. 摆脱成人靠近

C. 力图维持成人与之接近　　D. 提出要求

参考答案

推荐阅读

1. [英]琳恩·默里. 婴幼儿心理学[M].北京：北京科学技术出版社，2019.

2. [美] 戴维·谢弗. 社会性与人格发展(第 5 版)[M].北京：人民邮电出版社，2012.

第五章
13—18个月婴儿倾听理解与语言交流

学习目标

1. 在对13—18个月婴儿倾听理解与语言交流的指导过程中，产生对中国汉字语言的兴趣，增强对中国传统文化的认同感。

2. 乐于与13—18个月婴儿进行语言交流，尝试理解他们的语言，对早期阅读材料感兴趣。

3. 理解13—18个月婴儿倾听理解与语言交流的发展特点和规律。

4. 掌握13—18个月婴儿倾听理解与语言交流发展的指导要点，能设计符合婴儿倾听理解与语言交流发展特点的家庭亲子活动和托育机构的教育活动。

思维导图

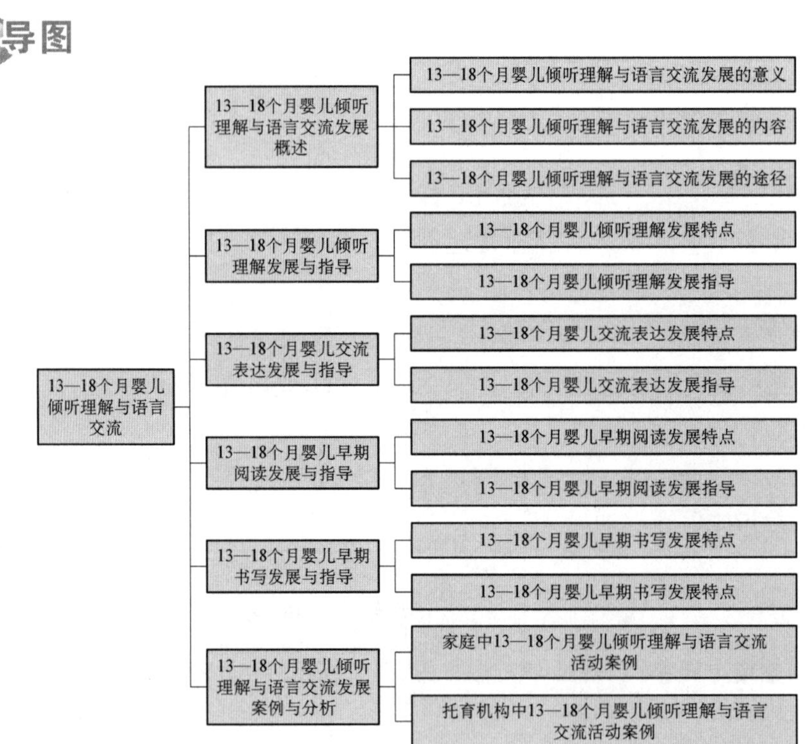

14 个月的果果常常使用“妈妈”这个词表达自己的各种需求，吃饭前喊“妈妈”，可能是在表达：“妈妈，我饿了。”拿着玩具喊“妈妈”，可能是在表达：“妈妈，过来玩。”指着娃娃喊“妈妈”，可能是在表达：“妈妈，我要娃娃。”有时还会拿着笔在纸上有模有样地写写画画，时不时看看妈妈，好像在说：“妈妈，我也会写字了。”

观察 13—18 个月的婴儿，你会发现他们能听懂大部分照护者的简单指令，并开始尝试用简单的词语进行表达交流，此时同一个词语在不同场景下可能表达的是不同的意思，需要照护者结合当下的情境以及婴儿非言语的手势、表情或动作来尝试理解。同时在照护者的陪伴下，13—18 个月婴儿乐于进行早期阅读，并对文字和早期书写产生兴趣。在这一时期，随着婴儿言语能力的发展，你会更容易读懂婴儿，与他们沟通交流。

第一节　13—18 个月婴儿倾听理解与语言交流发展概述

一、13—18 个月婴儿倾听理解与语言交流发展的意义

（一）倾听理解与语言交流的发展有利于婴儿认知能力的发展

语言作为婴儿认识世界的重要工具，不仅可以使婴儿直接地认识事物，而且还能使其间接地、概括地认识事物。例如，当婴儿知道布娃娃是玩具之后，再接触到以前没有玩过的玩具时，只要听说“这是玩具”，他们就会明白，这些东西跟布娃娃一样是可以玩的。当照护者对婴儿周围的事物命名时，能帮助婴儿建立具体实物与抽象概念之间的关系，促进婴儿对该事物属性的认知。

（二）倾听理解与语言交流的发展有利于婴儿社会性的发展

13—18 个月的婴儿能够听懂并执行照护者给出的简单指令，这有利于他们适应社会。并且婴儿开始可以通过简单的语言表达思想情感，与他人沟通交流。在学习语言的过程中，婴儿也是在学习和掌握交际工具，这也有利于他们更好地与他人交往，提高自身社会化水平。

二、13—18个月婴儿倾听理解与语言交流发展的内容

(一) 倾听理解的发展

婴儿在学会语言表达之前通常是先学会理解语言的含义。在这一阶段的初期,婴儿的倾听理解能力正在得到迅速发展。有研究发现,此时的婴儿在能够使用许多名词和动词之前,就理解这些词语所代表的特定意义。这意味着,在婴儿12—13个月时,甚至可能更早,他们能够理解的语言超过他们能够自己表达的语言。这一阶段也称为短暂的沉默期,婴儿能听懂的多,会开口说的少。到13个月大时,大多数婴儿能够理解生活中每个词所代表的特定事物或事件,并且能够迅速地学习新词的含义。这时,照护者会发现,婴儿似乎突然能理解你所说的一切。例如,当照护者提示婴儿午餐时间到了,他们会来到餐桌或餐椅前等候;当照护者告诉婴儿玩具不见了,他们会去寻找玩具等。

(二) 交流表达的发展

婴儿在说出第一个词语之前,会出现有意义的姿势动作,帮助他们进行最初的表达。例如,举起一个空杯子放在嘴边表示自己想喝水,或者举起自己的胳膊表示想被照护者抱抱等,其中用手指指示是婴儿用得最多的一种姿势。通常,婴儿在12—13个月期间,在咿呀学语之中会开始表达第一个词语,即开始说话。需要注意的是,由于个体差异的存在,每个婴儿开口说话的时间或早几个月或晚几个月都是正常现象。并且一般男孩在语言技能的发展上会比女孩更慢。18个月左右是婴儿口头语言开始发展的关键期。最初,婴儿全部的口语可能是关于他们熟悉的人(爸爸、妈妈等)、身体部位(鼻子、手等)、动物(猫、狗等)以及他们熟悉的物品(球、娃娃等)。在这一阶段的婴儿还只会用一个词语来表达他们想说的话。例如,当婴儿说"球"的时候,可能表示"这是一个球",也可能表示"给我一个球"。或者会以一个姿势动作结合一个词语来表示超出这个词语本身的含义。例如,婴儿会边说"水",边伸出手并将手一张一合,好像在说"我要喝水";再比如,婴儿指着妈妈的鞋子说"妈妈",好像在说"这是妈妈的鞋子"。婴儿还会存在发音不准、叠词较多的情况,这都需要照护者结合婴儿当时所处的语境、他的语言习惯以及其他的非言语线索来理解婴儿所表达的意思。

(三) 早期阅读的发展

13—18个月的婴儿随着倾听理解能力的发展,能够理解早期阅读作品里的内容,乐于与父母进行亲子阅读,喜欢重复倾听熟悉的故事。婴儿往往倾向于选择色彩鲜艳、画面简洁、主角突出的阅读材料,以及用词简单、充满节奏的语言故事。随着精细动作的发展,

这一阶段的婴儿也能自己双手取书、拿书，尝试自己翻页。此时的早期阅读并不局限于绘本、故事书等阅读书籍，婴儿也开始学习识别生活场景中熟悉的文字或符号。

（四）早期书写的发展

13—18个月的婴儿由于精细动作的发展，开始能够操纵书写工具进行涂鸦，产生早期书写行为。婴儿在这一阶段的书写行为并不是真正意义上的写字，更多的是运用书写工具随意做记号或涂鸦。

三、13—18个月婴儿倾听理解与语言交流发展的途径

（一）创造丰富的语言环境

在口头语言方面，照护者尽量创造机会与婴儿多说话，并且应使用简单易懂的准确的词语和完整的句子，同时可以借助多媒体设备播放儿歌、动画片等，让婴儿多听，丰富婴儿的语言环境，帮助婴儿积累大量的词汇，习得相应的语言规则，促进语言的发展。

在书面语言方面，照护者可以为婴儿提供大量的、形象生动的阅读材料，放在婴儿能够拿到的地方，供婴儿自由选择阅读材料。照护者应向婴儿正确示范翻阅图书的方法，积极参与到亲子阅读中。照护者也可以引导婴儿认识日常生活中常见的标志或符号。

（二）利用日常交流培养表达能力

生活是语言的源泉，婴儿的一日生活中充满了可以进行沟通交流的话题。照护者应在日常生活中多创造机会与婴儿交流，可以和婴儿谈论正在发生的事情，描述身边的事物，并通过提问的方式鼓励婴儿交流表达。在婴儿尝试表达的过程中，照护者应做一个耐心的倾听者。当婴儿只能用非言语或简单的词语进行交流时，照护者不宜立刻帮忙表达或打断他们，可以用表情或眼神鼓励他们表达完之后尝试理解他们的意思，并及时用完整准确的语言给婴儿做示范。婴儿最初学习词语的进度都是比较慢的，而且需要对每个词语进行多次重复练习。照护者面对婴儿的语言尽量由短句组成，例如，“看这个球”“吃饭”“穿衣服”等，并在不同生活情境中重复使用。

（三）积极而及时的语言回应

研究发现，如果对婴儿发出的每一个音，照护者都能给予积极而及时的回应，如微笑或重复婴儿发出的音，那么婴儿在咿呀学语期间所发出的语音将会显著增多，学习语音的速度也会明显加快。特别是当婴儿开始说话时，还不能准确地发音，也无法做到准确完整地进行表述，这时熟悉他们的照护者可能是唯一能理解他们说话的人。面对婴儿错误的

发音或者用非言语的肢体动作进行交流时，照护者应尽可能给他们更多的时间来表达他们想说的话，尝试去理解他们想表达的意思，并用正确的词汇或语句给予回应。例如，当婴儿指着球，发出类似“球”的声音时，照护者可以尝试回答：“对，这是一个球！”当照护者有足够的耐心，能够敏锐地回应、正确地示范时，婴儿的发音便会逐渐改善。

（四）简练而准确的语言示范

婴儿对语言的学习很大程度上是通过模仿他人而习得的。因此，照护者与婴儿交流时，语言应清晰明确，使用简单的词汇和完整的句子，尽量使用与物体或动作相关的准确词汇，例如，照护者对婴儿提到他的小脚时，使用“脚”而不是“小猪蹄”来进行表述；要婴儿吃饭时，使用“吃饭”而不是“吃饭饭”来进行表述。照护者通过简练而准确的语言示范，能帮助婴儿认识到生活中的词语和它所指代的物体或行为之间的正确联系，减少日后在交流中的误解，有利于其语言表达能力的发展。

面向婴儿的语言（IDS）

除了对婴儿多说话之外，父母语言的质量也非常有助于儿童学习语言。发展心理学中特别指出，成人往往以一种特殊的简单的语言跟儿童说话，这种说话方式最初被语言学家称为儿语，现在的专用术语是“面向婴儿的语言”，以这种简单的方式说话时，音调比较高，语速比较慢，句子更简短，语法更简单，所用的词汇也非常具体。当跟儿童说话时，父母重复的次数也非常多，重复的时候也会做细小的改变（“球在哪儿啊？”“你看到球了吗？”“哦，在这儿啊！”）。父母也会重复儿童自己的语句，但是会把句子变得长一些，语法更正确一些——这种模式称为扩展或修正。例如，如果儿童说：“妈妈袜子。”妈妈可能会这样重复：“是的，这是妈妈的袜子。”如果儿童说：“狗狗不吃。”父母可能回答：“狗狗不吃东西啊。”

发展心理学家认为，出生刚几天的婴儿就能够区分儿语和成人语言，他们表现出更喜欢听到儿语，不管听到的是男性的声音还是女性的声音，即使是用一种儿童不熟悉的语言来说话，婴儿也会表现得更偏爱儿语。例如，珍妮特及同事发现，不管是英语家庭的婴儿还是汉语家庭的婴儿，他们都更喜欢听到儿语；不管听到的是英语还是广东话（中国主要方言的一种），都是如此。韦尔克所做的研究显示，儿语通过强调某些发音来帮助婴儿识别他们正在学习的语言的特色发声（例如，英语的发声 schwa，以及西班牙语的发音 r 等）。最终，儿语可能起到的作用是获得婴儿的注意力来帮助他们学习语言。

能抓住婴儿注意力的儿语的特点是高音调。一旦特殊的音调吸引了婴儿的注意力，父母所说的简单的和重复的语言就能够帮助婴儿识别重复的语法形式。儿童的注意力也

会被修正的句子所吸引，例如，法拉发现两岁的儿童在听到妈妈修正了自己所说的句子后，他模仿正确语法的可能性要提高2—3倍。实验研究证实了修正的有效性。儿童如果被有意暴露于被修正可能性高的环境，就能更快地学到正确的语法。

妈妈和其他成人的对话对儿童语言的发育也有重要的作用。然而，这些对话一开始吸引不了儿童的注意力，除非他已经到了18—24个月，已经开始能够用语言来交流。听成人们对话能够帮助婴儿学习非名词的词汇，如那些和颜色及数量有关的词汇。

资料来源：丹尼斯·博伊德，海伦·比.儿童发展心理学[M].北京：电子工业出版社，2016.

第二节　13—18个月婴儿倾听理解发展与指导

一、13—18个月婴儿倾听理解发展特点

13—18个月的婴儿所能理解的词汇大量增加，其中以名词和动词为主，并且多与婴儿生活中熟悉的物品、人员、自身身体器官和身体动作等有关。这一阶段婴儿倾听理解能力得到迅速发展，能听懂的话比能说的话要多。表5-1呈现的是13—18个月婴儿倾听理解的具体发展特点。

表5-1　13—18个月婴儿倾听理解的发展特点

学会倾听	1. 会倾听谈话并表现出理解能力
婴儿发展阶段	1.1　在交谈、听歌、听故事或是其他的语境中对语言做出反应 1.2　能够听从并执行照护者给出的简单指令 1.3　对照护者的问题做出回应
学会理解	2. 能在交谈、活动、故事或书籍中习得词汇
婴儿发展阶段	2.1　能用行动表明自己对简单词语的理解 2.2　能听懂简单的故事

二、13—18个月婴儿倾听理解发展指导

这一阶段婴儿在言语发展中表现出“听得多、说得少”的特点，照护者可以认真观察和记录婴儿这个阶段倾听理解能力发展的行为表现，依据婴儿倾听理解能力的发展规律及特点，结合每个婴儿独特的个体差异，对其进行有针对性的个别化科学指导。

在进行婴儿倾听理解发展指导时，需要注意以下几点：

(1) 照护者应抓住一切机会与婴儿说话，尽量使用简单易懂的词语和完整的句式。

(2) 反复多次对婴儿生活中的人、事、物进行命名，帮助婴儿建立词语和现实事物之间的联系。

(3) 照护者做好婴儿语言榜样示范的角色，交流时用词准确、口齿清楚并注意进行回应性对话。

【学会倾听】

1. 会倾听谈话并表现出理解能力

1.1 在交谈、听歌、听故事或是其他的语境中对语言做出反应

指导建议：

(1) 观察婴儿的行为，在他看、指、够物品的时候，说出相应物品的正确名称。这些物品可以是婴儿的玩具、身上穿的衣服、身体部位，或者周围任何他感兴趣的物品。反复使用婴儿常见的感兴趣的词汇，婴儿听得越多，他越容易记住相应的词汇，建立词汇和物品之间的关系，在今后听到相同的词汇时，知道所对应的物品，并为今后用语言表达奠定基础。

(2) 照护者用语言描述婴儿正在做的事情或者照护者正在做的事情，例如："你在用脚跺地板。""我在洗碗。""来，我们穿上小袜子。"

(3) 提问让婴儿指出生活中熟悉的人、动物、物品、地点等事物，例如，"妈妈在哪里?""哪个是狗狗?"

(4) 照护者将婴儿熟悉的物品放在盒子里，说出其中某个物品的名字，请婴儿帮忙从中找出来给照护者，如果婴儿找对了就给予表扬，可以选择不同的物品反复练习。

(5) 用手机的拍照功能记录下照护者和婴儿的一日生活中有趣的事情，与婴儿分享这些照片，跟婴儿谈论照片里的故事。

(6) 为婴儿提供儿歌、童谣、手指游戏等有韵律节奏的语言活动，照护者根据歌词配合相应的肢体动作向婴儿展示。当婴儿模仿着照护者一起手舞足蹈时，表现出开心与激动。

(7) 选择婴儿喜欢的故事书，在讲故事时有意识地让婴儿指认故事中的物品或者做出故事中提到的动作。

环境支持：

(1) 提供带有彩色图片、简单言语的故事书。

(2) 提供与身体部分或肢体动作相关的歌曲、律动或手指游戏。

(3) 提供婴儿熟悉的物品、照片和图片。

(4) 与婴儿交流时，尽可能说得缓慢而清晰，使用简单的词语和句子。

1.2　能够听从并执行照护者给出的简单指令

指导建议：

(1) 在日常生活中，给婴儿提出简单的、经常会使用的指令，例如："请过来""去捡球""站起来""过来吃饭"等。

(2) 在婴儿能力范围内，请他帮照护者做事或参与家务。例如，让婴儿帮照护者找东西："妈妈的手机在哪里？拿给妈妈。""把球踢给妈妈。""将盘子递给妈妈。"或者提示和指导婴儿收拾玩具等。

(3) 让婴儿指出身体相应的部位，例如："肚子在哪里？""嘴巴在哪里？"；也可以让婴儿指出一些生活中的物品，例如："电灯在哪里？""哪个是苹果？"。

(4) 选择婴儿生活中每天需要做的事情，给他一些简单的指示。例如，"吃饭前，洗洗手"，"喝完奶，擦擦嘴"等。当婴儿完成后及时给予表扬，如果婴儿做不到，照护者可以带着婴儿一起做。

环境支持：

(1) 提出婴儿能力范围内能完成的指令。

(2) 凡是婴儿能做到的事情，都尽量让婴儿自己去做。

1.3　对照护者的问题做出回应

指导建议：

(1) 在与婴儿的日常互动中，提出与婴儿生活有关的的问题，例如："要上厕所吗？""要红的还是黄的？""我们马上要去谁家玩？""这是谁？"

(2) 带婴儿外出玩耍的时候，对婴儿所看、所听、所闻、所感进行提问，例如："你看草地上有什么？""你喜欢这个味道吗？"

(3) 在开展阅读活动时，对故事或其中的图片进行开放式提问："这是什么？""他们在干什么？"

(4) 无论婴儿是用言语还是非言语做出回答，照护者都要对他们的回应表示感兴趣，认真倾听，试图理解他们表达的意思，对于发音不清晰的回答或者非言语的表达，照护者可以尝试做解释，并用语言清晰地说出婴儿可能想要表达的意思。

环境支持：

(1) 提出婴儿认知范围内的简单问题，最好是对他生活中熟悉的事物提问。

(2) 不以对错好坏评价婴儿的回应。

(3) 用清晰简单的语言尝试解释婴儿的回应。

【学会理解】

2. 能在交谈、活动、故事或书籍中习得词汇

2.1 能用行动表明自己对简单词语的理解

指导建议:

(1) 对婴儿讲述他生活中周围发生的事情或出现的物品,这有助于婴儿将词语与动作或物品联系起来进行理解。例如,照顾婴儿时可以谈论自己正在做的事情:“我们坐在浴缸里开始洗澡了。洗洗你的手臂,洗洗你的肚子,洗洗你的后背,洗洗你的大腿……”与婴儿一起游戏时可以表述他正在做的事情:“你在给你的娃娃梳头发,她的头发好长呀!”

(2) 与婴儿玩认识身体的游戏。例如,让婴儿指出自己的鼻子、眼睛、耳朵、脚趾等身体部位。必要时照护者可以给予示范。

(3) 提出与婴儿生活有关的、熟悉的问题,例如:“要上厕所吗?”“要红的还是黄的?”“我们马上要去谁家玩?”“这是谁?”

(4) 根据故事书及其中图片的内容,对相应的人物、物品、场景进行提问:“哪个是小熊?”“盘子在哪里?”

环境支持:

照护者多与婴儿交流、提问,描述婴儿身边发生的事情或出现的物品。

2.2 能听懂简单的故事

指导建议:

(1) 给婴儿讲故事时,对他提出简单的开放式问题,让婴儿通过语言或者手指图片的方式做出回应,例如:“这是什么?”“他/她在做什么?”“他/她要去哪儿?”在婴儿做出回应之后,照护者可以用准确完整的语言解释婴儿想表达的意思,给婴儿以示范。

(2) 让婴儿挑选一本他喜欢的书,带着他一起阅读。

(3) 准备纸质的书供婴儿自由玩弄或“阅读”。

环境支持:

(1) 准备种类多样的、带有图片的、适合婴儿年龄段的故事书或绘本,特别是中国传统文化中经典的儿童故事书。

(2) 书籍的材质最好是硬纸,可供婴儿反复翻阅。

第三节　13—18 个月婴儿交流表达发展与指导

一、13—18 个月婴儿交流表达发展特点

13—18 个月的婴儿能说出一些常用的词汇(需要注意的是，虽然有些婴儿开口说话的时间比较晚，但不代表他们能力水平落后)，这些词汇通常与他们熟悉的事物或生活经验密切相关，并且大多是容易发音的字词。他们也逐渐学会通过言语或非言语的方式来表达自己的情绪和需求。这一阶段婴儿倾听理解能力得到迅速发展，能听懂的话比能说的话要多。表 5-2 呈现的是 13—18 个月婴儿交流表达的具体发展特点。

表 5-2　13—18 个月婴儿交流表达的发展特点

非言语交流	1. 会用非言语交流的方式表达不同的意愿
婴儿发展阶段	1.1　会用非言语的手势、表情或动作来表达需求 1.2　会用他人使用过的非言语手势、表情或动作表达情感
言语交流	2. 相对复杂的口头语言的使用增多
婴儿发展阶段	2.1　自发地进行发音游戏 2.2　会用一个或两个词的短语进行交流

二、13—18 个月婴儿交流表达发展指导

这一阶段的婴儿开始运用言语和非言语的方式交流表达。照护者可以认真观察和记录婴儿这个阶段交流表达能力发展的行为表现，依据婴儿交流表达能力的发展规律及特点，结合每个婴儿独特的个体差异，对其进行有针对性的个别化科学指导。

在进行婴儿交流表达发展指导时，需要注意以下几点：

(1) 给婴儿提供说话和表达自己的机会，无论是婴儿之间，还是婴儿与照护者之间，营造出交流的氛围。

(2) 用心观察婴儿的言语或非言语交流，努力去理解他们想要表达的意思，帮助婴儿用语言表达出来。

(3) 对于婴儿用言语或非言语的方式表达出来的需求，给予及时回应和满足。

【非语言交流】

1. 会用非言语交流的方式表达不同的意愿

1.1 会用非言语的手势、表情或动作来表达需求

指导建议：

(1) 回应婴儿用手势、表情或动作表达出来的需求。例如，当婴儿向照护者伸出双臂的时候，抱起他、亲吻他并用语言回应他："你想妈妈抱了。"当婴儿看向照护者的时候，与他进行目光接触并与他交谈。理解并及时回应婴儿的非言语表达，会让他体会到自己的表达是有效的、被重视的，这也将鼓励他继续锻炼表达能力。

(2) 事前询问婴儿的需求，鼓励婴儿表达自己的需求，例如："还想要吃吗?""想要睡觉吗?""想要红色的杯子还是白色的杯子?"等，而不是照护者按照自己的想法预设婴儿的需求，然后直接提供给婴儿。当婴儿用语言或非语言的方式表达出需求后，照护者可以用完整的语句再次复述婴儿所表达的意思。

(3) 当婴儿用手势或动作想要交流时，说出婴儿可能想要说的词语，例如，"宝宝想到外面去"等。

(4) 对日常生活中常用的手势、表情、动作等进行命名，例如，照护者在婴儿面前交流时，可以边说边做，将词语与手势、表情或动作进行匹配。

环境支持：

(1) 鼓励婴儿表达，对婴儿的表达需求给予及时的理解和回应，并做好语言示范。

(2) 准备包含简单手势、表情、动作的卡片，并做好相应的命名。

1.2 会用他人使用过的非言语手势、表情或动作表达情感

指导建议：

(1) 结合手势、表情或动作，向婴儿表达出自己或他人当下的情感，例如："妈妈好开心呀!""你看，妈妈生气了。"

(2) 借助印有不同手势、表情、动作的图片，向婴儿说明其中表达的情感。

(3) 观察婴儿的手势、表情或动作等，说出婴儿可能想要表达的情感。例如，当婴儿手舞足蹈时，照护者可以说："宝宝好开心呀!"

(4) 用语言描述他人的行为，教婴儿识别他人的非言语表达，例如，"宝宝你看，晶晶用双手遮住了脸，你知道为什么吗? 是因为她不喜欢你把球扔得太用力，把她吓着了，如果你轻轻地扔球，她可能会很想跟你玩的。"

(5) 鼓励婴儿用手势跟他人问好或道别，例如，用摆手表示“你好”或“再见”。

环境支持：

(1) 配合适当的动作、手势、表情与婴儿交谈。

(2) 对他人的手势、表情、动作进行命名。

(3) 准备包含简单手势、表情、动作的，传递不同情感的卡片，并做好相应的命名。

【言语交流】

2. 相对复杂的口头语言的使用增多

2.1　自发地进行发音游戏

指导建议：

(1) 对婴儿自发的发音游戏表示出兴趣。

(2) 回应婴儿发出的咿呀学语，重复婴儿发出的类似语音的字或词，并尝试扩展成发音清晰的句子，用语言表达出来。

(3) 与婴儿交流时，语速缓慢，表述清晰，变化语调。

(4) 和婴儿一起看印有动物的卡片，照护者指着动物说出动物的名字，并引导婴儿一起学动物叫。

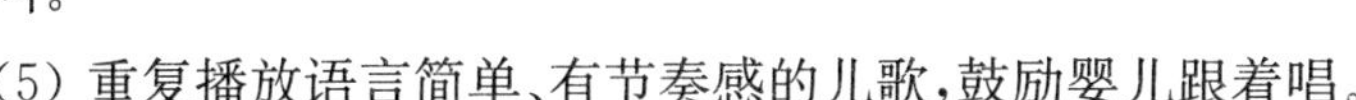

(5) 重复播放语言简单、有节奏感的儿歌，鼓励婴儿跟着唱。

环境支持：

(1) 经常带婴儿出去玩，多与他人互动交流，以创设语言环境。

(2) 婴儿发出声音表示出的欣喜、激动等积极情绪，照护者要给予回应。

2.2　会用一个或两个词的短语进行交流

指导建议：

(1) 在与婴儿交流时，照护者可以示范正确的常用词汇。例如，清晰地说出与婴儿有关的重要的人（“妈妈”“爸爸”等）、婴儿常见的运动的物体（“球”“汽车”“猫”“鞋”等）、婴儿熟悉的常用行为（“再见”“上”“还要”等）以及行为后的结果（“脏”“热”“湿”等）。

(2) 在与婴儿交流时，照护者可以抱起婴儿或者蹲下，尽量保持与婴儿在同一水平线上的目光接触，表达出你想听他说话的意愿。谈论婴儿最想谈论的话题。在交流过程中，给予婴儿足够的时间做出他的回应。多提简单的、开放式的问题，例如：“这是什么？”“想要什么？”“在喝什么？”等。当婴儿对看到的事物正确命名时，及时给予肯定（如微笑、鼓掌等）。这些行为会帮助婴儿建立语言表达的自信，并激励他继续发展沟通技能。

（3）结合婴儿当下所处的情境，试着对婴儿说的“话”进行解释和拓展，补充为一句完整的话。例如，如果婴儿指着奶瓶说：“啊，啊……”照护者可以回应说：“是的，没错，这是你的奶瓶。”或者“哦，你要喝牛奶。”再如，婴儿指着小汽车说：“车，车……”照护者可以回应说：“这是一辆白色的车车。”或者“看，车车开走了，滴滴滴……”

（4）当婴儿发音错误时，不用刻意纠正婴儿的发音，照护者只需用正确的发音重复婴儿说的话就行，例如，当婴儿指着鞋子发出类似“鞋”的声音时，照护者可以回应：“对，是的，这是一双鞋。”

环境支持：

（1）捕捉生活中与婴儿息息相关的事物或行为，创造机会多与婴儿沟通交流，鼓励他说话，但也不用强迫。

（2）照护者做好语言示范，与婴儿交流时，一字一句清晰表述，尽量使用短句。

第四节　13—18个月婴儿早期阅读发展与指导

一、13—18个月婴儿早期阅读发展特点

13—18个月的婴儿由于生活经验的丰富和倾听理解能力的发展，逐渐能够理解早期阅读作品里的内容，并且也十分愿意与照护者，特别是父母，一起分享阅读，喜欢重复倾听熟悉的故事，对于阅读材料中的文字和阅读动作开始产生兴趣，从能用单手或双手翻书发展到能用食指和拇指翻书。表5-3呈现的是13—18个月婴儿早期阅读的具体发展特点。

表5-3　13—18个月婴儿早期阅读的发展特点

对阅读材料的理解	1. 会从照护者给他读的内容中习得阅读材料的含义
婴儿发展阶段	1.1　在鼓励和支持下，会发出与阅读材料中的图片相关的声音 1.2　偏爱熟悉的阅读材料 1.3　在鼓励和支持下，能对与阅读材料相关的简单问题做出回应
对文字的兴趣和接触	2. 开始意识到文字符号的含义
婴儿发展阶段	2.1　要求成年人给他读书 2.2　在照护者的帮助下，将书直立起来，尝试翻页 2.3　在照护者的帮助下，能够识别生活中熟悉的标记

二、13—18 个月婴儿早期阅读发展指导

这一阶段的婴儿已经开始能从阅读中理解生活、体验情感，对文字符号和阅读行为开始产生兴趣。照护者可以认真观察和记录婴儿这个阶段早期阅读能力发展的行为表现，依据婴儿早期阅读能力的发展规律及特点，结合每个婴儿独特的个体差异，对其进行有针性的个别化科学指导。

在进行婴儿早期阅读发展指导时，需要注意以下几点：

(1) 营造阅读氛围，照护者对阅读的兴趣会在潜移默化中影响婴儿。

(2) 准备儿歌、童谣、故事、绘本、书籍、照片、语言相关的游戏、婴儿及照护者的生活经历等，作为语言交流的素材。

(3) 进行早期阅读时，照护者尽量使用完整的句子和通俗的语言。

(4) 利用婴儿日常生活中的各种文字素材作为早期阅读的资源。

(5) 照护者在阅读故事时，先别急着告诉婴儿故事结局，可以先让他们猜一猜。

(6) 丰富婴儿的生活经验，使得他们能更好地理解并欣赏早期阅读的相关作品。

【对阅读材料的理解】

1. 会从照护者给他读的内容中习得阅读材料的含义

1.1　在鼓励和支持下，会发出与阅读材料中的图片相关的声音

指导建议：

(1) 照护者给婴儿讲故事、读绘本时，指着其中的图片，示范并引导婴儿发出相关的声音，例如，“你看他/她好开心呀，在哈哈大笑！”“你看小鸭哭了，呜呜呜……”“小熊关上了灯，准备睡觉，嘘！”

(2) 当婴儿发出与故事或图片相关的声音时，照护者应给予积极的反馈，例如，在给婴儿讲和小狗有关的故事时，婴儿模仿小狗发出类似“汪汪”的声音，照护者可以及时回应说：“对，汪汪是小狗，小狗会汪汪叫。”

环境支持：

(1) 提供耐用的彩色书籍、点击可发出声音的书籍、含有可触摸的实物的书籍等，与婴儿互动。

(2) 发现阅读材料中的语言素材，如可模仿的动作、声音，可命名的图片等。

1.2　偏爱熟悉的阅读材料

指导建议：

(1) 当婴儿面对有规律的、熟悉的事物时，他能感

到安全和自信。因此，他偏爱熟悉的阅读材料。照护者可以给婴儿反复讲述他喜欢的故事、绘本等，同时鼓励幼儿复述其中的关键信息。

(2) 当婴儿心情不好的时候，试着通过给他讲喜欢的熟悉的故事，帮助他平复情绪。

(3) 可以让婴儿自己选择喜欢的阅读材料，照护者陪伴着一起阅读。婴儿对阅读材料的兴趣越大，他在阅读时就越会表现出专注和享受。

(4) 每天尽量抽出时间与婴儿一起阅读他喜欢的故事、绘本等。照护者与婴儿共同阅读，不仅仅是为了提高他们的阅读能力，更重要的是让他感受到你重视他的兴趣和选择，并且喜欢与他亲近，这又可以进一步增强照护者与婴儿的情感联结。

(5) 给婴儿讲他熟悉的故事时，偶尔停顿一下，引导婴儿自己补充后面的内容。鼓励婴儿将故事讲完整，或者重复照护者讲的内容。每次讲这个熟悉的故事时，在不同的地方停顿让婴儿补充，这样他能学到更多的新词。

环境支持：

(1) 提供种类丰富、语句简单易懂、带有大量图片的书籍作为婴儿的阅读材料，特别是中国传统文化中针对婴儿的阅读材料。

(2) 尊重婴儿对阅读材料的兴趣与选择。

(3) 每天安排一定的阅读时间。

1.3　在鼓励和支持下，能对与阅读材料相关的简单问题做出回应

指导建议：

(1) 在给婴儿读绘本、故事、童谣等阅读材料时不宜匆忙读完，留出时间对其中相关的图片、情节进行提问，例如，“看看，月亮在哪里？”“哇，你看，这里有好多水果的呀！你想要吃哪一个？”

(2) 向婴儿提出开放式的问题，而不是仅仅要求他/简单地回应是或否。例如，提问：“小狗跑到哪里去啦？”而不是提问：“小狗是不是跑到这里啦？”

(3) 选择与婴儿自身经验相关的阅读材料，例如，选择介绍五官的绘本时，让婴儿指出图片中鼻子、眼睛、耳朵等的位置；选择介绍食物的图画书时，让婴儿指出今天吃过的食物，并提问“这是什么呀”，鼓励婴儿说出食物名称，如果无法说出，照护者可以示范说出食物的名称。

(4) 结合阅读材料的内容，照护者可以与婴儿分享自己相关的生活经历。

环境支持：

(1) 在婴儿做出回应时，给予表扬和鼓励。

(2) 当婴儿对提问表示困惑或者不知道如何回答时，照护者可以给予引导与示范。

【对文字的兴趣和接触】

2. 开始意识到文字符号的含义

2.1　要求成年人给他读书

指导建议：

(1) 这一时期，婴儿对于阅读的兴趣与日俱增，照护者应给予支持，当婴儿有需要的时候，读书给他听，或者主动询问他的意愿。

(2) 给婴儿阅读时，语速宜放慢，发音宜清晰，语调抑扬顿挫，对于故事中的不同角色可以变换声音，并借助肢体动作形象生动地给婴儿讲故事。

(3) 给婴儿阅读，不仅仅是将阅读材料中的文字一字一句地读给婴儿听，而且是带着婴儿一起谈论这本书，引导婴儿观察阅读材料中的图片，描述图片里的场景，也可以联系婴儿的实际生活讲解图片。例如，指着故事书中的房子说："你看，这是一个房子，跟我们家的房子一样，有门，有窗。"有时也可以通过儿歌的形式，唱出图片中的内容。

(4) 在阅读文字时，给婴儿指出对应的语句。例如，一边阅读一边用手指从左到右划过所读的每一个字。

(5) 婴儿的注意力有限，不需要每次讲完一本故事书，让婴儿自己决定听故事的时间；也不需要按照顺序每一页都读到，因为婴儿可能会对其中某一页的图片特别感兴趣，观察并用手指在图片上画来画去，好像在"研究"它。这时，照护者就让婴儿按照他们喜欢的方式进行阅读，这样的阅读对他们来说才是有趣的、有意义的。

(6) 让阅读成为婴儿生活的一部分，例如，在家里打造图书角，带婴儿去儿童图书馆，在床头、车上、随身的包里都放有图书，让婴儿随时随地都能阅读。

环境支持：

(1) 创设有丰富阅读材料的环境，例如，准备适龄的故事书、绘本、儿歌集，甚至可以准备带有文字的玩具或富有童趣的印刷文字。

(2) 营造舒适的图书角，有适合婴儿的椅子、抱枕、靠垫等，提供自然的光线或灯光，保证图书角的安静。

(3) 保证每天有一定的阅读时间。

2.2　在照护者的帮助下，将书直立起来，尝试翻页

指导建议：

(1) 能够正确地拿书需要经过练习，因此，允许婴儿自己拿着书看。刚开始，婴儿只

会将书随意地打开，可能存在将书拿反的情况，照护者只需反复给婴儿示范阅读时正确的拿书姿势，并给他提供练习的机会，练习拿书会帮助婴儿学会如何阅读。

（2）一起阅读时，根据婴儿的能力，照护者可以和婴儿共同拿着书或者让婴儿自己拿着书，鼓励和支持婴儿自己翻页，如果他做不到，照护者可以示范如何翻页。

环境支持：

（1）给婴儿提供自己拿书阅读、翻页看书的机会，并给予积极的反馈。

（2）尽量提供硬纸板书，方便婴儿翻阅。

2.3　在照护者的帮助下，能够识别生活中熟悉的标记

指导建议：

（1）日常生活中，带着婴儿指认他身边常见的标识上的文字。例如，带婴儿去逛超市时，指着超市正门的标牌对婴儿念到“××超市”；在公共场所，去卫生间时，教婴儿认识“男”“女”；指着婴儿喜欢吃的食物的包装袋说出上面的食物名字。

（2）说出婴儿熟悉的身边事物的标记名称，让婴儿分别在图片、照片或真实生活情境中指认出来。例如，“你看哪一个是我们要去的××超市？”

环境支持：

利用婴儿生活中常见的事物标记，有意识地让婴儿关注，并念出标记上面的文字。

第五节　13—18个月婴儿早期书写发展与指导

一、13—18个月婴儿早期书写发展特点

13—18个月的婴儿由于手眼协调能力的发展，能更精确地操作物品，如拿笔、翻书等，并且开始尝试使用纸、笔等工具进行早期书写的探索。表5-4呈现的是13—18个月婴儿早期书写的具体发展特点。

表 5-4　13—18 个月婴儿早期书写的发展特点

前书写能力	1. 出于不同的目的表现出初步的书写行为
婴儿发展阶段	1.1　能在照护者的帮助和监督下握住书写工具 1.2　会用书写工具随意做记号或涂鸦

二、13—18 个月婴儿早期书写发展指导

这一阶段的婴儿开始表现出初步的书写行为。照护者可以认真观察和记录婴儿这个阶段早期书写能力发展的行为表现，依据婴儿早期书写能力的发展规律及特点，结合每个婴儿独特的个体差异，对其进行有针对性的个别化科学指导。

在进行婴儿早期书写发展指导时，需要注意以下几点：

(1) 为婴儿提供便于操作的书写工具。

(2) 创造婴儿可以自由涂鸦书写的场地。

(3) 理解婴儿随意涂鸦书写的行为，并对婴儿早期的书写成果及时给予肯定。

【前书写能力】

1. 出于不同的目的表现出初步的书写行为

1.1　能在照护者的帮助和监督下握住书写工具

指导建议：

(1) 给婴儿提供他能够抓握住的笔（水彩笔、记号笔、蜡笔等），以及可以涂画的纸张、白板或黑板，看护婴儿安全地操作材料。

(2) 也可以提供木棍让婴儿在沙地上、雪地上、泥地上进行练习，或者让婴儿自己选择感兴趣的、使用方便的任意物品作为工具，蘸取颜料进行涂鸦。

(3) 照护者可以和婴儿一起用书写工具进行随意涂鸦，模仿婴儿的操作或让婴儿模仿自己。例如，当婴儿用彩笔在纸上戳出点时，照护者可以模仿他，也在纸上戳点，同时可以发出一些拟声词，与婴儿互动。

环境支持：

(1) 提供无毒、安全的书写工具。

(2) 防止婴儿将操作工具放进嘴里或戳到眼睛等。

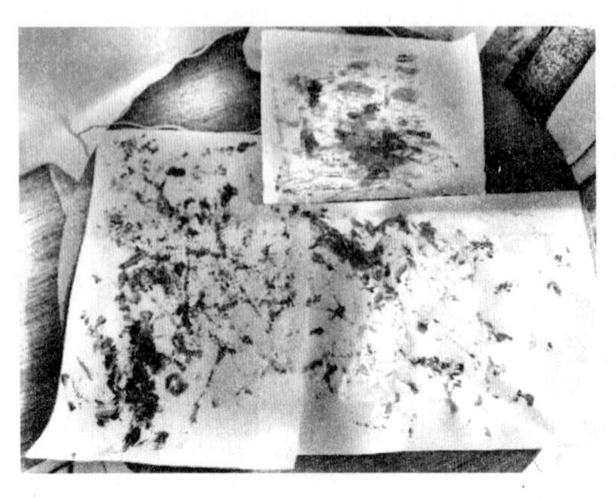

1.2　会用书写工具随意做记号或涂鸦

指导建议：

(1) 婴儿开始出现一系列的书写行为，但是他在纸上做的记号或涂鸦会很随意，乱涂乱画，还无法准确操控书写工具进行有目的的书写。照护者无需用“像不像”来评价婴儿的作品，只需在一旁观察，适时给予反馈，无需过多指导，放手让婴儿创作，用自己的方式进行自我表达，这样有利于婴儿建立自信心。

(2) 对婴儿的书写成果给予肯定，也可以将其喜欢的作品展示出来，让他感受到自己的书写受到重视，今后会更愿意去创作。

(3) 照护者可以利用不同的情境，给婴儿提供更多的练习书写的机会。例如，让婴儿用做记号或涂鸦的形式自己制作购物清单、给亲人朋友制作节日卡片、在白T恤上涂鸦制作自己的T恤等，让他感受到书写的作用和意义。

(4) 请勿将婴儿自发的做记号或涂鸦行为当作是破坏行为而加以批评。

环境支持：

(1) 创建涂鸦区，可以准备黑板或白板、大号的纸张、书写工具(水彩笔、记号笔、蜡笔等)。

(2) 在涂鸦区摆放各种儿童画供婴儿欣赏。

(3) 提供一块区域展示婴儿的作品。

第六节　13—18个月婴儿倾听理解与语言交流发展案例与分析

在活动设计时，应根据13—18个月婴儿倾听理解与语言交流发展规律和特点，创设适宜的环境，设计适合家庭照护者和托育机构专业教师开展的相关教育活动，促进这一时期婴儿倾听理解与语言交流能力的发展。

一、家庭中13—18个月婴儿倾听理解与语言交流活动案例

妈妈的小帮手

活动目标：

1. 能理解身边熟悉物品的名称，听从家人的指令。

2. 在帮助家长的过程中体会到积极情绪。

适用年龄：13—18个月。

活动准备：婴儿生活中常用的熟悉物品，如生活用品或玩具等。

与婴儿一起玩：

1. 家长可以事先将婴儿常用的熟悉物品放在婴儿容易发现并且能够拿到的地方，然后引导婴儿观察周围的环境并提问："宝宝，你看看周围，有好多你的东西呀，你能不能当妈妈的小帮手，我说到哪个，你就把它拿给妈妈，好吗？"

2. 接着家长蹲下来，让婴儿能清楚地看到自己的脸，特别是嘴部，清晰地发出明确简单的指令："宝宝，请把××拿过来。"

3. 当婴儿正确找到××并将其递给家长时，家长要表示感谢并积极地鼓励婴儿："谢谢宝宝！宝宝真是妈妈的小帮手！"家长可以给婴儿一个拥抱或者亲吻婴儿。

4. 再次重复游戏，家长选择婴儿熟悉的其他物品让他拿取。

活动时长：只要婴儿情绪稳定，可以不断更换物品，重复以上游戏。

【案例分析】

本活动通过家长向婴儿提出简单的指令，培养婴儿倾听理解并执行简单要求的能力。在这个过程中，婴儿根据家长说到的物品名称，找到相应的物品，有利于婴儿熟悉身边物品的名称，为今后主动对物品命名打下基础。并且婴儿在当妈妈的小帮手的过程中，能感受到自己具有一定的能力，形成积极的自我意识。在日常生活中，也可以借助婴儿当时所处的场景，开展类似的活动，如在户外游玩时，可以指着婴儿感兴趣的物品（如小花、石子、小果子等），说出物品的名称，让婴儿看一看、摸一摸；在家务活中，让婴儿做力所能及的事情，如让婴儿将小抹布递给妈妈等。

今天买的菜

活动目标：能够说出茄子、包菜、辣椒、土豆等蔬菜的名称。

适用年龄：13—18个月。

活动准备：家里今天买的蔬菜，如茄子、包菜、辣椒、土豆等；贴有这些蔬菜图片的盒子（或使用家中现有的容器）。

与婴儿一起玩：

1. 将家中现有的蔬菜摆出来，家长向婴儿依次介绍蔬菜的名称："今天妈妈/爸爸把厨房里的蔬菜请到了这里，宝宝看看都有哪些蔬菜吧。这是茄子，这是包菜，这是辣椒，这是土豆……"

2. 家长出示贴有蔬菜图片的盒子，问婴儿："这个篮子里放的是什么呀？"

3. 等婴儿依次说出蔬菜名字后，家长接着提出："妈妈/爸爸这里的蔬菜都放在一起了，请你帮我把它们分开，放到篮子里。"

4. 家长一边引导婴儿说出"这是××"，一边协助婴儿将蔬菜放进对应的盒子里。如果婴儿拿着蔬菜一直犹豫不知道该放到哪个盒子里，家长可以用手指向对应的盒子，并重复蔬菜的名字，给婴儿适当的提示。

活动时长：只要婴儿情绪稳定，可以不断更换物品，重复以上游戏。

【案例分析】

本活动材料来源于日常生活，利用与婴儿每日生活息息相关的物品，教他们相应的词汇，鼓励他们交流表达。本活动中选择的是蔬菜的实物而非图片，一方面是因为家庭里每天都需要买菜，实物材料易得；另一方面，实物材料更直观形象生活化，且婴儿能通过看、听、闻、摸等多种感官来认识这些蔬菜，建立实物与名称之间的联结。同时让婴儿根据图片将蔬菜归类，还能培养婴儿的观察与辨别能力。

我家的相册

活动目标：

1. 能够将家人的形象和对应的称呼联系在一起，并说出他们是谁；

2. 能够尝试自己翻页。

适用年龄：13—18个月。

活动准备：婴儿熟悉的家人的照片，小相册。

与婴儿一起玩：

1. 家长将小相册放在适合婴儿观看的地方，与婴儿坐在一起翻看相册，边看边提问："我们来看看，这里面都有谁呀？哪个是妈妈？哪个是爸爸？哪个是宝宝？"引导婴儿用手指认。

2. 根据婴儿当前的言语发展水平，家长可以进一步指着照片中的人物，引导婴儿说出相应的称呼："这是谁呀？"

3. 鼓励婴儿自己动手翻看相册，当婴儿自己用手指着相册中的人物看向家长时，家长可以提示婴儿："这是爷爷。"

活动时长：只要婴儿情绪稳定，可以不断更换相片，重复以上游戏。

【案例分析】

本活动以婴儿日常生活中的相册为材料，在家长的引导下，让婴儿观察相片、指认家人、说出称呼、练习翻页，既能培养婴儿早期阅读的能力，又能增进家长与婴儿之间的感情。在引导婴儿指认自己的相片时，也能促进婴儿自我意识的发展。

做标签

活动目标：给身边熟悉的物品画涂鸦做标记。

适用年龄：13—18个月。

活动准备：白纸若干，彩色颜料若干，半截小胡萝卜、红酒木塞、印章等可以用来蘸取颜料进行涂鸦的物品，粗蜡笔若干(或彩笔)，婴儿熟悉的生活物品。

与婴儿一起玩：

1. 给婴儿提供白纸、颜料和各种书写工具，让婴儿自主选择喜欢的涂鸦工具，可以是手、笔、胡萝卜等。

2. 让婴儿蘸取颜料随意涂鸦，如果婴儿无法握住笔，家长可以握住婴儿的手协助他，写完后家长提问："这是什么呀？"

3. 家长示范做标签。家长选择书写工具，用涂鸦的方式在纸上给自己的床画一个标签，并贴在床尾对婴儿说："这是我的床，我给它做了一个标签。"

4. 引导婴儿也用涂鸦的方式给自己的床做标签："接下来到你了，请你给你的床也做一个标签吧。"

5. 将婴儿涂鸦的作品贴在他的床尾，并表扬婴儿："宝宝真棒，也给自己的床做了标签，今后看到这个就知道是自己的床了。"

6. 再次重复游戏，家长选择婴儿熟悉的其他物品让他做标签。

活动时长：只要婴儿情绪稳定，可以不断更换物品，重复以上游戏。

【案例分析】

本活动通过婴儿给自己的物品做标签，培养婴儿早期书写的能力。婴儿因为在精细动作发展水平上可能存在个体差异，有的婴儿能够做到握笔，有的婴儿无法做到，需要家长给予适时的帮助，在活动中用于涂鸦的工具可以多种多样，除了笔以外，也可以选择日常生活中可以蘸取颜料的物品，以婴儿的自主选择和便于操作为主，激发他们对早期书写的兴趣。家长尽量避免以"像不像"来评价婴儿的作品，婴儿无论画的是什么，都可以作为该物品的标签，属于婴儿自己的表达符号，可以主观定义。

二、托育机构中13—18个月婴儿倾听理解与语言交流活动案例

表5-5　活动案例"我的五官"

活动内容：我的五官 场　　地：室内活动室（地垫）	适合月龄：13—18个月 人　　数：14人（宝宝7人，成人7人）	
活动目标	家长学习目标	宝宝发展目标
	1. 满足婴儿对自己五官的浓厚兴趣，体验与婴儿在游戏中互动交流的亲子关系和愉悦情绪。 2. 掌握运用儿歌和动作帮助婴儿熟悉与五官相关的词语，并能说出对应的五官名称。 3. 了解13—18个月婴儿倾听理解和语言表达的能力水平。	1. 喜欢和家长一起做游戏，对自己的五官感兴趣。 2. 能根据家长指定的部位和提问，说出对应五官的名称。 3. 能有意识地参与到儿歌中，用简单的肢体动作配合家长。

续 表

活动准备	1. 经验准备：宝宝已经熟悉人脸。 2. 材料准备：婴儿正面头像的画像一张，洋娃娃一个，每个宝宝一面镜子。 3. 环境准备：铺好地垫的空场地		
活动过程	环节步骤	教师指导语	家长指导语
	教师出示婴儿画像，依次介绍五官。	出示婴儿画像。 (1) 指着画像中婴儿的眉毛说：“这是他的眉毛。” (2) 指着画像中婴儿的眼睛说：“这是他的眼睛。” (3) 指着画像中婴儿的鼻子说：“这是他的鼻子。” (4) 指着画像中婴儿的嘴巴说：“这是他的嘴巴。” (5) 指着画像中婴儿的耳朵说：“这是他的耳朵。”	提示语：各位家长，当我介绍婴儿的五官时，你们也可以用手指一指你们家宝宝对应的五官，并重复该五官的名称。
	教师发给每个宝宝一面镜子，让宝宝对着镜子摸摸自己的五官。	让宝宝看着镜子中的自己并提出要求：摸摸你的眉毛。摸摸你的眼睛。摸摸你的鼻子。摸摸你的嘴巴。摸摸你的耳朵。	要求语：当宝宝指认正确的时候，家长们可以重复该五官的名称。当宝宝指认错误时，家长们要及时纠正宝宝，握着宝宝的手指向正确的五官，并说出正确五官的名称。
	教师拿着洋娃娃示范，一边做动作一边念儿歌《摸五官》。教师伸出食指和中指在洋娃娃身上交替从脚上“爬”到脸上各个五官。	教师一边做动作一边念儿歌《摸五官》：宝宝们，我们来看看这个娃娃的五官在哪儿呀？ **摸五官** 小手小手跑跑， 跑到眉毛上，摸摸眉毛。 小手小手跑跑， 跑到眼睛上，摸摸眼睛。 小手小手跑跑， 跑到耳朵上，摸摸耳朵。 小手小手跑跑， 跑到鼻子上，摸摸鼻子。 小手小手跑跑， 跑到嘴巴上，摸摸嘴巴。	要求语：各位家长，我先用洋娃娃示范一遍摸五官，待会儿就请你们和宝宝一起来玩摸五官。

续　表

	环节步骤	教师指导语	家长指导语
活动过程	家长和宝宝面对面坐，家长边念儿歌边伸出食指和中指在宝宝身上从脚上“爬”到脸上各个五官。	请各位家长带着自己的宝宝一边念儿歌一边做动作：接下来，宝宝们让你们的妈妈妈妈摸摸你的五官吧。	要求语：请各位家长和宝宝面对面坐着，边唱儿歌边用食指和中指在宝宝身上从脚上“爬”到脸上的各个五官，可以将儿歌多重复几遍，好让宝宝熟悉五官的名称和位置。
	家长念儿歌，让宝宝小手在家长脸上“爬”。	请宝宝摸家长的五官：宝宝们，接下来请你们来摸摸爸爸妈妈的五官啦。	提示语：当宝宝摸到你的五官时，请对他们提问：“你摸到什么啦?” 结束语：今天我们带宝宝学习认识五识五官，回到家后还可以让他们尝试指认身边其他人的五官或者介绍小动物的五官。
家庭活动延伸	在日常生活中，家长可以通过看、听、闻、尝等方式给宝宝介绍五官的用途，如让婴儿闭上眼睛或者照护者用手遮住婴儿的眼睛，让他们感受到眼睛是用来看东西的；还可以让婴儿吃水果的时候闻一闻水果香味，让他们知道鼻子是用来闻气味的等。 在宝宝对人的五官熟悉之后，家长可以再给他们介绍动物的五官。		

本章回顾

13—18 个月的婴儿在倾听理解的发展上，会倾听谈话并表现出理解能力，能在交谈、活动、故事或书籍中获得词汇；在交流表达的发展上，会用非言语交流的方式表达不同的意愿，复杂的口头语言的使用增多；在早期阅读的发展上，会从照护者给他读的内容中习得阅读材料的含义，开始意识到文字符号的含义；在早期书写的发展上，会出于不同的目的，表现出初步的书写行为。

在这个阶段，照护者在指导婴儿倾听理解与语言交流的发展时要注意：做好婴儿语言榜样示范的角色，努力去理解他们想要表达的意思，帮助婴儿用语言表达出来，反复多次对婴儿生活中的人、事、物进行命名，给婴儿提供说话和表达自己的机会，对婴儿的表达给予及时的回应，充分利用婴儿的生活经历作为语言交流的素材，营造良好的阅读氛围，尽量做到亲子共读，鼓励婴儿利用涂鸦的方式练习书写。最后需要再次提醒的是，照护者要认识到婴儿间的个体差异会导致他们开口说话的时间存在早晚差异，照护者切勿过于焦虑，尊重婴儿自身言语能力发展的时间表。

思考与练习

1. 观察记录一个13—18个月婴儿交流表达的发展情况，并给出相应的指导建议。

13—18个月婴儿交流表达发展观察记录表

婴儿年龄： 观察目的： 观察地点： 观察情景： 观察时间： 观察者：	性别：
客观行为记录：	
婴儿交流表达发展的特点：	
指导建议：	

2. 设计一个促进13—18个月婴儿倾听理解能力发展的活动。

参考答案

职业证书实训

【育婴师资格考试】

1. 设计一个16个月宝宝的语言训练的亲子游戏

(1) 本题分值：20分

(2) 考核时间：10 min

(3) 考核形式:笔试

(4) 具体考核要求:B宝宝,女,2017年4月23日出生,顺产。2018年8月23日,宝宝16个月,会模仿成人发音,向她要东西会知道给,除亲人的称呼外,还会1—2个字,但不会说"我不要"。根据该宝宝语言能力的现有水平,设计一个听说训练的亲子游戏。

分析宝宝语言发展的现有水平,根据该宝宝语言发展的情况,设计促进语言发展的亲子游戏一个。

2. 设计16.5个月宝宝听说训练的亲子游戏

(1) 本题分值:20分

(2) 考核时间:10 min

(3) 考核形式:笔试

(4) 具体考核要求:C宝宝,男,2017年8月26日出生,剖腹产,正常。2019年1月8日,宝宝16.5个月,宝宝会执行简单的命令,指出身体3—4个部分,但不会用叠字。根据该宝宝语言能力的现有水平,设计一个听说训练的亲子游戏。

分析宝宝语言发展的现有水平,根据该宝宝语言发展的情况,设计促进语言发展的亲子游戏一个。

【国赛真题】

1. 每个婴幼儿开口说话的时间不同,最早会说的词也不同,发音的清晰度不同,家长(　　)。

A. 要密切关注　　B. 要经常与同龄孩子比

C. 不要过分着急,更不要与他人相比　　D. 要带到医院检查

2. 让宝宝模仿涂鸦时,成人手把手地教,会让宝宝(　　)。

A. 增强信心　　B. 更加自信

C. 提高绘画水平　　D. 失去信心

参考答案

推荐阅读

1. 刘晓晔. 早期阅读与儿童语言教育[M]. 北京: 北京语言大学出版社, 2016.

2. [日]松居直. 如何给孩子读绘本[M]. 北京: 北京联合出版公司, 2017.

第六章
13—18 个月婴儿认知探索与生活常识

1. 树立文化自信，善于挖掘婴儿周围的生活资源，结合简单的家务劳动，鼓励婴儿积极探索与实践。

2. 了解 13—18 个月婴儿认知探索与生活常识发展相关知识。

3. 理解 13—18 个月婴儿认知探索与生活常识发展特点与规律。

4. 掌握 13—18 个月婴儿认知探索与生活常识发展指导要点，能设计符合婴儿认知探索与生活常识发展的家庭亲子活动和托育机构的教育活动。

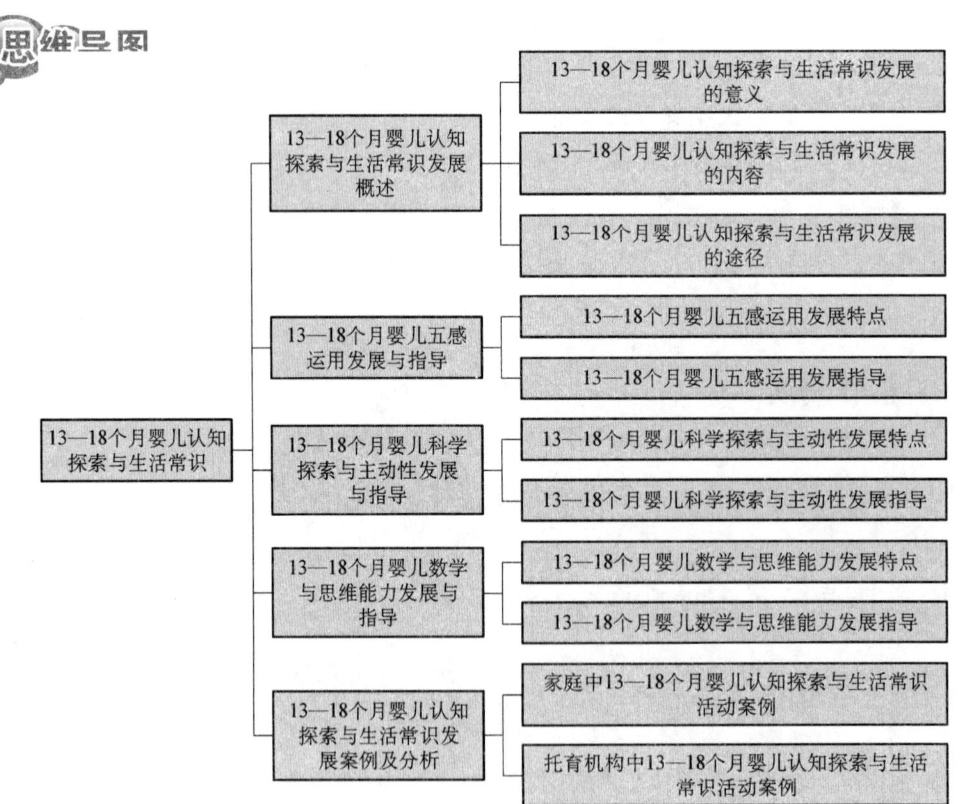

豆豆16个月了，他的妈妈最近十分苦恼，遇到朋友就会抱怨：豆豆开始学会走路了，见到什么就抓，抓到什么就直接啃；还经常翻箱倒柜，乱扔东西，让人头疼；发现了家里的电灯开关，豆豆就会站在旁边不走了，按了开又按关，反反复复地按着玩儿；甚至喜欢上了开关抽屉，如果夹到手多危险……豆豆妈妈感觉豆豆的很多行为已经到了令她抓狂的地步，每天她对豆豆说的"不要"超过了一百遍，连她自己都已经听腻了，可豆豆仿佛没听见似的，还玩得更起劲了，豆豆妈妈非常需要帮助，这样下去，卫生、安全问题简直无法控制了，她该怎么办呢？

第一节　13—18个月婴儿认知探索与生活常识发展概述

认知探索是人类最基本的思维和心理活动，是获得、加工、存储、应用知识的过程。婴儿在认知的过程中不断积累经验，从而渐进地达到更高的认知水平。认知探索与生活常识是13—18个月婴儿成长的重要任务，正如上述案例中的豆豆一样，婴儿的成长过程中所表现出来的行为，并不是总让照护者感到轻松，如果忽略婴儿的月龄和认知发展特征，容易对婴儿的行为处理不当，最常见的就是以卫生、安全等为理由，干扰甚至剥夺婴儿认知探索生活常识的机会。直接动手体验是13—18个月婴儿获得认知经验的首要途径，例如，不断扔玩具的过程，是婴儿在理解和探究力量与结果之间的关系。当婴儿有了经验，再遇到类似情境时，这种经验会被提取、转化，帮助婴儿应对新的问题，获得新的经验。早期经验积累的过程和程度，决定着婴儿认知的发展水平。

一、13—18个月婴儿认知探索与生活常识发展的意义

婴幼儿的探索行为是其主动与环境进行互动的表现，对其自身的认知能力和社会化能力的发展具有非常重要的意义。13—18个月婴儿处于感知运动阶段（0—2岁），这一时期婴儿仅仅通过"这里"与"现在"（此时此地）来理解世界，只有那些能接触到与能感觉到的东西才是真实的。当物体不能被触摸、看到或咀嚼到，它就不存在。婴儿认知能力的发展，与动作、语言等能力的发展息息相关。最初认知的基础是感官与动作，通过看、听、闻、触、尝等多种方式来认识环境，获取信息，随着感性经验的增加和语言的丰富，婴儿的认知从对生活常识的探索学习逐渐开始向具体和形象思维转变。此外，认知发展程度还与记忆、思维、注意力、想象力等的发展不可分割，可以说，这些方面共同影响着13—18个月婴儿认知的进程。

(一) 认知能力是婴儿智力发展的基础

婴儿认知能力包括感知、注意、学习、记忆、思维和想象等多种能力。13—18 个月婴儿需要在丰富而适宜的生活环境中探索发展认知能力，在观察、动手操作和思考中认识世界，了解生活常识。智力就是人的认知能力的特征，智力开发主要是通过各种手段提高婴儿的认知能力来实现的。婴儿从出生开始，就运用眼、耳、鼻、舌和皮肤等感觉器官去探索感知周围世界，13—18 个月的婴儿活动范围扩宽，如能经常给予婴儿适宜的刺激，就可以使其学习、接收和处理各种信息，打好智力发展的基础。

婴儿智力发展与其感觉、知觉、学习能力有密切关系。认知能力的强弱可以反映出一个人智力水平的高低。13—18 个月婴儿的认知能力与手的精细动作和手眼协调密切相关，比如用手触摸看到的物体，使用简单的工具，用手的运动增长经验，用手表达意思等。

早期数概念的发展能提高婴儿的注意力、观察力、记忆力等信息处理能力。婴儿点数时，需要专注于所数对象，需要观察和记忆，这种注意、观察和记忆能力，就是对数的信息处理能力，数活动的本身不但能提高数概念的理解能力，同时也能促进观察、注意和记忆力的发展。

(二) 认知探索与生活常识的发展能使婴儿获得精神满足感

婴儿与生俱来就具有好奇心去了解周围环境并与之互动，认知探索与生活常识的发展可以满足 13—18 个月婴儿了解周围世界的精神需要。婴儿正是通过与周围环境中物体的互动，积极建构自身发展，完成各种挑战，并探索事物的特性。照护者如果一味地试图保护婴儿，而限制婴儿对周围世界进行尝试性探索的愿望，不但让婴儿在精神层面得不到满足，且有可能阻碍婴儿各方面能力的发展。

婴儿在认知探索与生活常识发展过程中不仅能收获到快乐，更收获到经验、自信……婴儿学习的过程，就是积极探索周围世界的过程，而探索精神是婴儿认识世界和主动学习的动力，包括了婴儿的好奇心和求知欲，对婴儿的智力发展非常重要。婴儿各个方面的潜能发展水平，都依赖于婴儿生动、反复的探索，因此探索精神会影响婴儿的一生。

(三) 探索与感知有利于婴儿抽象思维能力的发展

13—18 个月婴儿开始出现最早期的数学与思维能力萌芽。对婴儿进行数学与思维能力的启蒙，发展婴儿早期数概念，对其全面发展有着至关重要的作用。早期概念的学习能促进婴儿思维的发展，婴儿的思维能力与数概念发展有着密切的关系，两者是相互促进的关系。数的能力是一种抽象思维的能力，如对数与量的理解、唱数时对进位数词排序规律的理解、对小集合的理解迁移到较大集合的理解等，对数概念的理解可以促进表征性思维和概括推理能力的提高。

婴儿之间的各种数知识和数技能也因为是否接受过数学启蒙而表现出差别。这种差别既表现在量上，如能否正确点数随机排列物体的最大数量，能否按数取物的最大数量；也表现在质上，如是否理解基数、序数、一样多、数量守恒等概念，是否能灵活运用数数策略，是否能解答没有实物和图形作为介质的口算应用题等。13—18个月是婴儿数概念学习的萌芽期，早期数概念所建立起的数经验和数知识可以为幼儿期甚至小学期的数学学习奠定良好的基础。

二、13—18个月婴儿认知探索与生活常识发展的内容

13—18个月婴儿与外界进行沟通和理解外面世界的能力在飞速发展。日渐增强的记忆力在这生命的第二年里为婴儿的认知发展起到了巨大的推动作用，包括五感的运用发展、科学探索与主动性发展、数学与思维能力发展等。他们不仅已经能够记忆一些内容，且能在记忆中保存更长的时间。例如，能回忆起昨天或前天发生的事情、片段。这种记忆力让婴儿渐渐具备了从众多事物和现象中抽象出基本概念的能力，这种抽象思维的能力使婴儿能够与外在的世界建立起更加复杂有效的联系。

（一）五感运用与发展

婴儿每天都会通过手指、脚和嘴巴来触摸和探索这个世界。婴儿把拿到手里的几乎所有东西都会放入嘴里，那是因为通过嘴巴和舌头可以获取对物品的大量感觉信息，并不是因为“吃”起来好吃(那是味觉、嗅觉的功能)。婴儿触摸的所有东西都会给大脑传递感觉信息。各种感官的信息并不是单独处理，而是会把通过听觉、视觉、嗅觉、味觉和遍布全身的神经末梢获取的信息统一通过“感觉统合”(sensory integration)来交给大脑处理，继而大脑做出相应的反应来实现对世界的探索。这也就意味着，大脑需要接收到各种各样的感觉信息，才能更好地发育。

五感指视觉、听觉、触觉、味觉、嗅觉。13—18个月婴儿正处于五感发展的敏感期，他们对感官所能感觉到的事物充满兴趣和探索的欲望，他们喜欢用眼睛看，用耳朵听，用手摸，用嘴巴尝，用鼻子闻。感觉是当信息与感觉器官——眼睛、耳朵、舌头，鼻子和皮肤相互作用时发生的。13—18个月的婴儿是通过感觉信息“知道”周围事物的各种特性的，如妈妈皮肤是柔软的而不是粗糙的，橙子的味道是酸甜的等。没有了视觉、听觉、触觉、味觉、嗅觉和其他感觉，婴儿就相当于生活在寂静黑暗、没有味道、没有颜色、没有感觉的虚空世界中。因此，五感的运用与发展在婴儿认知探索与生活常识发展中发挥着重要作用。

（二）科学探索与主动性发展

“主动探索”是婴儿不可遏制的天性，那些有幸能够将这种乐趣保持下来的婴儿，会有

更多的学习、发现并解决问题的欲望。只要父母引导得当，婴儿的这种天性就不会被磨灭，就会得到更好的发展，成为探索事物奥秘最强劲的动力。13—18个月婴儿开始表现出对玩具、生活用品等物品的拆卸、拼装和重建兴趣，照护者平时应该对婴儿多点儿耐心，智慧地引导他们科学探索与主动性的发展。

13—18个月的婴儿开始渐渐理解自己的身体部分，他们可以借助照护者的帮助完成自己的心愿。例如，当婴儿想要拿一件自己想要的物品却够不着时，会用手指指着想要的物品，直到照护者理解。或者，此阶段的婴儿想要爬上一级台阶，尽管有些困难，但他会想方设法地紧紧抓住照护者的手，借助照护者的力量努力爬上去。这个阶段的婴儿萌生自我意识，认为自己很有力量，而且是世界的中心。在照护者的关注、惊讶、赞赏之下，婴儿试图尝试更多的事情，并希望在每一次尝试中都能成功，但结果往往事与愿违。例如，他们试图用玩具或盒子摆弄出各种复杂的结构，或者试图拎起远超过其负荷能力的重物，虽然总是以失败告终，但仍然坚持继续尝试，面对这种情况，照护者马上伸出援手或是试图阻止的做法是不可取的，婴儿此时需要的不是帮助，而是照护者的赞赏和鼓励。在婴儿无法成功完成一件事情的时候，任由他嚎啕大哭，让眼泪带走内心的沮丧，接下来他会继续尝试，并渐渐取得进步和成功。

在这个月龄阶段为婴儿准备一些符合尺寸的厨房玩具，如"过家家仿真厨房玩具套装""可切水果蔬菜木制磁性玩具""购物小推车"等，这时的婴儿非常喜欢模仿照护者工作生活中忙碌的状态，这些玩具都可以给13—18个月的婴儿带来许多乐趣。

对1岁的婴儿来说，那只"汪汪"叫的小毛狗和那只"喵喵"叫的小花猫看起来几乎是一样的。13—18个月婴儿逐渐能够分辨狗和猫的差异、卡车和公共汽车的差异，且开始能够根据物品的用途来给物品配对，比如茶壶和茶壶盖子是放在一起的，洋娃娃和项链是放在一起的。这些都是婴儿认知能力发展的表现，说明婴儿开始为周围世界中的不同物品分类并根据它们的用途来理解其相互关系。

（三）数学与思维能力

13—18个月婴儿还能够开始区别出少与多，逐渐理解数词是跟数量相关的词语。到2岁的时候，婴儿能够明白1就是指一个物体，2、3等数词就表示多个物体，真正计数还要到更大一些才会。婴儿在操作周围环境中的物体时（积木、玩具、水果等），学会了对不同物体做出不同的反应，所获得的新知识也融入已有知识中，有助于其思维方式的发展。婴儿在与周围环境中的物体进行互动时，逐步建构物体与物体之间的关系，如相同与不同、较多与较少、哪些是一类及多少等，他们能够同时获得粗浅的物理知识和数理逻辑知识，建构了逻辑数理知识来组织信息，认知概念开始萌芽。

这一时期的婴儿数学能力有其独特的发展规律，了解其发展规律，抓住关键期，对数学能力的培养能够起到事半功倍的效果，但是如果在关键期得不到及时的数学启蒙教育，

一些潜在的数学能力可能在一些婴儿身上就得不到充分体现。

三、13—18个月婴儿认知探索与生活常识发展的途径

13—18个月的婴儿开始出现有意识的探索行为，其中最典型的探索行为是，婴儿往往故意重复某个行为，观察、探索最后的结果是什么。例如，给13—18个月婴儿一个棉花球，他会把它扯成两半，然后将其中的一半再扯成两半，一遍一遍地重复进行；他也可能将一张纸，一次一次地撕成碎片。当婴儿发现某个动作引起的结果有趣时，他会重复这个动作，并在重复中做出一些改变，寻找解决问题的方法。如婴儿试图把毯子上的玩具拿来，但东抓西抓也抓不到；当他偶然发现拉动毯子的一角能使玩具靠近自己，他就会拉动毯子，取到玩具。又如，当婴儿发现拍打橡胶小鸭子能让它发出叫声时，他便继续用挤、压、摔的办法去观察小鸭子有什么反应。这是婴儿认知探索能力发展的一大进步，反映出婴儿的好奇心，以及了解事物的强烈动机，这个时期被称为动作探索期。

13—18个月的婴儿，其物体的客观意识逐步提高，他已经能够追踪物体的移动并在最后见到的地方去找。例如，照护者把玩具藏在手中，把手放到屏障后面，并把玩具放在屏障后面，然后把手从屏障后移开，婴儿会到你的手中去找玩具，而不是到屏障后面去找，因为他最后一次看见玩具的地方是你的手中。婴儿对周围世界的认知探索和对生活常识的感知了解主要依靠玩具、游戏、户外活动和家务劳动等基本途径。

（一）通过玩具主动探索了解生活常识

好的玩具没有固定的玩法，婴儿可以按照自己的方式去寻找到更多的乐趣。不管他是拿在手里玩，还是往地上砸，或者违反玩具说明书的指导玩得异常“离经叛道”，那都是婴儿“主动探索”玩具趣味的方式。

（二）通过游戏主动探索了解生活常识

游戏永远都是婴儿的最爱，无论游戏规则本身的改变，还是游戏过程中一些小小的“突发事件”，都会让婴儿的每一根神经变得兴奋起来，开启他的主动探索之旅。走出户外，许许多多意想不到的事物与事件将婴儿主动探索的积极性彻底调动起来，他会满怀好奇地挖掘一切有趣的事物，发现很多父母都可能不曾注意到的奇怪事物。婴儿在玩耍的过程中，会养成好奇与探究事物奥秘的习惯，同时也通过这些活动受到照护者潜移默化的影响，从小就习得一种多方位思考，以及以同样的方法解决不同的问题，以不同的方法解决同一问题的能力。这一切对婴儿长大后养成自我思考、自我探索、自我学习的习惯都将大有裨益。这样长大的婴儿将来思维就不会僵化，也不会人云亦云，一定会有更多自己的想法。

(三) 通过家务主动探索了解生活常识

家务活对成人来说可能是一种工作之外的负担，但是对婴儿来说，它更多的是一种有趣的游戏，所以从 1—2 岁开始，婴儿就会变得非常喜欢做家务。如果照护者提供给他做家务的机会，他就会通过这些活动主动探索很多有趣的事情。培养婴儿主动探索的能力，让他体验到主动探索的乐趣，不需要花大量的时间刻意为之，在生活中随处遇到的一件细微得你根本都不在意的小事情，照护者都可以将这种教育很自然地融入进去。

(四) 在照护者的引导和支持下主动探索了解生活常识

尽可能让婴儿按照自己的方式去主动探索，不要总是根据照护者的想法来对他的行为指手画脚；不要动不动就打断婴儿正兴致勃勃进行着的活动，这会打消他去主动探索的积极性；当婴儿在他的主动探索活动中遇到困难时，不要苛责他，而要及时给予鼓励，并帮助他渡过难关；引导婴儿主动探索的活动要有节制，不能让他过于疲累；照护者不要强制性地给婴儿提出任何建议，而要指导性地给婴儿提出建议；孤立的主动探索毫无意义，因此照护者要鼓励婴儿将他的主动探索与他已经理解的事物联系起来。

第二节 13—18 个月婴儿五感运用发展与指导

一、13—18 个月婴儿五感运用发展特点

(一) 视觉

13 个月的婴儿锐利的视觉能跟随快速移动的物体，此时照护者就不容易隐瞒他一些事情了，例如，如果从包里拿出饼干、糖果，甚至更为精细的东西是无法逃过婴儿的眼睛的。婴儿开始喜欢看图书，能区别物体，会模仿动作。在外界环境光线的不断刺激下，婴儿的视力逐渐发展，到 1 岁半时，他的视力可达 0.4，能看见细小的东西，如爬行的小虫、蚊子，能注视 3 米远的小玩具，还能区别简单的形状，如圆形、三角形、方形。

书本中复杂的图画、户外的落叶、小花都能吸引他。接近 18 个月时，婴儿会指认书本图画中认识的东西，而且开始对简单的彩色图案样式产生浓厚的兴趣。

在预估距离方面，13—18 岁婴儿也逐步进步。接近 18 个月时，婴儿判断距离的能力不错，但还没有危机意识。婴儿的空间方向感发展是由平面到立体的，此时，他们对

于空间方向感并不成熟。18个月的婴儿会把拼图放错方向，由于他不了解为什么不能密合，有的甚至坚持错误的摆法，照护者可以协助其将拼图巧妙地旋转合适的角度以密合。

这一阶段婴儿视觉发育进入立体期。婴儿能直立行走了，开始对远近、前后、左右等立体空间有了更多认识，这时照护者可以给婴儿准备一些3D玩具，引导婴儿视觉从二维向三维转化，激发想象力。此时为婴儿准备一些插接式、镶嵌式的玩具积木对婴儿视力和智力发育会有所帮助。

（二）听觉

婴儿的语言发育与听力发育密不可分，听力是否正常，语言发育测试就是一块“晴雨表”。一个人必须先有了听力，再经过语言学习才会说话。

一个正常的婴儿(发音正常，决不是声哑)，如果出生后被放在一个不与任何人接触的环境里，没人教说话，就永远也不会说话。一个听力有障碍的婴儿，即使生活在有人和他说话的环境里，但因听不见也学不会说话，这就是所谓的“十聋九哑”的道理。

13—18个月婴儿的听觉反应是，隔壁房间有声音时，会歪着头聆听；能够听懂简单的语句并做出相应的反应；能够按照成人的问话指出自己的眼、耳、鼻等身体器官部位。

听觉的刺激除了有助于婴儿日后语言的发展外，更重要的是尽早发现婴儿是否有听觉障碍。临床上发现，来自环境中的刺激太少，可能影响婴儿的听觉发展，进而导致婴儿语言发展迟缓。

观察婴儿与环境互动的反应，是及早发现听觉障碍的参考指标。如果婴儿有以下特征，照护者应寻求专业医师的建议：新生儿对声音没有察觉；新生儿对于近距离(1—2米)的大声音没有惊吓反应；3个月大的婴儿不会把头转向声音来源；8—12个月大对于高频率的声音，如口哨声没有反应；1岁大还不了解一些简单词汇的意思，如掰掰；2岁大还不太会说话。

（三）触觉

皮肤感觉的发育包括触觉、痛觉、温度觉以及深感觉，触觉是引起某些反射的基础，新生儿的眼、手掌、足底等部位的触觉较灵敏，而前臂、大腿、躯干的触觉则较迟钝。

触觉是人体发展最早、最基本的感觉，也是人体分布最广、最复杂的感觉系统。触觉是新生婴儿认识世界的主要方式，透过多元的触觉探索，有助于促进动作及认知发展。因此，良好的触觉刺激是婴儿成长不可或缺的要素。婴儿从出生后就需要持续的触觉刺激，通过拥抱与抚摸，婴儿可以获得满足感和舒适感，产生被爱和安全的感觉。

触觉系统首先感应到的部位就是皮肤，每个人的皮肤接受程度不一，传递信息的速度也不一样，所以给予感觉刺激必须因人而异。通过对皮肤的抚触刺激，可同时刺激到婴儿的神经系统，特别是大脑的神经系统，进而产生整合和成熟化的作用。需要注意的是，对于婴儿的成长来说，爬行是不可或缺的一个过程，可获得丰富的触觉刺激和经验。在爬行的过程中，婴儿的大脑还会将所接收到的刺激加以整理、比较，进而促进脑部发育。

触觉发展状况会影响婴儿的区分和辨别能力。凡是对触觉敏感的婴儿，对外界刺激的适应力都比较差，甚至对轻微的碰触也产生负面情绪。这类婴儿比较黏人、怕生，进而可能出现许多令人费解的行为。而对触觉迟钝的婴儿则比较笨拙，大脑的分辨能力比较弱。这类婴儿最常见的情况就是容易跌跌撞撞，无法有效保护自己。

通过触觉传递给大脑的信息，对情绪发展也有重要影响。如果经常给婴儿轻柔的安抚，就能让婴儿产生安全感，不仅情绪比较稳定，注意力也比较容易集中。反之，如果婴儿接触到的是负面的触觉刺激，则会造成情绪不稳，长大后也变得容易紧张、神经质。

越是年龄小的婴儿，越需要接受多样的触觉刺激。照护者平时可以多给婴儿一些拥抱和触摸，一方面传递爱的信息，另一方面增加婴儿的触觉刺激。可以用不同材质的毛巾给婴儿洗澡，让婴儿接触多种材质的衣服、布料、寝具等，或者给婴儿提供不同材质的玩具。在大自然里有许多不同的触觉刺激，那是一般家庭环境所缺乏的，如草地、沙地、植物等。照护者不妨多找机会带婴儿外出，充分接触大自然，这对触觉发展大有帮助。

（四）味觉

辅食的添加扩大了13—18个月婴儿味觉感受的范围，13个月的婴儿已经会表现出对甜味和咸味的爱好。适当喂婴儿喝一点各种水果榨成的汁，一是可以刺激味觉的发展，二是可以增加维生素，为以后学会吃各种辅食做好味觉适应的准备。有的婴儿依恋母乳，很难断奶，其中一个重要原因就是没有及时给他增添辅食，使婴儿的味觉只适应母乳，而会对其他食物的味道表现出反感。在这种情况下，照护者可以用小勺刮一点苹果汁或果肉喂给他吃；还可以喂一点香蕉肉、桔橙肉等给婴儿吃，以促进他的味觉发育。婴儿生病了，在他吃药时，告诉他药是苦的，让他体会药物的苦味。

（五）嗅觉

13—18个月的婴儿分辨气味的能力进一步提升。在3—4个月时，婴儿能区别令他愉快与不愉快的气味，7—8个月开始对芳香气味有反应。对于不喜欢的气味，他们会表现出强烈的反应，如立即将头扭开等。婴儿也会根据每个人身上所散发出来的独有的“气味”，来区别熟悉的照护者和陌生人。

表6-1呈现的是13—18个月婴儿五感运用的具体发展特点。

表 6－1　13—18 个月婴儿五感运用与发展特点

13—18 个月婴儿视觉运用与发展	
辨认事物	1. 辨认熟悉的人、地方和事物
婴儿发展阶段	1.1　观察感知生活周围的花草和树木、人和物 1.2　看到熟悉的人和喜欢的玩具会微笑 1.3　在新场景中回忆并使用信息 1.4　分辨两个相似物的异同
建立联系	2. 建立色彩或形状、图片或实物、动作与词语之间的联系
婴儿发展阶段	2.1　能感知色彩，认识红色 2.2　双眼能对焦，视力逐渐敏锐，1.5 岁已经能够区别不同的形状（如正方形、圆形、三角形） 2.3　图片与实物认知产生快速的连结及组织分类 2.4　喜欢观察模仿照护者的一举一动
找寻物品	3. 寻找丢失或隐藏的喜爱的物品
婴儿发展阶段	3.1　跟踪看不见的物体 3.2　寻找掉落的物品 3.3　寻找部分隐藏的玩具
13—18 个月婴儿听觉运用与发展	
回应声音	1. 对熟悉的声音做出回应
婴儿发展阶段	1.1　眼睛前后转动，寻找声音的来源 1.2　识别一个熟悉的声音 1.3　能听懂几个简单指令，并做出反应
13—18 个月婴儿嗅觉和味觉的运用与发展	
分辨食物	1. 分辨食物与非食物
婴儿发展阶段	1.1　偏爱甜食而不是味道很重的蔬菜 1.2　分辨出哪些是可以吃的东西而哪些“不是食物”
尝试食物	2. 对新食物感兴趣并愿意尝试
婴儿发展阶段	2.1　开始自己喂自己吃东西 2.2　会想尝试照护者或其他婴儿吃的东西 2.3　嗅觉敏感，能闻出熟悉的味道
13—18 个月婴儿皮肤触觉的运用与发展	
触摸质感	1. 喜欢接触质地柔软的物品
婴儿发展阶段	1.1　喜欢照护者的抚摸与拥抱，喜欢接触质地柔软的物体 1.2　开始有了自己喜爱的物品 1.3　伸手去摸、戳、拍打和操作周围的材料，包括家具和玩具

二、13—18 个月婴儿五感运用发展指导

(一) 13—18 个月婴儿视觉运用与发展指导要点

【辨认事物】

1. 辨认熟悉的人、地方和事物

1.1 观察感知生活周围的花草和树木、人和物

指导建议:

13—18 个月的婴儿喜欢观察感知周围身边的物体或人,能识别无生命物体和面部表情之间的差异,开始注意人的反应,尤其喜欢注视照护者的面部表情。此时照护者可一对一与其进行面对面的活动,以激发婴儿的观察兴趣。照护者可坐在床上或软垫上,让婴儿与自己面对面坐在大腿上,环抱他,并对其做出各种表情动作,或在所处环境中指出熟悉的人或物品。

13—18 个月的婴儿可以辨别出周围熟悉的人和物,在照护者说出人的称谓或物品名称时,他能用手指指认。他能清楚地指认出哪些生活用品是自己的,也能指认出照护者的一两种物品。照护者可以把婴儿的毛巾、水杯、帽子等用品放在固定位置,使用的时候让他指认。13—18 个月的婴儿还能从一群人当中识别熟悉的脸庞并指认。照护者可尝试不断改变环境和婴儿的位置,为婴儿的观察提供新的材料。

环境支持:

在婴儿的活动空间提供丰富的植物、玩具等多种材料供婴儿观察。照护者要善于关注婴儿的观察兴趣,当发现婴儿对某个人或某件物品感兴趣认真观察时,要及时地向其介绍名称,并鼓励和表扬他的观察行为。

1.2 看到熟悉的人和喜欢的玩具会微笑

指导建议:

婴儿喜欢熟人,照护者与婴儿最为熟悉,应时常对婴儿微笑,婴儿也会以微笑回应。当婴儿最喜欢的人出现在他眼前时,他会微笑着回应,或咯咯地笑。

环境支持:

为婴儿多创设与亲朋好友见面互动的机会,以初步建立婴儿的记忆,有机会辨识熟悉的人。

1.3　在新场景中回忆并使用信息

指导建议：

提供有婴儿在场的家庭照片，反复给其观察，并重复多次地告诉婴儿照片中的人物称呼和物品名称，帮助婴儿在新的情况下回忆和使用这些信息。

环境支持：

照护者应经常与13—18个月的婴儿一同观察用手机或数码相机拍摄后打印出来的生活照片。

1.4　分辨两个相似物的异同

指导建议：

视觉的精辨能力深深影响婴儿的发展，18个月左右的婴儿，对于生活中常见且相似的物品，已具有一定分辨异同的能力，并且随着练习次数的增加，及各方面能力的提升，能分辨的部分更多、更细微。

视觉的灵敏度不只和先天构造有关，能否看得更快、更精准，后天的练习是关键，这需要照护者引导婴儿一同进行。

环境支持：

照护者可以为婴儿准备两张相似的简单图片，或者将两个设计略有不同的娃娃作为道具，请婴儿找出两者的不同，训练其视觉的精辨能力。

【建立联系】

2. 建立色彩与形状、图片与实物、动作与词语之间的联系

2.1　能感知色彩，认识红色

指导建议：

红色是13—18个月婴儿最初接触到共性概念，理解共性概念要比学习认识各种物品的名称要难，照护者要给婴儿2—3个月的时间来反复练习。遇到红色的物品就要问婴儿："这是什么颜色?"切不可一会儿向婴儿介绍绿色，一会儿又向其介绍黄色。起初婴儿无法接受和理解多种颜色，照护者可反复强调这边是红色，那边不是红色，以帮助婴儿逐渐理解这边颜色的一致性，慢慢接受"红"这个概念。

当婴儿有了第一个色彩概念之后，照护者就可以同时向婴儿介绍认识其他几种色彩。如婴儿已经不再满足红黄蓝绿几种色彩了，开始希望知道某件东西是什么颜色的，这是教婴儿认识色彩、促进婴儿视觉发育和色彩辨识能力的好时机。可以让他接触一些混合色，如墨绿、天蓝等。

环境支持：

准备各种不同种类的红色物品，如红色积木、红色书包、红色帽子等，放在一起。教婴儿认识颜色时，照护者千万不要急躁，要让婴儿记住大量红色物品之后，再逐渐理解红色

指的是色彩，不是物品名称。待婴儿认识了红色之后，再鼓励其做分类游戏，让他从几种颜色的玩具中挑选出红色玩具。

2.2 双眼能对焦，视力逐渐敏锐，1.5 岁已经能够区别不同的形状（如正方形、圆形、三角形）

指导建议：

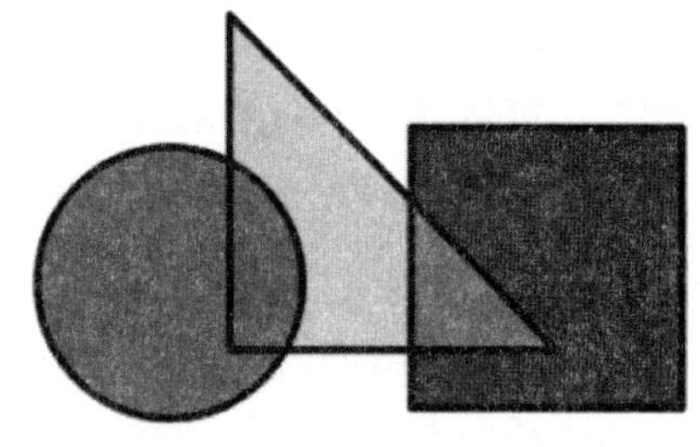

13—18 个月婴儿已基本能分清物体的形状。一般最先认识圆形，可让婴儿自己盖上喝水用的塑料杯盖，这是婴儿喜欢做的事。但杯盖要准确放在杯口上，不是随便歪着放，然后告诉婴儿，这是圆形。接着婴儿能认识正方形和三角形，可在硬纸板上画圆形、正方形和三角形，把中间的形状剪去，留出平整的洞穴。用另一张硬纸板再剪出与洞穴相配的圆形、正方形和三角形。让婴儿试着将不同形状放入相应形状的洞穴中，在放的过程中让婴儿认识圆形、正方形和三角形。照护者可为婴儿准备简易几何积木的嵌入式玩具。

环境支持：

照护者可在婴儿生活物品中选出带有各种形状的物品，不断地重复告诉婴儿形状的名称。为婴儿准备“木质手抓板形状拼图”“积木几何形状配对盒”“多彩几何形状套柱”等玩具供其探索。

2.3 图片与实物认知产生快速的连结

指导建议：

多带婴儿四处走走看看，为其介绍这个世界神奇有趣的东西，让他可以真实地接触各式各样的环境。例如，去公园玩沙子、看小花、和别的小朋友一起互动等。照护者可利用“闪卡”的方式，给予婴儿大量、多元、快速的刺激，亮出卡片说出名称，换下一张，做法相同。利用卡片上的图片形象，帮助婴儿获得大量的动植物与物品的相关知识积累，等婴儿长大之后看到真实的东西，就会对已有认知产生快速的连结。

环境支持：

制作各式不同主题的卡片，每种至少有 20 张以上，例如分为动物类、植物类、交通工具类、表情类等，最好是用真实的照片图案，或是接近实物的插画，同时以正确的名称来介绍，如博美狗，而不是说汪汪。每次训练 3—5 分钟，一天 2—3 次。

2.4　喜欢观察模仿照护者的一举一动

指导建议：

13—18个月的婴儿会把见到的对象，完整地、不加思考地、清晰地印在脑子里，形成牢固的脑映象。这种脑映象能力对于早期教育具有极其重要的意义。因此，根据不同阶段婴儿视觉发育的特点，借助一些视觉启智游戏，不仅能帮助视敏度良好发育，还可以更好地开发智力。

环境支持：

照护者可将婴儿抱在身前，面对一面镜子，做一些简单的动作，比如举起胳膊、歪歪头，或是用手摸摸鼻子，一边做动作，一边跟婴儿说话，告诉他正在做的动作。当婴儿主动做动作，比如摆动胳膊或踢腿时，照护者也要跟着做。

【寻找物品】

3. 寻找丢失或隐藏的喜爱的物品

3.1　跟踪看不见的物体

指导建议：

告诉13—18个月的婴儿，照护者离开后还会回来的。照护者与其玩躲猫猫的游戏来强化物体的持久性(那些看不见的物体仍然存在)。照护者还可用一些婴儿感兴趣的娃娃或物品，训练婴儿用眼睛跟随移动的物体直到物体消失。

环境支持：

照护者每次出门时要与婴儿告别，并告诉他自己何时会回来。照护者可利用家中的门、墙壁与婴儿躲猫猫，激发婴儿寻找自己。

3.2　寻找掉落的物品

指导建议：

照护者可为婴儿提供一些安全防摔的物品，供婴儿观察物品掉落到地上，鼓励婴儿用眼睛随着声音的方向寻找。

环境支持：

准备一些安全防摔的物品，如塑胶玩具、毛绒娃娃等婴儿十分感兴趣的物品。

3.3　寻找部分隐藏的玩具

指导建议：

把婴儿最喜欢的照片或家庭照片贴在墙上，用一块块布把它们遮住。鼓励婴儿揭开布，看看后面是哪幅照片。鼓励婴儿将他的玩具藏起来，此时他已能记住若干事物的特点，他藏起来的玩具，在某地发生的事情，可能比照护者记得更清楚。照护者带婴儿在家附近进行户外散步时，还可以让婴儿用手势或声音为照护者指路，并及时鼓励和表扬。

环境支持：

准备布置在墙壁上的婴儿喜爱的照片，和一些布料。藏玩具的游戏要选用婴儿十分喜爱的、感兴趣的玩具。

（二）13—18个月婴儿听觉运用与发展指导要点

【回应声音】

1. 对熟悉的声音做出回应

1.1 眼睛前后转动，寻找声音的来源

指导建议：

锅碗瓢盆、小石头、装着蜜饯的瓶子等可以发声的物品，或者照护者通过摇动钥匙串、用筷子敲击玻璃杯子等方式，都可以引起婴儿的注意。照护者可带婴儿到大自然去聆听和感受声音的丰富性。风声、雨声、流水声，蛙鸣、鸟鸣、蟋蟀鸣，领着婴儿静心聆听，再猜一猜那都是些什么声音，这会让婴儿的耳朵更灵敏。照护者可以与婴儿玩一玩"听力反应游戏"，照护者连续击掌，忽然暂停，观察婴儿的反应。照护者还可以准备一些乐器，在不同的方位发出声音，让婴儿用眼睛寻找声源，直到看见乐器为止。

环境支持：

可以带婴儿到野外，听风声、雨声或是虫鸣声，鼓励他寻找声音的来源。从小就让婴儿听音乐铃或音乐盒，等婴儿对声音熟悉后，请婴儿自己去寻找藏起来的发声音乐铃或音乐盒。

1.2 识别一个熟悉的声音

指导建议：

如果照护者在婴儿耳边轻轻地说话，婴儿会转向说话的一侧。婴儿喜欢听母亲的声音，因为母亲的声音会让婴儿感到亲切。照护者可以故意藏起来模拟小动物的叫声，如"喵呜——""汪汪汪""咩咩咩"，让婴儿用简单的字或动作说出该动物的名称。

环境支持：

照护者可以温柔地呼唤婴儿的乳名，直到他转向你。

1.3　能听懂几个简单指令，并做出反应

指导建议：

照护者在与婴儿反复练习了几种简单指令对应的动作后，婴儿按照照护者的简单指令，尝试做出各种反应，如指认五官“鼻子在哪里”“耳朵在哪里”，又如听到“笑一个”的指令，婴儿会笑起来，听到“哭一个”的指令，婴儿会做出假装哭的表情。

环境支持：

照护者与婴儿日常可经常面对面坐，开展由照护者发出“耳朵在哪里”的指令，婴儿用手指指出照护者的耳朵等游戏，以发展婴儿听力。

（三）13—18个月婴儿嗅觉和味觉的运用与发展指导要点

【分辨食物】

1. 分辨食物与非食物

1.1　偏爱甜食而不是味道很重的蔬菜

指导建议：

婴儿出生时，舌头上布满了约10 000个味蕾，他们对于食物的偏好，形成于其喝母乳之时，食物的味道会通过母乳传到婴儿的味蕾上，母乳喂养的母亲，要选择品种丰富的健康食品。13—18个月的婴儿更喜欢固体食物中的甜食，如水果、土豆的味道，而不是蔬菜。照护者应该尽可能多地鼓励婴儿尝试各种味道的食物。

环境支持：

母乳喂养的母亲要注意自己进餐的食物口味会直接影响到婴儿的口味，尽量选择清淡而全面的食物。为婴儿准备的辅食中建议提供多种味道的食物，不能完全依赖其喜好。

1.2　分辨出哪些是可以吃的东西而哪些“不是食物”

指导建议：

13—18个月的婴儿舌头发育很快，喜欢用舌头、嘴唇等味觉器官去感知判断物品的质地和味道，通过把东西，如手指、玩具或被褥等放入嘴里去感知了解。通过味觉与嗅觉的尝试实验，来判断一件物品是不是食物。如他们会试着舔一下苹果的茎，但是不会放入嘴里去咀嚼，如果放嘴里了，他们会把不是食物的东西吐出来。

照护者在此阶段可更多地去观察支持而不是干涉婴儿用嘴去探索各种食物或物品。当婴儿吐出不是食物的物品，照护者应及时鼓励和表扬。照护者在婴儿尝试过程中需要密切关注，防止婴儿对小弹珠、牙签等危险物品的尝试。

环境支持：

为此阶段的婴儿准备符合食用标准且安全、卫生的玩具，也可为婴儿准备磨牙棒或磨牙玩具，还可以添加较为丰富的辅食。

【尝试食物】

2. 对新食物感兴趣并愿意尝试

2.1 开始自己喂自己吃东西

指导建议：

13—18个月的婴儿长出更多的牙齿便于他们可以吃更多的固体食物。婴儿开始尝试自己喂自己吃东西，看见自己喜欢的东西，便会主动去抓，抓握成功之后，嗅觉和味觉灵敏的婴儿会把这些东西送进嘴里，边吃边玩。照护者应注意保持婴儿手部的清洁卫生，鼓励他们用手探索各种食物，并自己喂自己吃。这个阶段的婴儿更喜欢吃的过程，而不是吃的内容。婴儿会从几种食物中选择自己感兴趣的食物，如会从盘子中选择饼干、瓜果或是小青豆。

环境支持：

建议照护者为婴儿营造宽松的精神环境，每次可提供给此阶段婴儿更多健康熟悉的选择，能让他们尝试不同的食物。

2.2 尝试照护者或其他婴儿吃的东西

指导建议：

13—18个月的婴儿愿意尝试提供的新食物。照护者在婴儿尝试新的零食和食物的同时，肯定和表扬并及时向婴儿介绍和描述食物的质地、味道和气味。照护者也要鼓励婴儿对苦、酸、辣这些可能不喜欢的食物进行品尝，让他们在味觉方面有全面的体验。

环境支持：

照护者为婴儿提供的食物可以味道稍微淡一点，选用果肉当然是最好的。及时给婴儿添加各种味道的辅食，如咸的、酸的，为断奶做准备。

2.3 嗅觉敏感，能闻出熟悉的味道

指导建议：

照护者要给此阶段婴儿安全感，前往陌生的地方最好带着他熟悉的小毯子，婴儿主要靠嗅觉来认人，通过嗅觉来判断周围的环境是否熟悉和安全。照护者要记得经常开窗，让

婴儿呼吸新鲜空气，不要带婴儿去气味很重的地方，如油烟很重的厨房。照护者应创造机会带婴儿出去认识新的气味，感觉大自然的气息，如秋天的树林、春天的湖边，鼓励婴儿用自己的味觉和嗅觉发现无穷的乐趣。

环境支持：

为婴儿准备一些鲜花或香水，花的味道或香水的味道能很好地锻炼婴儿的嗅觉。也可以适当地给婴儿闻一些醋的酸味和臭豆腐的臭味等，让婴儿的嗅觉更全面。注意不要过多地让婴儿闻不好的味道，这会让他们难受。

（四）13—18个月婴儿皮肤触觉的运用与发展指导要点

【触摸质地】

1. 喜欢接触质地柔软的物品

1.1　喜欢照护者的抚摸与拥抱，喜欢接触质地柔软的物体

指导建议：

13—18个月婴儿全身皮肤都有灵敏的触觉，他们对不同的温度、湿度、物体的质地和疼痛有触觉感受能力，非常喜欢接触质地柔软的物体，如照护者的皮肤。因此，照护者要多抱婴儿，多抚摸婴儿，肌肤之亲会增进和婴儿之间的感情。13—18个月的婴儿喜欢吸吮手指，因为嘴唇和手是触觉最灵敏的部位，触觉是他们安慰自己、认识世界以及和外界互动的最佳途径。

环境支持：

照护者要经常拥抱、抚摸婴儿。为婴儿准备柔软、不掉毛、可啃咬的毛绒玩偶、安抚娃娃、抱枕等。不要训斥婴儿吸吮手指。

1.2　开始有了自己喜爱的物品

指导建议：

婴儿开始拥有了一个自己最喜欢的物品，可能是一个毛绒玩具、一条小毛毯或一块小手绢等，睡觉的时候一定要摸着或抱着这件物品才行，这是婴儿情感的慰藉物。

环境支持：

照护者不要干涉婴儿的这一嗜好，尊重婴儿的感情，但是要注意这些物品的卫生，经常清洗，保持洁净。

1.3　伸手去摸、戳、拍打和操作周围的材料，包括家具和玩具

指导建议：

虽然13—18个月的婴儿还没有太自如的行动能力，可能只是被抱着或坐在推车里

面，但这时他们已经开始对周围一切感兴趣，看到任何物品都想要抓一抓、试一试。照护者此阶段对婴儿的限制将会起到提醒作用，越是说“不要……”，婴儿就越想去尝试。照护者应蹲下来，以婴儿的高度查看周围的东西是否危险，为其提供一个安全的空间，让婴儿尽情玩耍。婴儿还没有危险意识，喜欢用小手四处探索周围的环境，特别喜欢把手指插到小孔里，照护者要高度关注婴儿活动空间里的小孔，尽量不要把瓶口小的瓶子和类似物品给婴儿玩耍，一旦婴儿手指卡住拿不出来，也不要慌张，照护者的态度会影响到婴儿。可以试着涂一些肥皂水，减轻摩擦力，然后往下取，如果实在取不下来，就要求助医生了。

照护者应保证婴儿探索环境的时间，包括自由活动的时间，把有危险的物品锁起来或放到婴儿不可能拿到的地方。可以在柜子底层特别准备一两个抽屉专门给婴儿，里面放一些婴儿的玩具，并不定期更新，这样也能满足婴儿的好奇心和探索欲。

环境支持：

婴儿活动范围内的电源插座、柜门、冰箱门、马桶都要有安全保护，家具上不能有毛刺和尖锐的棱角。不能让婴儿拿到超过 20 厘米的长绳，如窗帘的长绳等要收好。垃圾桶、药瓶、洗涤用品、化妆品、玻璃物品都不要放到婴儿够得着的地方。确保窗户对婴儿是不是安全，婴儿能开关的门要安装保护套，以免夹到婴儿。落地灯、电风扇、花盆架等不会被婴儿弄倒。有毒的或带刺的花草不能让婴儿够着，能烫着婴儿的东西必须远离婴儿。

跨通道知觉

想象一下你在打篮球或网球。你在输入大量的视觉信息：球来来去去，打球者四处走动，等等。同时，你也在输入大量的听觉信息：球的撞击声、咕哝声和呻吟声，等等。许多视觉信息和听觉信息之间是协调一致的：看到球撞击的同时也听到撞击声，看到打球者伸长身子去击球时会听到呻吟声。

我们生活在一个充满物体和事件的世界里，这些物体和事件都是可看、可听、可触摸的。熟练的观察者在看和听同一个事件时，所体验的是一个整体时间。这一切都太常见，以至于似乎不值得提及。但是想一想缺少知觉经验的较小婴儿，他们能像成人一样精确地将看到和听到的信息整合在一起吗？

跨通道知觉是指将两个或两个以上感觉通道的信息，如视觉和听觉，进行整合。为了研究跨通道知觉，斯佩尔克(1979)向 4 个月大婴儿同时呈现两部影片。每部片子中都有

一个木偶在上下跳动，但其中一部声音与木偶的舞蹈动作相匹配，而另一部则没有。通过观测婴儿的视线，发现婴儿对动作与声音同步的木偶注视时间更长，这表明他们能识别出视觉—听觉的协调。年幼婴儿也能对关于人的视觉—听觉信息予以协调。在一项研究中，3 个半月大的婴儿如果听到母亲的声音就会注视母亲更长时间，如果听到父亲的声音就会注视父亲更长时间(Spelke & Owsley，1979)。

将视觉信息与触觉信息相联系的能力在婴儿期也有所发展。1 岁婴儿显然是能够做到这一点，好像 6 个月大的婴儿也能做到(Acredolo & Hake.1982)。再小一点儿的婴儿是否能进行视觉与触觉的协调还不确定。

文章来源：[美]约翰 · W.桑特洛克.儿童发展(第 11 版)[M].上海：上海人民出版社，2009.

第三节　13—18 个月婴儿科学探索与主动性发展与指导

一、13—18 个月婴儿科学探索与主动性发展特点

13—18 个月的婴儿喜欢通过新颖的方式作用于物品来探索事物的特性，不断通过试误来尝试解决问题；探究因果关系，如反复地开关电视机、猛烈地敲鼓等；喜欢玩身体部位辨认游戏；乐于尝试模仿他人新颖的行为动作；会在照片中辨认家庭成员。表 6 - 2 呈现的是 13—18 个月婴儿科学探索与主动性发展的具体阶段特点。

表 6 - 2　13—18 个月婴儿科学探索与主动性发展特点

探索精神	1. 表现出主动性和自我向导
婴儿发展阶段	1.1　主动尝试运用感官探索周围环境和感官材料 1.2　用简单的工具进行探索 1.3　表现出独立完成复杂任务的愿望 1.4　能从几个选项中主动选择自己喜欢的书或玩具
婴儿发展阶段	2. 表现出兴趣与好奇心
	2.1　对他人正在做的事情表现出兴趣 2.2　开始对新事物、经历和人表现出兴趣和好奇心
	3. 保持注意力的持久
	3.1　保持玩一件玩具、物品或持续玩一项活动 3.2　尝试用各种方法得到他想要的物品

续 表

探索行为	4. 关注有关地球和天空动态特性的知识
婴儿发展阶段	4.1 喜欢经常与水玩游戏 4.2 喜欢用沙、土和泥玩一些搭建游戏 4.3 识别天空中的自然物体，并感知昼夜 4.4 使用单字节来描述一些基本天气和感受
	5. 关注有关生物及其环境相关的知识
	5.1 与植物和动物互动 5.2 探索生物的特性 5.3 指出身体的基本部位
	6. 观察展示物体的运动现象
	6.1 喜欢用推、拉的方式探索玩具的运动现象 6.2 观察以不同速度运动的物体
	7. 对周围物体特性和功能产生兴趣
	7.1 探索固体和液体的特性 7.2 对玩具和物体的运动产生兴趣

二、13—18个月婴儿科学探索与主动性发展指导

【探索精神】

1. 表现出主动性和自我向导

1.1 主动尝试运用感官探索周围环境的感官材料

指导建议：

让婴儿“带头”，照护者在与之互动过程中可用学步带跟随他们四处走动，探索周围的环境。在确保安全与卫生的前提下，照护者不干涉婴儿独立自由爬行，并为其提供丰富的玩具材料。玩耍时婴儿重复摇晃铃铛或其他玩具，照护者要及时表现认同与赞赏，以帮助婴儿获取信心。

13—18个月婴儿会认识到玩具和物体有很多种用途，会尝试用不同的方式操作物品。例如，会把玩具扔到地上让照护者捡起来，把鞋脱掉然后碰撞在一起以发出声响，爬上椅子试图够得更远，把东西放进盒子里然后摇晃，拉着带轮子的玩具四处走动，坐在一个带轮子的玩具上移动等。

婴儿会开始发声或是用手指向照护者表达他们的主动探索。例如，指着小狗说“狗狗”，

进餐时会说“烫”，看见带轮胎的大型车辆说“车”，当被问到“小猫怎么叫”的时候会说“喵”等。

沐浴时可在水中放入一些会浮在水面上的发声小玩具，婴儿发现后会主动去追抓、随意挤捏，照护者对于其发现与探索性动作予以赞赏和肯定。

环境支持：

创设一个适宜婴儿爬行、学步的软垫活动区域，在区域里放置一些婴儿熟悉的玩具、物品或新玩具、新物品，确保安全与卫生。沐浴时为婴儿准备2—3个会漂浮的洗澡玩具。婴儿在探索时需要一个宽松的精神环境，如果总是限制他，不仅照护者会感觉到体力不支，婴儿也会觉得索然无味。

1.2　用简单的工具进行探索

指导建议：

婴儿开始用一些工具去模仿照护者做一些普通的任务，如推拉玩具；玩带形状的盒子，通过扭和推把块状物放进形状匹配的盒子里；用勺子喂自己吃饭；把东西放进盒子里然后倒出来等。

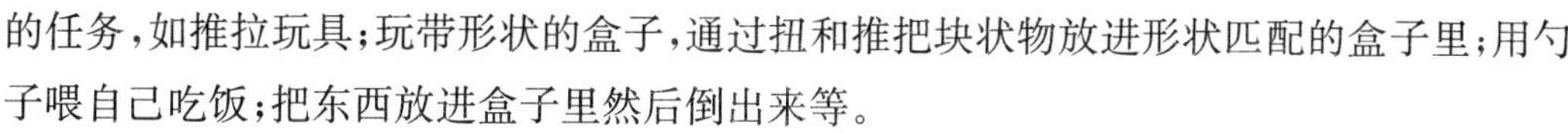

环境支持：

照护者可为婴儿准备一些工具玩具，如小铲子、各种形状的盒子、玩具购物车等。

1.3　表现出独立完成复杂任务的愿望

指导建议：

婴儿会通过站立或迈腿行走的方式来探索其所处的环境，照护者要充分地支持与鼓励。对于玩具或其他物体，该阶段婴儿可以抓住或以其他更复杂的方式玩耍，照护者可表现出惊讶和称赞，以鼓励其更主动地去行动。婴儿会主动使用手势或是发声来表明自己的需求，照护者可努力去理解婴儿的需求，对于合理要求需及时满足。

环境支持：

照护者可为婴儿提供较为复杂的多种材料，如容器、玩具、海绵、水、卫生纸、泡泡水、泡泡棒等。

1.4　能从几个选项中主动选择自己喜欢的书或玩具

指导建议：

13—18个月婴儿会根据自己的意愿选出自己喜爱的玩具和书籍来摆弄，这个过程就能显现出婴儿萌生的主动性和自我指引能力，照护者应充分尊重婴儿的选择，并适时鼓励其主动进行的选择，以便让其获取更大的信心。

婴儿开始出现遵照自己意愿主动探索的动作，如，注意到书籍上的图案，或尝试翻页；选择色彩艳丽的玩具，拿出来摇一摇等，照护者应对婴儿的行动表示出赞赏和鼓励。

环境支持：

照护者可以带婴儿去婴儿绘本馆一同采购书籍，充分尊重婴儿的选择和意愿，并将他的选择购买下来，他将获得极大的满足和成就感。照护者可带婴儿去游乐场，鼓励婴儿根据自己的喜好和意愿自由选择玩具和项目去玩。

2. 表现出兴趣与好奇心

2.1 对他人正在做的事情表现出兴趣

指导建议：

照护者应注意激发13—18个月的婴儿对他们周围世界产生强烈的学习愿望，照护者在做任何事情时，都要注意及时与婴儿互动，如发现婴儿注意到自己时应及时表现出回应和鼓励，他们会变得十分热衷于去观察所处环境中的其他人，甚至表达出想要与其他人互动的愿望。例如，当婴儿爬向照护者时，照护者可哼唱着有节奏的旋律大声鼓励婴儿，婴儿会跟着旋律努力附和歌曲每句结尾的字。当照护者发现婴儿对其他人产生兴趣时，应鼓励婴儿观察，并与其他人互动交流，甚至一起玩耍，这是对婴儿好奇心最好的支持。

环境支持：

照护者可以在自己做家务事时，为婴儿在一旁提供便于观察的婴儿椅，经常与婴儿讲故事、唱歌、交流，并在过程中及时与婴儿进行互动，激发其兴趣。

2.2 开始对新事物、经历和人表现出兴趣和好奇心

指导建议：

照护者应为13—18个月婴儿创设适宜的环境，鼓励婴儿对所处的环境做出反应，展现出其兴趣和好奇心，探索新的经历。例如，照护者为婴儿准备一些可以改变颜色或者会发出声音的球，激发婴儿的好奇心，往球的方向爬过来。当照护者发现婴儿会对外出归来的照护者的包感兴趣，期待里面有他的新玩具；会走向正在滚球的同龄人并去接球，这时的婴儿已开始有了更好的自我管控能力，会对个人兴趣更加警觉并且能持续关注更长的时间。

环境支持：

照护者可准备大量丰富的色彩鲜艳的玩具、发声玩具、会滚的球等有趣的物品和玩具。

3. 保持注意力的持久

3.1 保持玩一件玩具、物品或持续玩一项活动

指导建议：

13—18个月的婴儿会对某项特别的活动保持专注度并会展示出持久力，当婴儿在持续操作一个玩具或物品时，照护者一定不要打扰他，慢慢地会发现婴儿对他们感兴趣活动展现专注和持久。例如，照护者会发现婴儿重复地在玩具推车里放一些块状物然后把它们都倒出来；或者坐在桌子上反复尝试把拼图碎片安到拼图上；或者会重复地把积木搭起来再拆掉；在给表演戏剧的娃娃穿衣服的过程中也表现出持久力。

此月龄的婴儿逐渐熟练控制自己的动作，可以尝试把双手分开活动，转动自己的身体，并且会摆动双腿，这些新的技能能使他们更持久地参与活动。这时，照护者可以鼓励他们重复地按可以张开的玩具的按钮或是去摆动玩具的支撑杆；或者推拉着可以滚动的玩具穿过房间。

照护者会发现婴儿一遍又一遍重复感兴趣的活动以掌握技能，获得信心，他们开始理解原因和影响并利用这些知识去重复进行一些简单的动作，他们在能够重复进行一项动作的时候感到快乐。

环境支持：

照护者应精心为婴儿挑选有一定挑战性的玩具，选择玩具时应多考虑玩具的使用方法是否多样，玩耍时间是否持久，建议选择创造性玩具，如积木、拼塑、娃娃、服装等，还可以选择一些带有机关按钮的玩具或拉线玩具等。

3.2 尝试用各种方法得到他想要的物品

指导建议：

照护者在与13—18个月的婴儿交流时，不要替代婴儿表达他们的需求，让婴儿尝试通过非语言交流和声音来表达他们的需求。例如，当婴儿拿着一本绘本递给照护者，照护者鼓励婴儿表达需求，然后满足他的要求读给他听；当婴儿主动寻找自己的餐具表达想要吃饭，照护者应及时表扬和鼓励婴儿；当照护者发现婴儿趴在桌子底下试图去拿到滚动的球时，婴儿已经开始有了许多自己能做的事情。

环境支持：

照护者可以为他准备可以拧盖子的瓶子、积木、各种容器、配对玩具、套娃、套碗等。

【探索行为】

4. 关注有关地球和天空动态特性的知识

4.1　喜欢经常与水玩游戏

指导建议：

照护者可以为13—18个月的婴儿创设一些用水进行的活动，吸引婴儿的兴趣，鼓励婴儿把水倒进筛子里并观察它漏出来；或者反复尝试把船按进水底再看它浮起来；还可以把杯子放进水里装满水再倒进桶里等。

环境支持：

照护者应珍惜夏季和每天的沐浴时光，为婴儿创设能与水游戏的时间与机会。

4.2　喜欢用沙、土和泥玩一些搭建游戏

指导建议：

照护者可以为13—18个月的婴儿提供一些沙、石、泥巴、土等自然物质，婴儿可以用手或是勺子把沙子装进桶里；照护者还可以为此月龄的婴儿购买轻黏土，婴儿可以把轻黏土压在模具里以塑造不同的形状；照护者还可以在适宜的气候，带婴儿在沙滩上用沙堆房子、挖沙坑等。

环境支持：

照护者可以多准备相关无害材料供幼儿玩耍，也可多带婴儿前往自然环境条件允许下的玩耍地点去体验，但要全程监督以防止婴儿沙子入眼、误食呛到等危险情况。

4.3　识别天空中的自然物体，并感知昼夜

指导建议：

照护者应随时结合婴儿身边的自然景观，反复提示13—18个月的婴儿识别自然界的一些常见物品，也可以鼓励婴儿根据照护者的描述指出一些简单的物体。例如，照护者可以问婴儿："月亮在哪儿?"婴儿会指向天空；又如，照护者在陪婴儿一起读绘本时，可以问婴儿："你能找到太阳在哪儿吗?"婴儿会在绘本上将太阳指出来。

环境支持：

与婴儿每天相处的过程中，照护者应该有意识地引导幼儿观察，并介绍天空中的云

朵、太阳、彩虹、晚霞、月亮和星星等。

4.4　使用单字节来描述一些基本天气和感受

指导建议：

13—18个月婴儿会用多种感官体验发现温度的升降和天气的改变，照护者可以抓住这一时机经常与婴儿说一些简单的天气词语，并鼓励婴儿尝试模仿着说。例如，在外面玩耍时突然下雨了，照护者可以鼓励婴儿一起大喊“雨”；当起风时，照护者可以握住婴儿小手说“冷”；在外面玩时，照护者可以询问婴儿是否热的时候，鼓励婴儿回答“热”。

环境支持：

照护者日常要多与婴儿交流关于身体对天气、温度的感受与体验。

5. 关注有关生物及其环境相关的知识

5.1　与植物和动物互动

指导建议：

照护者可以为13—18个月的婴儿提供一些无毒的植物和小动物，如鱼、仓鼠、小鸭子，并创设婴儿与动植物互动的机会。提示婴儿注意水池中游动的鱼和它的颜色，在户外活动时见到各种植物可带婴儿去摸树叶和小草；站在窗边的时候和婴儿指认飞来飞去的小鸟。

环境支持：

可以带婴儿多去自然界观察动植物，甚至可以在家中养一些植物、小动物供幼儿观察其生长过程。

5.2　探索生物的特性

指导建议：

照护者应为13—18个月的婴儿创设能动手玩耍和学习的环境与条件，鼓励婴儿用小手触摸感知树叶和树皮的质地，用鼻子闻花香；鼓励婴儿观察家中养的宠物是如何在它自己的空间里活动的，带着婴儿一同观察宠物的生活习性和行动。还可以给婴儿看他观察过的小动物照片或图片，模仿动物叫声鼓励婴儿模仿，读一读有关动植物的书，鼓励婴儿仔细听并做出回应。

环境支持：

照护者可以带婴儿观察蝴蝶飞和停落在花朵上的情形；可在家中养一只小动物，供婴儿连续观察；也可以带婴儿去附近的动物园、水族馆玩耍。

5.3　指出身体的基本部位

指导建议：

13—18个月的婴儿会从照护者那里学到身体各部位及五官的名称，他们喜欢抚摸并重复身体各部分的名称(脸，胳膊，腿，膝盖或嘴)。被问到的时候会指着照护者的脸、耳朵或是嘴。唱歌或是做活动的时候可以让婴儿摆手说拜拜或是摸身体的各个部分(比如“拍拍头”)。

环境支持：

照护者可以经常与婴儿玩指五官、指部位的游戏，如照护者问“你的鼻子在哪里”的时候，婴儿会摸自己的鼻子。

6. 观察展示物体的运动现象

6.1　喜欢用推、拉的方式探索玩具的运动现象

指导建议：

13—18个月的婴儿会通过移动周围物体的方式来表现自己的好奇心，照护者可以为婴儿准备可以拉动的小货车或者有按钮的音乐盒，鼓励婴儿自由探索尝试，用推、拉的方式让小货车活动起来，或者按压音乐盒上的按钮，观察音乐盒的反应。逐步启发婴儿抓住带轮子玩具的把手往前推并跟着走，或者拉着拉线玩具小车的绳子满屋子走动。

环境支持：

可以为婴儿准备一些带轮子的可推拉的玩具或用把手拉的玩具(小货车、玩具购物推车等)。

6.2　观察以不同速度运动的物体

指导建议：

照护者应鼓励13—18个月的婴儿观察周围环境中快速移动的物体，例如电动玩具、发条玩具等，有利于婴儿观察和感受物体的不同速度。当照护者将婴儿抱在怀里的时候，可以抱着婴儿往前奔跑，让婴儿感受速度的变化；照护者还可以抱着婴儿快速甩动，婴儿会开心地笑起来。

环境支持：

照护者可以引导婴儿观察在大风中摇动的大树，或观察游动的鱼或是爬行的蜗牛。

7. 对周围物体特性和功能产生兴趣

7.1 探索固体和液体的特性

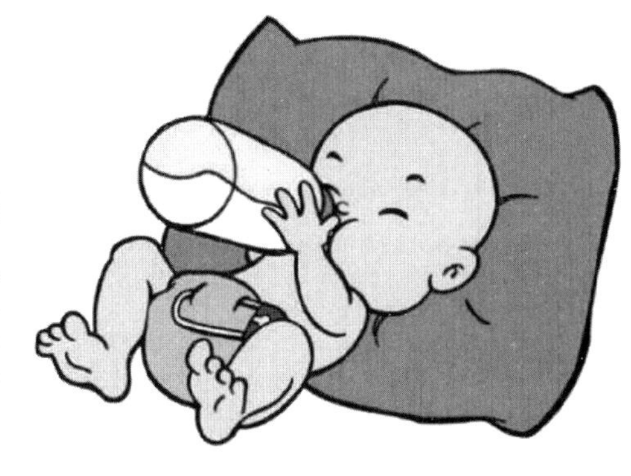

指导建议：

照护者可以鼓励 13—18 个月的婴儿去探索一些简单的乐器是如何发音的，这会使婴儿对感兴趣的玩具和物体产生更大的好奇心。照护者还应允许婴儿喜欢玩弄一些固体和液体的混合物品，或是喝掉杯子里或是瓶子里的液体；或是尝试将牛奶中一些如麦圈的浮起固态食物拿出来玩耍。鼓励婴儿玩一些类似软玩具或是布书的固态物体，甚至可以带着婴儿用各种不同容量的容器装满水来感受液体。

环境支持：

照护者发现婴儿在对某一件玩具、物品进行各种拍打、摩擦敲击时，切不可批评、训斥，要理解他们只是想研究玩具的特性。如果发现婴儿进餐时在玩食物，其实是他在研究物质的特性，不要喝止，会扼杀他的好奇心。

7.2 对玩具和物体的如何运转产生兴趣

指导建议：

照护者应该鼓励 13—18 个月的婴儿尝试去探索物体是如何运转的，以激发和满足婴儿对物体的好奇心，从而更加注意环境中的物体。例如，当婴儿捏那些吱吱叫的软玩具时，照护者可以问问婴儿“小玩具为什么会叫呀?”；当婴儿看到镜子中的自己时，照护者可以问“你怎么在镜子里啊?”；还可以鼓励婴儿用塑料棒在木琴上移动以发出声响，或者把各种玩具都收集在一起。

环境支持：

当发现婴儿对玩具和物体的运转原因产生兴趣时，一定要鼓励婴儿去探索、并及时予以鼓励和表扬。

第四节 13—18 个月婴儿数学与思维能力发展与指导

一、13—18 个月婴儿数学与思维能力发展特点

13—18 个月的婴儿已经能区分“1”和许多，能找出一样的物品（配对），能按自然数的

顺序数数(1、2、3……),早期接触数学学习可以最大限度地促进逻辑思维的发展。数学思维的特征是简洁性、推理过程的顺序性、逻辑的连贯性、思维的准确性和学会利用符号。

这个阶段,婴儿大脑正处于迅速发展的阶段,此时婴儿的逻辑思维以"动作思维"为主,其基本特点是思维与动作不可分,离开了动作就不能思考。"动作思维"一般是在人类个体发展的早期所具有的一种思维形式,也是在抽象逻辑思维产生之前的一种思维形式。

随着婴儿好奇心的增强、肢体发展的需要、认知探索范围的不断扩大,他便开始从实践中慢慢了解动作与结果之间的关系,他的大脑也开始逐渐思考动作的目的并学着支配、控制自己的动作,同时积累经验。表6-3呈现的是13—18个月婴儿数学与思维能力发展的具体发展特点。

表6-3 13—18个月婴儿数学与思维能力发展特点

数字与数量	1. 初步点数,理解1的意义
婴儿发展阶段	1.1 在照护者的支持下,逐渐理解数字名称1所代表的意义 1.2 在照护者指导下,会数1—2件物品
	2. 早期数概念认识表现
	2.1 表现出对与数量相关的早期概念的认识
测量与比较	3. 探索感知距离、重量、长度、高度和时间
婴儿发展阶段	3.1 探索感知物体的大小 3.2 在帮助下探索和识别大的或小的、重的或轻的、高的或矮的物体 3.3 会探索测量工具 3.4 开始预测日常生活
	4. 会给图案排序、分类并创建模式
	4.1 通过反复试验,在一个特征的基础上对多个对象进行分类排序 4.2 在照护者指导下会找出两种物品的相同特性 4.3 在照护者的提示和鼓励下,通过声音或身体动作表现图案或其他模式
几何与空间	5. 探索、识别和描述形状和形状概念
婴儿发展阶段	5.1 识别一些基本形状并匹配两个相同的形状
	6. 探索、识别和描述物体之间的空间关系
	6.1 会尝试将物体朝不同的方向移动,例如向上、向下、四周或下方 6.2 在提示和引导下,开始滑动、旋转和翻转对象以使其适合
逻辑推理与解决问题	7. 表现出因果意识
婴儿发展阶段	7.1 仔细观察动作,发现重复多次动作会产生结果 7.2 会表现出对原因和影响的认识
	8. 会利用已有的知识来建立新的知识
	8.1 有意地使用物品 8.2 模仿简单的动作、手势、声音和语言 8.3 当人或物品不在视野范围时仍然意识到他们的存在
	9. 表现出解决问题的技能
	9.1 与玩具或物体互动以解决问题 9.2 在照护者的帮助下成功地解决一个简单的问题

二、13—18个月婴儿数学与思维能力发展指导

【数字与数量】

1. 初步点数，理解“1”的意义

1.1　在照护者的支持下，逐渐理解数字名称“1”所代表的意义

指导建议：

照护者应了解到当婴儿满周岁后，他便会在每天的惯例使用中理解数字“1”的名称，这时，可以鼓励婴儿通过竖起食指表示数字“1”。照护者可以问问婴儿“你几岁了啊?”鼓励婴儿用竖起食指表示数字“1”来回答自己的年龄。一旦婴儿掌握了这个动作，照护者就可以鼓励婴儿用这个手势来表示要一个玩具和一个能吃的东西，使婴儿对食指表示“1”渐渐熟悉。

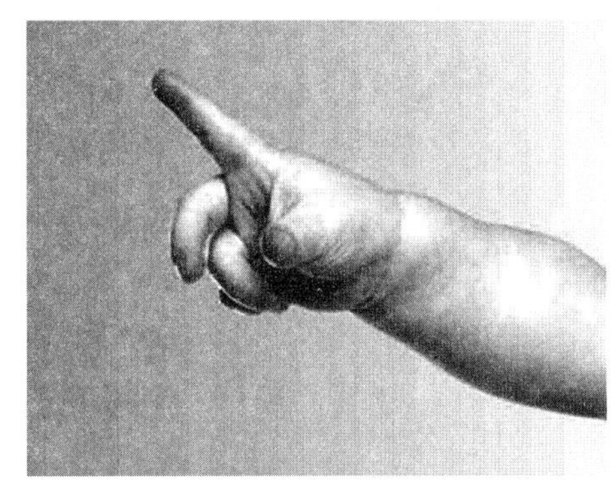

环境支持：

照护者日常可问婴儿“几岁了”同时伸出一根食指，婴儿会模仿照护者的动作，马上也将食指举起来；婴儿吃饼干、取积木、玩玩具时，都用一根食指告诉他：“这是一块饼干(一块积木/一辆车)。”

1.2　在照护者指导下，会数1—2件物品

指导建议：

13—18个月的婴儿才刚刚理解数数的意思，照护者可以在传递吃的，换尿布、数脚指头或是帮婴儿穿鞋的场景中，和婴儿玩数数的场景，此阶段婴儿可以在照护者的指导下会数出一堆物品中的一到两个。此阶段应该开始玩套环学术书友系，套如一个照护者就马上赞扬，并伸出食指说“1个”；再套入第二个就伸出中指说“2个”……反复练习。

环境支持：

提供套环玩具，购买、自制均可。也可在家中收集一些塑料环让婴儿套在照护者的手指上练习数数。

2. 早期数概念认识表现

2.1　表现出对与数量相关的早期概念的认识

指导建议：

照护者应在每天的活动中与13—18个月的婴儿交流有关数字的内容。例如，当婴儿想要更多的食物时，照护者可以鼓励婴儿用“没了”表达他们吃完了，鼓励婴儿用手势表达“添加”和“还想要”。当婴儿将食物全部吃完的时候，照护者可以鼓励婴儿发声或用手势表示“全没了”；在没吃饱的时候，可以鼓励婴儿发声或用手势表示想要“更多”，照护者这时的随机教育显得尤为重要。

环境支持：

照护者应抓住每日婴儿进餐和玩玩具这些生活中的活动随机对幼儿进行数量早期概念的渗透，当发现幼儿能理解数量意义的时候，及时告诉幼儿“全没了，还要1个”。

【测量比较】

3. 探索感知距离、重量、长度、高度和时间

3.1　探索感知物体的大小

指导建议：

13—18个月的婴儿已经开始会正确使用“大、小”等表示尺寸的词语了。照护者在日常生活中经常向婴儿用“大、小”“多、少”“高、矮”等表示长度、重量、高矮的词语描述和婴儿一起观察到的物体，他们会学着使用例如“大”“小”等词汇描述物体。

环境支持：

照护者可抱着婴儿看搭建的塔说“好大啊”，指着小蚂蚁向婴儿介绍“真小呀”，等等。

3.2　在帮助下探索和识别大的或小的、重的或轻的、高的或矮的物体

指导建议：

13—18个月的婴儿会通过拿取、对比观察等方式探索和比较物品。婴儿在试图抬起一篮子的水果时会说“重”。知道用手去抓数量多的糖果或大的苹果，能初步感受到物体的数量在多少上是有差别的。照护者可以使用一些对比的词语来描述物体，如“这个盒子好大，那个盒子好小。”

环境支持：

照护者应有意识地将这些对比的词语渗透到婴儿日常可以接触到的生活活动中去，也可以有意识地为婴儿准备一些对比鲜明的物品，供婴儿对比观察，并告诉他相关对比的词语。

3.3　会探索测量工具

指导建议：

13—18个月的婴儿对环境很好奇，使用测量工具能轻松帮助婴儿探索这些物品。如将小杯接很多水一次次倒入大杯中，直到灌满，这便是最初的测量水量的探索了，在沙堆里也可为婴儿提供测量勺。

环境支持：

照护者可有意识地为婴儿准备一些量杯、卷尺等测量工具供他们自由探索。当发现婴儿对此感兴趣时，应及时鼓励和表扬。

3.4　开始预测日常生活

指导建议：

13—18个月的婴儿会希望每天将要进行的事务都是可测的，照护者可提前告知婴儿一天的安排，甚至邀请婴儿参与一天的安排。例如，婴儿站到门口提起小鞋，试图向照护者表达自己想要出门的愿望时，照护者可及时与婴儿商量安排与计划。

环境支持：

照护者可以观察到，如果给婴儿洗干净手，他会很期待是不是马上要吃东西了；如果他发现照护者在换衣服，他会主动拿包包给照护者，这是婴儿开始预测日常生活了，照护者此时可问问他的意愿，听听他的安排。

4. 会给图案排序、分类并创建模式

4.1　通过反复试验，在一个特征的基础上对多个对象进行分类排序

指导建议：

照护者可帮助13—18个月的婴儿，把物体按照顺序分类，一些类似可堆叠的环形玩具或是可嵌套的玩具能够帮助他们理解秩序的意义。

环境支持：

可准备环形玩具引导婴儿按顺序垒叠串在一根柱子上。可准备很多一次性杯子，让婴儿依次把杯子一个嵌套进另一个里。

4.2 在照护者指导下会找出两种物品的相同特性

指导建议：

尽管13—18个月的婴儿语言还无法表达出来，但是他们已经可以辨别物体间的不同和相同，照护者可发出指令，请婴儿辨认出物品然后拿给照护者那些他们认为相同的。

环境支持：

照护者可以请婴儿一起参与整理玩具并学习把一样的玩具归类。例如，照护者在收拾整理玩具时，故意请婴儿拿一个"和这个一样的"珠子给她。

4.3 在照护者的提示和鼓励下，通过声音或身体动作表现图案或其他模式

指导建议：

照护者可指导13—18个月的婴儿通过日常经历建立图案的知识。比如，照护者可启发婴儿用各种声音或动作去表现一些简单的包含韵律和动作的图案。

环境支持：

婴儿看到图片上的小猫会说"喵"，看到照护者的照片会去亲吻，此时他需要照护者的肯定和赞扬。

【几何与空间】

5. 探索、识别和描述形状和形状概念

5.1 识别一些基本形状并匹配两个相同的形状

指导建议：

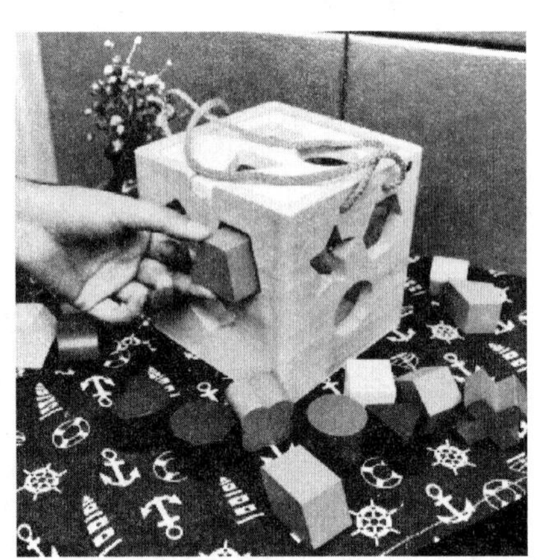

照护者可鼓励13—18个月的婴儿常常辨别一些基本的形状，如圆形、正方形、长方形和三角形。此时婴儿并不能说出形状的名称，照护者可问"哪个是圆形"等问题，请婴儿指出对应的形状。

环境支持：

照护者可以说出形状的名称，将各种形状摆放到婴儿面前，让婴儿指出对应的形状。

6. 探索、识别和描述物体之间的空间关系

6.1 会尝试将物体朝不同的方向移动，例如向上、向下或四周

指导建议：

照护者在13—18个月的婴儿拥有一个新玩具时，鼓励并帮助他们尝试如何使它动起来，允许婴儿喜欢推玩具并研究如何让它朝着特定的方向移动。

环境支持：

可提供一推就响的玩具、拖拉玩具等便于婴儿移动他们。

6.2　在提示和引导下，开始滑动、旋转和翻转对象以使其适合

指导建议：

照护者可以帮助13—18个月的婴儿通过滑动、转动和翻动物体的方式使物体正常以此来训练手眼协调地操作物体的能力。在最初的时候，这些动作往往都是伴随着试验和错误的，照护者会发现一些婴儿强行让物体变正常。在照护者的引导和操作下，婴儿会发展出空间意识。

环境支持：

可以准备一些简单拼图、嵌套式玩具、简单颜色的形状分类器等玩具。

【逻辑推理与解决问题】

7. 表现出因果意识

7.1　仔细观察动作，发现重复多次动作会产生结果

指导建议：

照护者可鼓励13—18个月婴儿手摇玩具听发出的声音，照护者表现出极大的兴趣，以激发婴儿重复这个动作。照护者还可以按下按钮或上发条让玩具动起来，吸引婴儿观看然后示意或告诉照护者重复这个动作，或者自己按下玩具上的按钮让其动作起来，然后重复该动作。照护者应把玩具摆放于方便位置，鼓励婴儿通过踢一踢、摇一摇等方式探索如何让玩具发出声音，使婴儿注意到玩具的运动，不断重复操作玩具，观察现象。

环境支持：

准备一些婴儿可操控活动部件的玩具，如上发条的音乐盒、摇动时会发声的玩具等。照护者要常演示给婴儿看活动玩具或表现因果关系的玩具是如何工作的。

7.2　会表现出对原因和影响的认识

指导建议：

照护者要肯定鼓励13—18个月的婴儿不断探索原因和影响的行为，他们会不断重复动作以观察影响的结果。照护者要引导婴儿对物体进行不同的摆弄并得到结果。如婴儿把玩具扔掉，照护者可配合着捡回来，或是手上拿着一个能运转的玩具观察摆弄使它活动起来。

环境支持：

提供具有因果关系的对象（如摇铃、叠杯子、弹出玩具），可让婴儿按播放器上的按钮播放音乐，打开合上容器的盖子等。

8. 会利用已有的知识来建立新的知识

8.1 有意地使用物品

指导建议：

照护者要为13—18个月的婴儿不断构建自己的知识提供机会。照护者可为婴儿提供一些物品用作具体的目的，也可提供一些婴儿喜欢的“特别的物品”来实现目的。

环境支持：

婴儿会用毛毯睡觉，用油画棒做记号，把玩偶放在床上，把手机放在耳朵旁，朝着网兜扔球，因此可准备一些婴儿熟悉的玩具、工具、生活物品等。

8.2 模仿简单的动作、手势、声音和语言

指导建议：

照护者应高度重视处于13—18个月婴儿的模仿能力逐渐增强，照护者此时可以多和婴儿玩一玩简单的手指游戏，例如鼓励婴儿模仿简单的手指游戏“虫虫飞”；还可以鼓励婴儿重复一种声音或动作；也可以鼓励他们摇晃一个玩具，听到它发出的声音，再摇一次。照护者可以经常鼓励婴儿参与到一些简单的歌曲或游戏中；也不要阻拦婴儿尝试去跟随着另一个婴儿走路或是爬行；当婴儿看到另一个婴儿吃东西的时候也伸手拿食物想要吃时，照护者应积极回应而不是批评责备。

环境支持：

照护者要常常与婴儿玩一些有趣的手指游戏，唱唱简单的歌，做一些简单的动作，为婴儿提供一些模仿的机会。

8.3 当人或物品不在视野范围时仍然意识到他们的存在

指导建议：

照护者出示物体在婴儿的视野中，再故意让物体消失，婴儿会失去兴趣，转身离开。当13—18个月的婴儿开始发展物体持久的概念，即使无法看到物体的时候也相信它依旧存在。照护者可提供毯子，用毯子盖上玩具，请婴儿掀起毯子寻找放在下面的玩具；也可以询问不在家的家人，问婴儿家人在哪里。

环境支持：

照护者可以跟婴儿玩一些类似躲猫猫的游戏，主要以照护者躲，再自动变出在婴儿面

前，重复多次后，婴儿会尝试往照护者出来的方向寻找。

9. 表现出解决问题的技能

9.1　与玩具或物体互动以解决问题

指导建议：

随着13—18个月的婴儿展现出越来越强的控制和保持平衡的能力时，他们会和物体互动以解决问题。照护者在婴儿可解决的问题面前，可及时地为婴儿提供支持。比如说，鼓励他们自己拿一个凳子去够玩具或者当沙盒里没有铲子的时候鼓励他们拿一个木棍。

环境支持：

准备需要按按钮就会发亮，按开关就会运动的玩具，也可准备一些需要有操作才可运行的玩具供婴儿探索。

9.2　在照护者的帮助下成功地解决一个简单的问题

指导建议：

13—18个月的婴儿解决问题的能力会持续增强，照护者应配合婴儿用手势或是声音帮助他们完成想做的事。比如说，当音乐盒不响，婴儿向照护者发出声音求助的时候，照护者应及时回应，并要求婴儿仔细看着，模仿能解决问题的动作。

环境支持：

照护者在日常生活和活动中要帮助婴儿尝试自己动手解决一些问题，如翻书页、拿住勺子并尝试自己吃东西、按照正确的程序洗手等。

第五节　13—18个月婴儿认知探索与生活常识发展案例与分析

一、家庭中13—18个月婴儿认知探索与生活常识活动案例

搭积木

活动目标：帮助婴儿了解积木搭建时选择放置的次序不同和积木的大小不同，都会影

响整体结构的稳定性。

适用年龄:13—18 个月。

活动准备:木地板、积木若干。

与婴儿一起玩:

1. 游戏开始前,请照护者拿起各种不同形状的积木一块块地问婴儿:“找找看,哪一块积木和我手里拿的一样?”

2. 婴儿找到后,照护者可以告诉婴儿这块积木的形状名称,从而让婴儿认识各种不同的形状。

3. 当婴儿对不同积木的形状有了一定的了解后,照护者便与婴儿一起搭积木,引导婴儿探索如何摆放可以更加稳定。

活动时长:15 分钟左右。

【案例分析】

“搭积木”这一游戏,让婴儿在游戏中感受数和形,比如搭积木时,让婴儿感觉不同的形状。此外,还可以在大自然中感受数和形,比如花朵的个数、树叶的形状等。在搭积木的过程中,一开始婴儿可能会随便乱摆,比如将小一点的放在下面,大的放在上面,逐个垒高;但没搭几层,积木就会因为“地基”不稳而倒塌,这时照护者可以在一旁给婴儿做示范,引导婴儿观察照护者搭的漂亮的木房子,让婴儿在这个过程中进行思考、尝试,获得经验和成功。

猜长度

活动目标:训练婴儿的空间想象能力和逆向思维能力。

适用年龄:13—18 个月。

活动准备:粗细不同的小棒 3 根、不同长度的绳子 3 根。

与婴儿一起玩:

1. 请照护者先将 3 根绳子分别在 3 根小棒上绕几圈(注意缠绕小棒后剩下的绳子长短要相同)。

2. 照护者让婴儿来判断一下,3 根小棒上面缠绕的绳子里,哪根绳子最长。

3. 婴儿选出答案后,不管是对是错,请照护者让婴儿将 3 根小棒上的绳子全部拆下来。

4. 让婴儿说出他选择答案时的思考过程,照护者根据婴儿的解释为婴儿进行正确答案的讲解,引导婴儿进行思考。

【案例分析】

所谓的空间知觉能力,就是人们对客观事物的空间形式进行观察、分析和抽象的思维感知、感觉能力。这种能力的特点在婴儿头脑中构成观察对象的空间形式和简明结构,形

成一种立体观念，是人的右脑技能。心理学家布鲁纳指出，“在发展的每个阶段，婴儿都有自己的观察世界和解释世界的独特方式。”照护者培养和发展婴儿观察世界中的空间知觉能力，应把握婴儿的观察心理和知觉方式，引导婴儿注意观察生活，培养婴儿的立体观念和概括分析能力，要从“识物知形”和“识形知物”两个方面进行启发，让婴儿联想有物，在兴趣盎然、思维活跃的观察中，建立空间思维和知觉。

在“猜长度”游戏中，为婴儿创造条件，启发婴儿动手、动脑，学有创见，鼓励婴儿多问，充分发挥婴儿的主观能动性。形成立体概念的最初阶段，都是借助于感觉，在婴儿思维中形成先从具体事物的观察和接触中获得的感性认识，再把感性认识转变成抽象的概念。婴儿思维处于具体形象思维为主的阶段，案例中照护者应积极引导婴儿在具体操作中感知事物的大小、形状、方位等。为此，照护者应重视学具的应用，例如采用木棒、积木、小动物玩具、几何图形、数字木块、小红花、纸片等各种实物，让婴儿自己摆弄、观察和思考，从感知中得到表象。婴儿获得了一定的感性认识，并不等于知道了明确的概念，照护者应逐步引导婴儿自己展开思维加工，将认识由具体简单上升为抽象的概念。给婴儿提供各种积木和空间造型挂图，让婴儿进行再造想象，并把这种想象用动手做的形式表达出来，让婴儿在现实事物中感知世界的无穷奥妙。

二、托育机构中 13—18 个月婴儿认知探索与生活常识活动案例

表 6-6　活动案例“比大小”

<table>
<tr><td colspan="3">活动内容:比大小　　　　　　　　适合月龄:13—18 个月
场　　地:室内活动室(地垫)　　　人　　数:10 人(婴儿 5 人,成人 5 人)</td></tr>
<tr><td rowspan="2">活动目标</td><td>照护者学习目标</td><td>婴儿发展目标</td></tr>
<tr><td>1. 满足婴儿对探索的兴趣,为婴儿在游戏中创设愉快的氛围。
2. 运用生活中的多种材料和婴儿一同探索大小的概念。
3. 了解 13—18 个月婴儿对应能力发展的三个不同发展阶段的代表性行为。
(1) 乐于探索各种材料。
(2) 对事物的大小有初步的感知分辨。
(3) 能听懂照护者的指令。</td><td>1. 喜欢和照护者一起做游戏,愿意与各种材料随乐互动。
2. 初步分辨大和小。
3. 能感知物体或图片的大小,发展逻辑思维能力。</td></tr>
<tr><td>活动准备</td><td colspan="2">1. 经验准备:婴儿感知过大小。
2. 材料准备:大小不同的动物图片若干,大娃娃、小娃娃各一个,大球 5 个、小球 5 个。
3. 环境准备:铺好地垫的空场地。</td></tr>
</table>

续 表

	环节步骤	教师指导语	家长指导语
活动过程	1. 分辨大小——“大哥哥和小弟弟”。 (1) 出示图片，人手一份，请宝宝看一看、认一认图片上的动物。	出示图片：宝宝们，你们面前有一些小动物，你们知道它们都是谁吗？	各位家长可以请宝宝们看一看图片上有哪些小动物？
	(2) 请照护者示范告诉宝宝大与小的概念。	提出要求：宝宝们再来瞧一瞧小动物们谁比较大，谁比较小呢？	各位家长可以先给宝宝做个示范。
	(3) 照护者引导宝宝分辨出图片上动物的大小。	鼓励宝宝：宝宝们真棒！大动物和小动物都被你们找出来了！	家长们指导宝宝分辨图片动物的大小，多多鼓励表扬宝宝。
	2. 认知游戏——“哪个大？哪个小？”。 (1) 教师出示两个娃娃，请宝宝感知娃娃的大小。	出示娃娃：宝宝们看看老师这里有两个娃娃，哪个是大娃娃？哪个是小娃娃呢？	家长要及时表扬答对了的宝宝，给他们鼓励哦！
	(2) 每个宝宝都有一大一小两个球，请宝宝为娃娃送球。	提出要求：宝宝们给娃娃送球吧！送一个大球给大娃娃，小球给小娃娃。	家长可以为宝宝做好指导。
	(3) 鼓励宝宝在照护者的引导下把图片上的大动物和小动物分别送给娃娃。	鼓励幼儿：宝宝们把大动物也送给大娃娃，小动物送给小娃娃吧！	家长注意用语言对宝宝进行提示。
家庭活动延伸	照护者在和婴儿一起玩的时候，就可以让婴儿有意识地体会“大”和“小”的概念。比如，可以把婴儿的手掌放在照护者的手掌上，让婴儿观察和比较两只手掌的大小；晚上脱衣服睡觉的时候，把爸爸的衣服和婴儿的衣服展开平放在床上，让婴儿看到两件衣服在尺寸上的差别。婴儿在明确了大和小的概念之后，在家中，照护者可以和婴儿玩一些游戏，让婴儿进一步理解容量的大和小：准备两个大小不同的塑料瓶，先把小瓶装满水倒入大瓶里，然后把大瓶装满水，再把水从大瓶倒入小瓶，使宝宝建立容量大小的概念。		

表 6-7　活动案例“我的身体”

<table>
<tr><td colspan="4">活动内容:我的身体　　　　　适合月龄:13—18个月
场　　地:室内活动室(地垫)　　人　　数:10人(婴儿5人,成人5人)</td></tr>
<tr><td rowspan="2">活动目标</td><td colspan="2">家长学习目标</td><td>婴儿发展目标</td></tr>
<tr><td colspan="2">1. 了解和尊重宝宝对自我进行探索的发展特点和具体表现,知道自我意识培养的具体方法。
2. 能帮助宝宝熟悉自己的身体,找到身体的部位。
3. 积极配合教师完成亲子游戏,增进亲子关系。</td><td>1. 在轻松愉快的音乐中体验找到身体部位的乐趣。
2. 认识身体中的头、肩膀、膝盖、脚四个部位。
3. 能在游戏中根据指令找到相应的身体部位。</td></tr>
<tr><td>活动准备</td><td colspan="3">1. 经验:宝宝已熟悉歌曲《头发 肩膀 膝盖 脚》。
2. 材料:腕铃8个。
3. 场地:铺好地垫的空场地。</td></tr>
<tr><td rowspan="4">活动过程</td><td>环节步骤</td><td>教师指导语</td><td>家长指导语</td></tr>
<tr><td>1. 欢欢迎迎——“小手打招呼”。
(1) 教师和宝宝轮流击掌,欢迎宝宝到来。</td><td>激发兴趣:宝宝们,大家好,还记得老师吗?伸出手来和老师打个招呼,拍一拍、握握手。宝宝的小手在哪里呀?让老师看看你们的小手。</td><td>家长们可以帮助宝宝举起小手,和老师轻轻地击掌。</td></tr>
<tr><td>(2) 手指游戏“小猴子爬山”。</td><td>小猴子爬呀爬呀爬,爬到小脚,跳一跳;
小猴子爬呀爬呀爬,爬到膝盖,跳一跳;
小猴子爬呀爬呀爬,爬到肩膀,跳一跳;
小猴子爬呀爬呀爬,爬到头顶,跳一跳。
一不小心滚下来,排排尘土,我再来。
活动小结:小猴子爬呀爬,经过了我们的小脚、膝盖、肩膀,最后到了头顶。</td><td>家长今天要变成猴子和宝宝一起做游戏,咱们的小手请准备。</td></tr>
<tr><td>2. 藏藏找找——“小手在哪里”。
隐藏双手让婴幼儿去寻找,认识头发、肩膀、膝盖、脚4个身体部位。</td><td>启发思考:老师的小手在哪里?老师的小手不见啦!老师的小手在头发上。宝宝的小手在哪里?摸一摸头发,摸摸……(依次轮换为肩膀、膝盖、脚)。</td><td>如果宝宝没有找到身体的部位,家长可以帮帮他,握住宝宝的小手和他一起拍拍。</td></tr>
</table>

续 表

	环节步骤	教师指导语	家长指导语
活动过程	3. 唱唱停停——“小手来碰碰”。 (1) 展示腕铃，吸引宝宝关注。	提出要求：宝宝们，老师今天给你们带来了小礼物，叮铃铃，叮铃铃，是好听的腕铃。	请家长们帮宝宝将腕铃戴在手上，我们一起摇一摇。
	(2) 请宝宝和家长们面对面坐着，一起来找找家长的头发、肩膀、膝盖、脚。	鼓励幼儿：找我的妈妈碰一碰，碰碰头发； 找我的爸爸碰一碰，碰碰肩膀； 找我的妈妈碰一碰，碰碰膝盖； 找我的爸爸碰一碰，碰碰小脚。	家长们把头低一点，脚伸长一点，让宝宝碰一碰。每次宝宝找对了，就给宝宝一个大大的拥抱！
家庭活动延伸	在生活中将游戏继续下去，让宝宝认识身体的更多部位。例如在家带领宝宝照镜子，继续伴随音乐《头发　肩膀　膝盖　脚》在生活中逐渐学习和了解“我的身体”。		

本章回顾

本章首先阐述了13—18个月婴儿认知探索与生活常识发展的意义、内容和途径；然后从13—18个月婴儿五感运用与发展的特点与指导要点、科学探索与主动性发展的特点与指导要点、数学与思维能力发展的特点与指导要点进行了详细的描述；最后对13—18个月婴儿认知探索与生活常识的家庭案例与托育机构案例进行了分析，帮助学生更好地了解掌握13—18个月婴儿认知探索与生活常识发展。

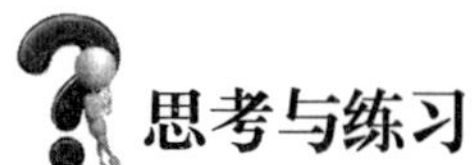

思考与练习

一、选择题

1. 13—18个月婴儿认知探索与生活常识发展的内容不包括(　　)。

A. 语言理解与表达　　B. 数学与思维能力

C. 五感运用与发展　　D. 科学探索与主动性发展

2. 下列哪一个表现不属于13—18个月婴儿听感知觉的发展中对熟悉的声音做出回应？(　　)

A. 眼睛前后转动，寻找声音的来源

B. 识别一个熟悉的声音

C. 喜欢照护者的抚摸与拥抱，喜欢接触质地柔软的物体

D. 能听懂几个简单指令，并做出反应

二、简答题

参考答案

1. 请说说 13—18 个月婴儿主动性与探索精神的指导要点。

2. 请你谈谈如何指导 13—18 个月婴儿探索、识别和描述物体之间的空间关系。

推荐阅读

1. 左志宏.婴幼儿认知发展与教育[M].上海:上海科技教育出版社,2019.
2. 曹美华.婴幼儿保教实训与指导[M].上海:华东师范大学出版社,2014.
3. 王明晖.0—3 岁婴幼儿认知发展与教育[M].上海:复旦大学出版社,2011.
4. 黄卫霞.清代婴戏图研究[M].镇江:江苏大学出版社,2016.
5. 叶钟.0—3 岁婴幼儿亲子主题活动指导语设计[M].福州:福建人民出版社,2017.
6. 狄荣科.0—3 岁婴幼儿组早期发展与教养手册[M].镇江:江苏大学出版社,2015.
7. 文颐,石贤磊.婴儿认知指导活动设计与组织[M].北京:科学出版社,2014.
8. 尹丽君.0—3 岁婴幼儿早期教育百问百答[M].北京:北京大学出版社,2013.

第七章
13—18 个月婴儿艺术体验与创造表现

学习目标

1. 运用艺术大师作品启蒙、艺术表现与创造力的萌芽等完成"美育价值观的初期熏陶"。

2. 了解 13—18 个月婴儿艺术体验与创造表现发展相关知识。

3. 理解 13—18 个月婴儿艺术体验与创造表现发展特点与规律。

4. 掌握 13—18 个月婴儿艺术体验与创造表现发展指导要点。

思维导图

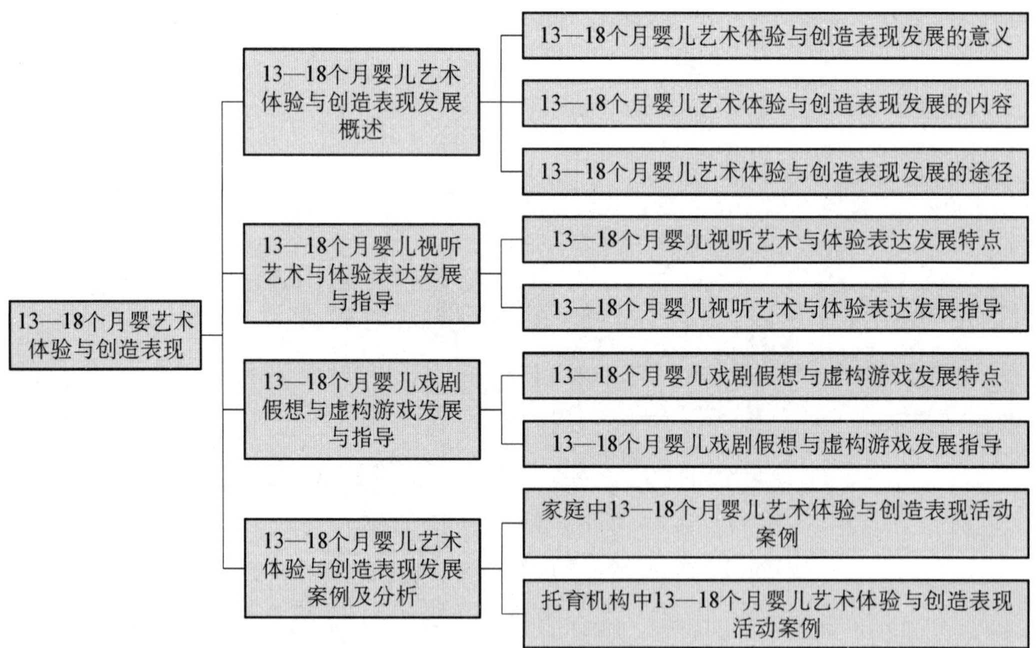

16 个月的乐乐开始学说话了，并能说出一些单词和简单的句子。乐乐妈妈经常在家中播放一些音乐给乐乐欣赏，这已成为生活中的一种习惯。某天妈妈偶然发现乐乐竟然

能跟着哼唱出音乐的旋律。于是，妈妈经常在乐乐面前哼唱一些简单的旋律，让乐乐跟着模仿；有时妈妈也让乐乐用拍手或拍气球来表示节拍。妈妈发现，乐乐在经过一段时间的音乐游戏后不害羞了，更大胆了，也更愿意表现自己了。

乐乐在这一月龄阶段已经具有了一定的艺术感受力和表现力，比如随着节奏感强的音乐晃动手臂、扭动肢体；13—18 个月的婴儿对颜色也特别敏感，可以随性涂抹出自己认为好看的图案，随着年龄增长，他们对颜色的认知与表现能力会越来越突出。

第一节　13—18 个月婴儿艺术体验与创造表现发展概述

艺术是婴儿对世界认识和表达的一种方式。13—18 个月婴儿的艺术体验与创造表现能力，主要指婴儿能够在艺术活动中具有初步的感知与体验、创造与表现、反思与评价的能力，但最重要的是能够体验艺术的快乐。13—18 个月婴儿艺术体验与创造表现方面的发展，通过婴儿在生命初期对周围生活和艺术作品中美的感受与体验，鼓励其融入自己情感的表现与创造，而使得婴儿对周围世界的表现形式更加敏感，对表达的成功拥有更强的信心，更多地体验到自己的力量，不但有助于婴儿对周围世界的美产生浓厚的兴趣，更能有效地帮助婴儿在美的熏陶中形成积极的个性，增加婴儿对生活的热情。在艺术创造的体验活动中，生活对其而言是亲切而有趣的，艺术体验与创造表现活动会使婴儿感到好奇与兴奋，令他们向往；由多种材料构成的艺术造型千姿百态，往往会令婴儿感到惊喜并渴望自己描绘美丽的图画，去尽情在表现与创造中玩耍与体验。

一、13—18 个月婴儿艺术体验与创造表现发展的意义

给 13—18 个月的婴儿以艺术的熏陶感染，培养他们“音乐的耳朵”和“美术的眼睛”，发展比一般听觉能力更为精细的音乐听觉能力和比一般视觉能力更为多元的审美视觉能力，对婴儿各方面发展都有着很重要的意义。

（一）艺术体验与创造表现有利于婴儿感官发展

婴儿随着音乐有节奏地晃动身体，有利于发展自身的节奏感、身体整体协调性；视觉艺术的冲击对于宝宝视觉以及空间能力的发展也具有重要作用；语言表达能力、听觉能力也在宝宝艺术能力的发展中得到了发展。婴儿的乐感形成十分重要，这不是强学得来的，而是在音乐中不断熏陶出来的。因此聆听音乐是不错的方式，最好多听抒情、欢快或兴奋

的乐曲,使多姿多彩的音乐渗透到婴儿的潜意识中。可选择一些动物化的婴儿音乐或婴儿歌曲,使婴儿的听觉和视觉结合起来,展开丰富的想象,从而增添快乐的感觉。艺术能力与感知能力的发展相辅相成、相互促进。

(二) 艺术体验与创造表现有利于婴儿个性发展

艺术体验与创造表现的过程是13—18个月婴儿的内心与情感的真实表达。在婴儿情绪愉悦的时刻,涂刷颜料可以使他更加快乐;在婴儿情绪低落的时候,敲击乐器可以发泄他的不满。

(三) 艺术体验与创造表现滋养婴儿的情感

艺术体验与创造表现带给婴儿最重要的是审美快乐,让婴儿享受到快乐才有存在的价值。婴儿艺术体验或创造表现的作品得到照护者的赞赏与肯定时,婴儿会产生强烈的成就感,并体验到成功的快乐。

视听艺术的美是通过具体、鲜明的美的形象来打动人、感染人、教育人的。对婴儿进行视听艺术的熏陶和培养,让他们通过视听艺术去尽情体验和表达内心的感受,是一种真切的情感教育。它通过审美主体的情感体验产生对客观事物肯定或否定的评价,从而得出道德上的判断,正是在视听艺术与体验表达的过程中,婴儿的心理素质在不知不觉中发生变化。婴儿阶段的视听艺术与体验表达,正如“和风细雨”之于禾苗,润物细无声,潜移默化地在对美不断地感受、发现、追求、表现过程中,逐渐种下婴儿内在审美力、想象力、表现力和创造力的种子。

二、13—18个月婴儿艺术体验与创造表现发展的内容

人类在出生的时候或多或少对于某一方面都有着自己的独特的感悟,也就是我们常常所说的天赋。思想家弗洛姆曾说:“诸如艺术天才等这类更特殊的潜能,它们是种子,如果给予适当的发展条件,这些种子就会生长,并有所展现;但如果缺乏条件,它们就会夭折。这些条件中,最重要的一个条件是,对宝宝生活有重大意义的人要信任宝宝的这些潜能。”因此,家长们不要把宝宝的艺术潜能简单定位。

13—18个月的婴儿正处于感官发展的关键期,而活泼好动又是婴儿的天性。优美的旋律、鲜明的节奏和鲜艳的画面不仅能激发婴儿愉快的情感,而且伴随着音乐让婴儿翩翩起舞、引吭高歌使他充沛的精力能得到充分的发挥。

(一) 视听艺术与体验表达

英国学者研究发现,播放莫扎特或巴洛克音乐给胎儿听,大部分的胎儿都有安静、稳

定、轻松的反应；相反，如果改放巴赫、勃拉姆斯或贝多芬等的交响曲，胎儿的心跳次数及踢妈妈肚子的次数就会增加。可见未出生的胎儿，在母体中就会对音乐产生不同的感受力。小小的婴儿会为妈妈充满爱的轻轻的吟唱所着迷，专注地饱含深情地对视着妈妈的眼睛，停止啼哭和吮吸小手。13—18 个月是婴儿发展音乐感觉和听觉能力的关键期，由于这一阶段婴儿发声器官稚嫩，听觉分辨能力稍差，唱歌时不易唱准音调，且音域较窄，但他们对鲜明突出的节奏、音响、律动往往具有浓厚的兴趣。

如果为他们提供材料，他们喜欢充分地用看、听、唱、跳、涂、笑等多种方式去感知周围世界。13—18 个月的婴儿由于活动范围的拓宽，他们通过身体的神经系统和感觉器官来理解客观世界和形成关于客观世界的印象。他们通过不断的努力，挑战各种对自己的限制，达成经验和能力的突破。在理解和把握世界的过程中，婴儿同时也有着非常强烈的内在表达的需要，这一需要可以导致创造力的爆发，使其充分发挥自我潜能，使得婴儿常常用挥舞扭动四肢、哼唱等各种方式表达自己，这种无意识状态，保存了人类最初的纯真。

13—18 个月婴儿的视听艺术与体验表达与其智力发展也是不断地、有机地交织为一体，这种交织是真正自发的和不动声色的创造。例如，婴儿随着音乐有节奏地晃动身体，能发展节奏感、身体整体协调性；而这一能力的发展，也会更好地促进其对音乐的感知和表达。涂涂画画对于婴儿的视觉、空间知觉的发展具有重要作用，而这种能力的发展，又能促进其更好地发展审美感知和视觉能力，他们会用各种艺术形式将灵动的思想和丰富的情感表现出来。

(二) 戏剧假想与虚构游戏

13—18 个月的婴儿随着与外界社会环境的接触，以哭与笑为主要宣泄方式的原始情感带上了社会色彩，并逐渐向细致分化，社会性情感初步形成。在他们眼里，宇宙万物都是有生命有情感的，婴儿的表现与创造正式根植于这种自然的生活力量之中。当婴儿的心理需求和想象与实际混淆或发生矛盾时，就假象出一种事物或某种活动方式来实现自我满足，进行自我调节。其发生发展与婴儿的心理发展和生活情境是紧密相联的，戏剧假象与虚构游戏是婴儿创造性和创造性想象的源泉，也是最适宜婴儿的艺术性表达活动，很难分清楚婴儿到底是在幻想，还是在艺术体验；是在游戏，还是在艺术创作。

此月龄段婴儿最为突出的特点，是对新鲜的事物很好奇，喜欢观看一些形象、直观的具体事物，这些东西很容易吸引他们的注意力，引发他们的兴趣。婴儿想象是在活动中产生的，当他们看到娃娃时，就想象自己要当妈妈，常常把现实与想象混淆，婴儿想象水平较低，想象简单或零碎，不够完整。此时的婴儿已经有了创造想象的萌芽，创造想象多依赖于过去感知过的事物或听过的故事，或由成人语言的描述而产生。

13—18 个月的婴儿开始从单纯的摆弄物品玩游戏，到逐渐学会以物代物的假想游戏，其特征是用一个物体去代替或当作另一个不存在的物体，比如用一块木块当作电话，用自己的勺子给娃娃喂饭吃。戏剧假想和虚构游戏是婴儿从现实世界中吸收想法和概念，然后应用到虚构的世界中。对婴儿的心智成长而言，这种戏剧扮演和虚构游戏可能也是最重要的一种玩法——通过想象，他们开始天马行空，创造全新世界，进入不同于自己的另外一种角色，开始能够"感知他人的感知"，学会理解别人的心理状态，知道别人的情绪是什么样、有什么意图，判断他人是真的还是假装的，了解他人的信仰等。无疑，这是一种更为高级的心理能力。假装与想象的游戏，是人类特有的玩耍方式。虚构与假想让婴儿摆脱了现实的束缚，可以在自己的头脑当中，探索更多的可能性，同时，想象不存在的东西，是创造力的起源。

研究表明，戏剧假想与虚构游戏玩得越多的婴儿，往往语言能力发育更快，社交能力更强，更具有领导能力。会假装与想象的婴儿与不玩此类游戏的婴儿相比，认知水平、智力发展、解决问题能力，都会逐渐显示出明显的差异。

戏剧游戏的发展阶段

在不同的年龄和发展阶段，儿童会以不同的方式进行游戏（如下图）。皮亚杰把儿童不同的游戏方式对应于不同的思维发展阶段（Peterson & Felton-Collins，1986）。想象游戏的发展是非常容易观察到的，许多理论家，包括皮亚杰、埃里克森、斯密兰斯基和维果茨基等都认为，想象游戏的发展与其发展阶段相对应。

婴儿期 婴儿和成人专注地观察对方。成人张嘴闭嘴，伸出舌头，婴儿就会模仿这些动作，这是对婴儿最初生活的描述，是他们开始和成人进行互动的表现。这时，想象游戏就开始了。藏猫猫游戏确实练习了"我走了，我又回来了"的假想主题。婴儿和成人之间互动的不断重复，为日后他们与伙伴的社会性戏剧游戏情节的创作打下了基础。

学步儿早期 六到十八个月，婴儿通过摆弄物体来认识物理世界。仔细审视这种游戏后，你会发现这种游戏的集中模式。

◆ **重复摆弄物体** 用能想到的所有方法重复操作某物体。例如，拿起奶瓶摇晃，扔、啃、吮吸奶瓶的每一部分，听听并翻来覆去地查看奶瓶。

◆ **重复动作** 他不再摆弄物体了，但学会的技能都能通过想象展示出来。这就是想象游戏的开始。他假想自己正在吮吸奶瓶，于是就把整个拳头放进嘴里，然后吮吸并发出声响。

◆ **代替物** 其他物品成为婴儿想象中的代替物。他捡起任何他能够操作的物品放进嘴里并进行假想，或者像真的吮吸奶瓶那样吮吸。在他心中，此物品是用来代替奶瓶的，是象征物。

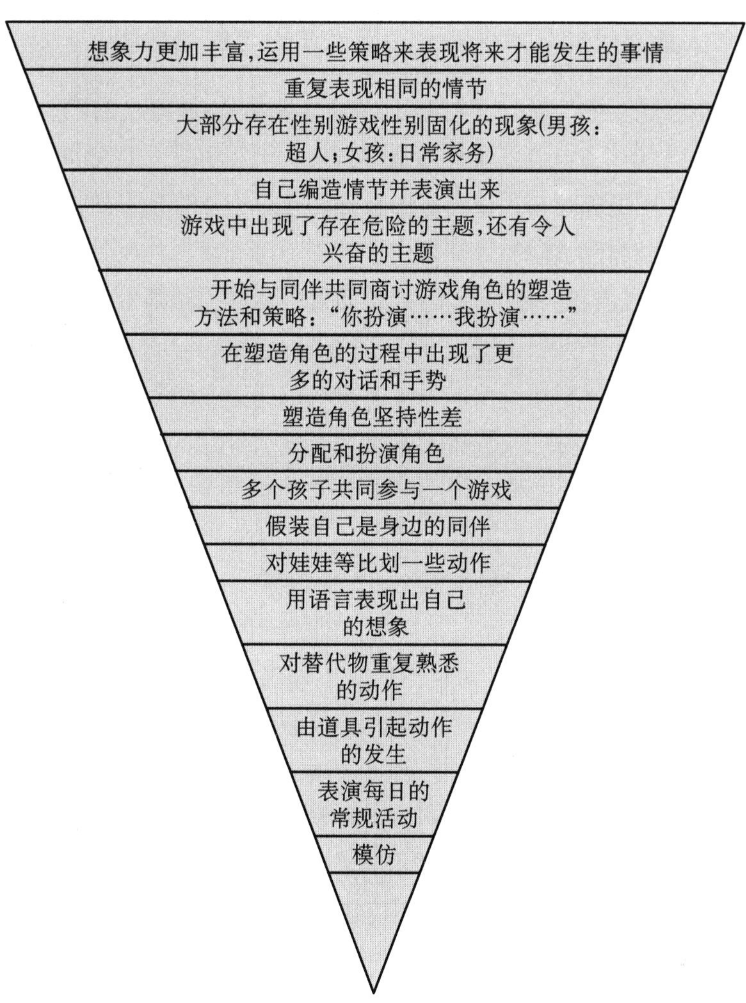

文章来源：[美] 芭芭拉·安·尼尔森.一周又一周——儿童发展记录(第三版)[M].北京：人民教育出版社，2011.

三、13—18个月婴儿艺术体验与创造表现发展的途径

13—18个月婴儿会自发、本能地创作，这一阶段的婴儿对声音刺激的反应有明显的进步，不同类型的身体运动明显增加，包括抬起和放下脚后跟或脚尖、点头、向前后移动膝盖等，直至18个月的婴儿已经有试图使自己的动作与音乐节奏相协调的迹象。这一阶段的婴儿开始喜欢在纸上乱画(涂鸦)，他并没有画画的意识，婴儿的兴趣集中在手的运动和纸上留下的痕迹，他们最初的涂鸦画是一些点或无序无向的线，然后是涡状的乱画图形。为了其艺术体验与创造表现发展方面的天性得以最大程度的释放，照护者可以从以下途径提供支持：

(一) 通过大量充足的艺术材料进行艺术体验与创造表现

13个月以后的婴儿视力为0.1—0.3，手、眼及身体的协调更自然，进一步发展。虽然每一个婴儿都是独立的个体，但依然可以总结出某个年龄阶段的共性和大体规律，知道了这些规律，照护者会用更宽容和积极的心态看待婴儿对于视听艺术的体验与创作表达，并为他们提供适宜身心发展规律的活动和材料。

为婴儿准备不同材质和颜色的纸张，纸张的材质、颜色不同，带来的感受也不同，还可以准备大量贴纸，反复揭下又粘上的过程，可以很好地锻炼婴儿的手部小肌肉。需要注意的是，要保证这些工具和材料是安全的。不同材料的工具，会给婴儿带来不同的触感，可以促进婴儿的触觉发育；同一个颜色，不同的材料会呈现出不同的质感，可以促进婴儿的视觉发育；比如，可以让婴儿直接用手，而不借助工具来体验颜料带来的新奇感受。用手指摸一摸、拍一拍，不同颜料混在一起搅一搅，用手去感受颜料是凉凉的、滑滑的，是和油画棒、水彩笔不一样的。婴儿在这个过程中感受和自然习得的东西，会超出照护者的想象。

选择一些旋律优美、节奏鲜明、情趣健康的中外优秀儿童音乐作品，在婴儿的日常活动中播放给婴儿听。在优扬的音乐声中，婴儿不仅能体验音乐的美感，而且能感受音调的高低强弱、节奏的快慢，有利于发展其听觉能力，丰富想象能力，陶冶情操，培养美好的心灵。尽管婴儿刚满周岁，也需常带婴儿观赏各种婴儿音乐节目，让婴儿观察唱歌、跳舞、弹奏乐器的动作，通过视觉的注意和观察获得对音乐的感性认识。启发婴儿在听音乐的同时展开丰富的想象，边听音乐，边进行动作模仿，随着歌声的内容模仿各种动作，如小鸟飞、青蛙跳、开火车、摇小船等。

(二) 需要不被打扰与干涉的自主环境进行艺术体验和创造表现

无论婴儿在进行艺术体验表达或是假想虚构游戏时，照护者可安静地观察，当发现婴儿独自玩一些游戏时候，或者伴有某个角色自言自语的时候，照护者既不要强行加入他们的游戏，也不要嘲笑他们游戏时的滑稽，认认真真做个安静的旁观者就可以了。当婴儿朝照护者看或者询问的时候，照护者一定要给婴儿一个肯定的眼神或者鼓励的话语。强行加入或者无意的嘲笑，都会破坏婴儿此刻表达或游戏的兴致，可能引起他们的焦虑甚至羞耻感。

蒙台梭利曾说过：只要准备一个自由的环境来配合婴儿生命的发展阶段，婴儿们的精神与秘密便会自发地显现出来。照护者要创造艺术游戏的空间和氛围，并对婴儿的艺术作品赋予价值，照护者无法直接帮助婴儿完成他自己的艺术作品，因为那是自然而成的工作；但是照护者必须懂得耐心地等待与尊重这个目标的实现，不需要规定特定的时间，确保婴儿随时想画就画，随时想停止就停止。比如，这一阶段，在墙壁上涂涂画画或者席地

而坐或是趴在地板上画画，也是一种有趣的体验。

（三）需要“婴儿化”的照护陪伴共同进行艺术体验和创造表现

照护者参与婴儿的游戏，不能因为自己是成人而随意摆布安排婴儿的行动。当婴儿需要照护者参与某项游戏时，照护者要全身心投入。比如当婴儿要求照护者吃他手中的“糖”时，照护者要认真地品尝出“糖”的滋味，并发挥表演的天赋。如果婴儿在玩某项游戏，思路比较混乱或者手足无措时，照护者适当地予以启发。

照护者参与婴儿的象征性游戏有时比较难，首先要有参与假想游戏的愿望，其次要和婴儿一起想象地使用“物”。在游戏的过程中，照护者还扮演着社会文化经验的传递者角色。

13—18 个月的婴儿思维特点是动作性思维占主要地位，照护者在参与婴儿艺术体验和创造表现时，要注意和婴儿一起用具体的身体活动来体验和感受艺术。比如，婴儿喜欢“小花猫”的歌曲，照护者就可以很形象地表演成小花猫的模样，让婴儿感受小花猫的动作形象。

艺术感知与体验是艺术创作与表现的前提，并为创作与表现提供素材。照护者不要注重婴儿创作了什么作品，而应该注重婴儿创作体验的过程。艺术的巨大潜能在于它的不确定性和无限表达空间，培育的方式千变万化，照护者需要充分地认识到婴儿在艺术体验与创造表现上的个体差异。

第二节　13—18 个月婴儿视听艺术与体验表达发展与指导

一、13—18 个月婴儿视听艺术与体验表达发展特点

13—18 个月的婴儿偶尔开始表现出扭扭唱唱的意愿和对色彩鲜艳的物品感兴趣，在其早期发展中，兴趣点可能是多方面的，因为“婴儿的艺术是婴儿把握世界的一种方式，也是婴儿认识世界、表达自我的一种方式。”照护者需自己观察婴儿的艺术兴趣点，找出其艺术敏感点，创设相应环境，为婴儿视听艺术与体验表达的潜在可能向现实转化提供条件，表 7－1 呈现的是 13—18 个月婴儿视听艺术与体验表达发展的具体发展阶段特点。

表7-1 13—18个月婴儿视听艺术与体验表达发展特点

创意动作与舞蹈	1. 对节拍与节奏的感知力
婴儿发展阶段	1.1 通过皮肤的触感感知节拍 1.2 随着照护者身体的运动规律感受音乐的节奏 1.3 模仿照护者随音乐做的手势动作
	2. 与照护者玩节奏游戏互动
	2.1 会听和探索不同的语调和节奏感 2.2 会敲打身体或各种物体来玩节奏游戏
	3. 通过简单舞蹈动作表达创造力
	3.1 会随音乐节律合拍做拍手、招手、摆手、点头等动作或随意摆动身体 3.2 随着音乐移动身体
音乐艺术	4. 对有规律的音乐刺激有反应
婴儿发展阶段	4.1 对喜爱的歌曲或乐曲表现出反应 4.2 进餐时喜欢轻松舒缓的音乐 4.3 会把音乐表达的情绪与自己的心情联系 4.4 喜欢听照护者哼唱的歌曲 4.5 对各种音乐情绪和音乐旋律有一定的记忆 4.6 喜欢咿咿呀呀地哼唱
	5. 会用自己的声音、乐器和物品来模仿声音，表达创意
视觉艺术	6. 对色彩、形状、图案等视觉艺术产生兴趣
婴儿发展阶段	6.1 喜欢看图片、照片和镜像 6.2 用动作和单字表达他喜欢的图片是什么
	7. 用简单的艺术材料探索和创造性地表达自我
	7.1 敲敲点点 7.2 喜欢用小手小脚拓印或海绵滚筒画刷涂鸦 7.3 用大号蜡笔画画，在纸上做标记 7.4 喜欢在墙壁上涂鸦

二、13—18个月视听艺术与体验表达发展指导

【创意动作与舞蹈】

1. 对节拍与节奏的感知力

1.1 通过皮肤的触感感知节拍

指导建议：

照护者抱着婴儿时，可边唱节奏鲜明的童谣或歌曲，并根据音乐的节拍用手轻拍婴儿的背部，让婴儿通过皮肤的触感萌生节拍的意识。

环境支持：

照护者哼唱耳熟能详、短小活泼的童谣或歌曲，如《照护者婴儿》《小老鼠上灯台》《小白兔乖乖》《数鸭子》《我有一只小毛驴》等。

1.2　随着照护者身体的运动规律感受音乐的节奏

轻轻拍其背部

指导建议：

照护者坐在椅子或地上，将婴儿放在自己的大腿上，并跟随音乐的节奏抖动双腿，就好像婴儿在骑马一样。这个阶段的婴儿身体的触觉系统已经发育完全，所以通过触觉上的抖动使其强烈地感受到歌曲的基本节奏，可培养其乐感。

照护者还可以帮助婴儿挥动手臂，一起跟着音乐打拍子。婴儿有节奏的动作渐渐地就会和音乐的节奏相吻合，久而久之，婴儿对各种节奏的跟随能力也会增强，慢慢形成音乐的节奏感。

环境支持：

播放节奏轻快的乐曲或歌曲，如《Jambalaya》《声律启蒙》《感知成长的神奇》《咏鹅》《春晓》《风儿吹》《生长吧》等。也可以给婴儿听三拍子的圆舞曲，然后让他边听音乐边随着节奏拍手或敲打带有响声的玩具。

1.3　模仿照护者随音乐做手势动作

指导建议：

当照护者随音乐拍手时，13—18个月的婴儿也会尝试拍手，模仿照护者的手势动作。在照护者的提示下，婴儿会用一些简单的手势来表示需要或愿望，比如转动手腕表示开心。照护者对婴儿成功地完成某件事应做出积极的反应（比如鼓掌和表扬）。

环境支持：

照护者经常播放婴儿喜欢的音乐，并在其面前做出各种简单的手部动作，激发婴儿想要模仿的愿望。

2. 与照护者玩节奏游戏互动

2.1　会听和探索不同的语调和节奏感

指导建议：

照护者可以用不同语调和节奏呼唤婴儿的名字。13—18个月的婴儿对语调和节奏

都十分敏感，照护者可以用不同的语调去叫婴儿的名字，就好像唱歌时，用不同的声部去唱同一个旋律一样，让婴儿去体会。

照护者在日常生活中，可以和婴儿进行相同节奏的对话，比如：故意把一句话说慢或者说快，每个字之间保持一定的节奏。可以问婴儿："你—想—吃—什—么?"让婴儿说出相同节奏的话语："旺—仔—小—馒—头!"

环境支持：

照护者可事先选择一首非常欢快活泼、旋律动听的歌曲，用婴儿的名字替换歌词内容，边唱变呼唤婴儿，以激发其兴趣。

2.2 会敲打身体或各种物体来玩节奏游戏

指导建议：

13—18个月的婴儿先会摇动物体发出响声后，才逐渐会敲打物体发出声音。在摇动物体的过程中，婴儿已产生了最早的节奏感。照护者可引导他用转手、拍手的形式来随着音乐节奏摇动。

13—18个月的婴儿已经能体会节拍的强弱，照护者可以与婴儿随着欢快的音乐节奏摇摆身体、跺脚、拍手或摆头。

婴儿此时已经能制造出很多声音了，比如用勺子敲、用小手拍。照护者可以适时引导婴儿按照节拍敲鼓，将他们抱在怀里，扶着他们的小手用鼓槌或小手敲鼓。先轻轻敲，再使劲敲。速度要时快时慢，体会节奏的快慢变化。

环境支持：

照护者可以购买鼓和鼓槌，也可以自己制作，还可以将三只碗排好，依次放不同水位的水，然后用筷子有节奏地敲击。做一面鼓很简单，反扣木碗或平底锅即可。用金属的、木质的或塑料的小勺做鼓槌，会产生不同的声音效果。使用大小不同的容器做鼓，会产生不同的音调。

3. 通过简单舞蹈动作表达创造力

3.1 会随音乐节律合拍做拍手、招手、摆手、点头等动作或随意摆动身体

指导建议：

13—18个月的婴儿对节奏性或旋律性强的音乐有明显的反应，主要以大动作为主，照护者可以给婴儿听各种节奏的乐曲，让婴儿随着音乐的节拍晃动身体。婴儿听到

节奏感强的乐曲就会随着音乐的节拍不由自主地手舞足蹈。此阶段的婴儿经常会动并会探索身体可以做什么，他们学习走路、弯腰、拉伸、摆动、踏、拍身体的各个部分。给婴儿提供大量的音乐氛围会促使他们尽情随音乐探索身体动作。

2-84 2-85

环境支持：

照护者可以常常在婴儿面前随着音乐自由舞动，激发婴儿创造表达的愿望。照护者可经常播放音乐，引导婴儿跟随音乐摆动，当婴儿开始随音乐晃动身体时，及时鼓掌赞赏。

3.2 随着音乐移动身体

指导建议：

婴儿经常会不由自主地随音乐摇动身体，或者动手踢脚，带着快乐的表情来应和，刚开始不见得与音乐合拍，只是表示心情快乐而已，照护者可经常拉着婴儿的手或脚，按照节拍活动，逐渐使婴儿的活动合拍。

照护者应鼓励婴儿用简单的上肢动作、腰部摇晃、下肢弯曲等动作大胆表达自己对音乐节奏的感受。如听完一段欢快、活泼的音乐后，可以边让婴儿做小鸟飞、小兔跳的动作，边说一些简短的话语，“小鸟飞飞”。

照护者抱着婴儿按着节拍做律动或者跳舞，在轻柔的音乐伴奏下，带着快乐的表情随着音乐转来转去，有节奏的身体起伏扩展了音乐的效果，使婴儿犹如腾云驾雾，在轻飘飘的乐声中荡漾，既增进亲子感情，也培育了婴儿欣赏音乐的爱好，是家庭中最温馨最美好的时光。

环境支持：

照护者可以有意识地设计一些简单的角色情境，鼓励婴儿大胆用肢体动作表现自己对音乐的感受。

【音乐艺术】

4. 对有规律的音乐刺激有反应

4.1 对喜爱的歌曲或乐曲表现出反应

指导建议：

有音乐天赋的幼儿在这一阶段主要表现出对音乐的敏感性，极易被音乐所吸引。比如在他吵闹哭泣的时候听到一段优美的乐曲，他会突然停止哭闹，注意力会转移到音乐上面去。

环境支持：

当婴儿情绪烦躁、哭闹的时候，给他听愉快活泼的音乐，转移他的注意力，使他转哭为笑。

4.2 进餐时喜欢轻松舒缓的音乐

指导建议：

在给婴儿喂奶和辅食时，照护者可以选择优美抒情、节奏平缓的乐曲，照护者可以随着音乐的节奏轻轻抚摸婴儿。婴儿听着音乐能安静地吮吸或进食，在此需注意几点：

(1) 节奏慢一些。最初为婴儿选择的音乐作品，速度以中等或稍慢的速度为宜，乐曲内部情绪变化起伏不要太大。

(2) 曲子要短一些。一次连续给婴儿听音乐的时间，一般不超过 15 分钟，休息几分钟再听。

(3) 音量弱一些。播放的音量要适中或稍弱，较强的音量，长时间地听，会使婴儿的听觉疲劳，甚至损伤听觉能力，千万不可大意。

(4) 多反复。在一两个月内，反复听两三首曲子，使婴儿有个识记过程，以便加深印象。

(5) 不要说话。照护者可以在听音乐前对婴儿说些引导语，但在听音乐的过程中不应说话打扰婴儿。

环境支持：

可选择抒情的钢琴独奏曲或器乐合奏小品（最好是中速或慢速，时间约 10—15 分钟）。白天每次喂奶时，都可放同样的音乐，让婴儿吃奶的时候，听优美抒情的音乐，使他情绪愉快，吃得香甜。

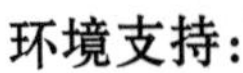

4.3 会把音乐表达的情绪与自己的心情联系

指导建议：

照护者与婴儿玩兴正浓的时候，放一些轻快活泼、节奏跳跃的音乐，婴儿会很自然地把音乐中所表达的情绪和自己当时的心情联系在一起，而这种对音乐的感受又会很自然地被记忆。日积月累的音乐印象，能提高婴儿对音乐旋律的感受。

环境支持：

在婴儿与照护者互动游戏时选择欢快的音乐做背景。

4.4 喜欢听照护者哼唱的歌曲

指导建议：

每天晚上婴儿入睡前的时光是非常温馨的亲子时刻，最好由母亲边唱边对婴儿进行有规律的抚摸和轻拍，轻柔的摇篮曲是最佳选择。反复地唱直至婴儿睡着，不仅有助于婴儿的睡眠，也刺激了婴儿对音乐的感觉。

陪幼儿入睡的照护者，最好是母亲，需学唱一首类似轻柔摇篮曲的歌曲，并持之以恒地每天晚上在婴儿枕边吟唱三遍，以帮助婴儿形成习惯。

环境支持：

婴儿对音乐的反应是敏感的，养成习惯后，一听到催眠的音乐就会慢慢安静下来甜甜地入睡。醒来，也能听着舞曲独自安祥地躺在摇篮里玩耍和休息。

4.5 对各种音乐情绪和音乐旋律有一定的记忆

指导建议：

照护者可以让适宜的音乐刺激成为每天的生活内容。适时地给婴儿提供音乐信息的刺激，可以强化婴儿对各种音乐情绪和音乐旋律的记忆。家庭中要有固定的听古典音乐时间，每天10—15分钟，可选择简短、明快、安详的音乐。

环境支持：

可选择舒曼的《快乐的农夫》、莫扎特的《土耳其进行曲》、米查姆的《巡逻兵进行曲》、贝多芬的《G大调小步舞曲》、勃拉姆斯的《勃拉姆斯摇蓝曲》、舒伯特的《音乐的瞬间》、舒曼的《童年情景》、柴可夫斯基的《婴儿进行曲》、肖邦的《小狗圆舞曲》、舒伯特的《鳟鱼变奏曲》、维瓦尔第的《春之歌》、巴赫的《G弦上的咏叹调》、莫扎特的《莫扎特弦乐小夜曲》、贝多芬的《欢乐颂》等。

1.6 喜欢咿咿呀呀地哼唱

指导建议：

13—18个月的婴儿在会叫爸爸之前，就已经会咿呀地唱歌了。如果东西掉到地上，婴儿会跟着说“咚，咚”；听到小鸟的叫声，自己也会“叽叽喳喳”。可以把婴儿发出的声音录下来反复播放，照护者同婴儿一起唱，鼓励他再发出声音，使他的声音持续得更长些。把这些资料保留起来，成为婴儿唱歌的记录，以后再听也会很有趣。

环境支持：

准备有录音功能的手机。

5. 会用自己的声音、乐器和物品来模仿声音，表达创意

指导建议：

照护者可以尽可能夸张地做各种动作，发出声音供婴儿模仿，照护者与婴儿互动时，婴儿会发出一些像说话的声音。他们可以模仿动物的声音，并且自信地告诉你牛是“牟牟”地叫，而狗是“汪汪”地叫。

环境支持：

准备有录音功能的手机。

【视觉艺术】

6. 对色彩、形状、图案等视觉艺术产生兴趣

6.1　喜欢看图片、照片和镜像

指导建议：

此阶段婴儿可以自由地爬行，甚至行走，其活动范围逐步扩大，照护者此阶段应充分释放婴儿的冒险精神，扩宽婴儿的视野，让婴儿的眼睛得到前所未有的锻炼，照护者会发现婴儿几乎连地上的头发都能够看得清清楚楚。要尊重婴儿以自我为中心，喜欢观察自己并会发现一些新的东西，鼓励他对家里或是熟悉的图片和照片好奇并充满兴趣。可为婴儿准备简单色彩的书籍里的图片，带着婴儿观察镜子里的自己，鼓励他们指出照片里的照护者。

环境支持：

照护者可在婴儿的活动空间张贴一些色彩鲜明、图案简单的图片和家庭活动照片等。

6.2　用动作和单字表达他喜欢的图片是什么

指导建议：

照护者可鼓励婴儿细致地观察图片，有助于婴儿空间思维能力、想象能力、色彩线条的感受力得到提升。启发婴儿以声音、动作、拍打、手指或说话的方式对他感兴趣的图片做出回应。例如，鼓励婴儿拍一拍看起来像自己玩具的图片，

引导婴儿指着有照护者的图片然后说出其称呼，照护者还可描述一本农场的书并鼓励婴儿模仿动物的叫声。

环境支持：

如果婴儿在试图表达视觉材料的内容时，照护者一定要配合婴儿，表现出惊讶和肯定，鼓励婴儿进一步分享他们的感受。

7. 用简单的艺术材料探索和创造性地表达自我

7.1　敲敲点点

指导建议：

由于 13—18 个月的婴儿小肌肉控制能力比较弱，还不太会控制自己的小手，照护者要意识到涂鸦对他们来说是一件难度很大的事情，但一定要为 13—18 个月的婴儿提供涂鸦的机会，帮助其产生对涂鸦的兴趣。在婴儿涂鸦时，照护者可鼓励婴儿在白纸上敲敲点点，或砸出一些不规则的小点。

环境支持：

准备色彩鲜艳的颜料和画笔。

7.2　喜欢用小手小脚拓印或海绵滚筒画刷涂鸦

指导建议：

夏天去海边软软的沙滩，用手指、手掌、小脚丫作为画笔，来一场涂鸦的游戏。冬天在绵软的雪地上用手掌、小脚压出一些充满童趣的图画，或者用洒水壶在雪地上洒出一些图案……这一切都会让婴儿感觉其乐无穷。还可让婴儿用印章或是海绵滚筒画刷在纸上留下痕迹，多带婴儿到大自然中用手、脚可留下印记的地方玩耍。

环境支持：

购置一些海绵滚筒画刷、印章等涂鸦材料。

7.3　用大号蜡笔画画，在纸上做标记

指导建议：

一般 1 岁半左右，照护者要开始关注到婴儿对涂鸦产生的浓厚兴趣。随着月龄的增长和活动范围的扩大，照护者要在婴儿够得着的一切场地、墙面鼓励婴儿用天真幼稚的笔触留下各种各样的痕迹。婴儿通常会在 12—24 个月之间做出人生第一个标记，这是一种随意的涂鸦，照护者要知道这个标记极有可能只是因为婴儿在享受他移动手臂和头的过程中而产生的某个动作行为，他们在这一阶段做不到有意识地控制这些痕迹。照护者越早鼓励婴儿学画画，越能在婴儿心中种下美的种子。

环境支持：

可以提供可洗的颜料让他进行色彩的感知和体验，手指画颜料和彩泥也是好的选择，让他通过小手与颜料及彩泥的接触，提升触觉器官的敏感性。

7.4 喜欢在墙壁上涂鸦

指导建议：

照护者在这一阶段可以和婴儿分别画同样的图画，照护者认真作画的模样能感染婴儿，本来对涂鸦不感兴趣的婴儿会变得劲头十足。由于13—18个月婴儿的手眼控制能力不好，不宜在很小的画幅上涂鸦，建议照护者在宽大的墙面上为他们提供足够的涂鸦空间，让他们自由挥洒。对年龄较小的婴儿来说，站在墙边涂鸦比坐着在纸上画画更自由、有趣，也不容易因趴伏而感到吃力。涂鸦墙不仅给婴儿提供了一个独立空间，还能强化他的主人意识；同时，涂鸦天地也是婴儿的一个展示舞台，客人参观时的一句小表扬，就能增加他的成就感，让他对绘画保持浓厚的兴趣。

环境支持：

照护者可以给婴儿开辟一片属于自己的涂鸦天地，比如，把对开报纸这么大的大白纸成摞地张贴在墙上，高度要和婴儿的身高相仿，让婴儿自由地挥笔涂鸦。画完一张揭走一张，十分方便。除了纸张，也可在墙角钉挂黑板、薄画板或魔术画板。

第三节 13—18个月婴儿戏剧假想与虚构游戏发展与指导

一、13—18个月婴儿戏剧假想与虚构游戏发展特点

13—18个月婴儿在“戏剧假想与虚构游戏”中创造一个奇妙的幻想世界，而这个幻想世界与真实世界是并行的，他们能自由地在这两个世界中穿行。在戏剧假想与虚构游戏里，婴儿不断尝试各种可能性，并在其中认识自己，从具体生活来看，婴儿平时接触什么，他就会在游戏中把他印象最深刻的地方表达出来。表7-2呈现的是13—18个月婴儿戏剧假想与虚构游戏的具体发展阶段特点。

表 7 - 2　13—18 个月婴儿戏剧假想与虚构游戏特点

<table>
<tr><td>戏剧假想</td><td>1. 会参与到假想中的玩耍</td></tr>
<tr><td rowspan="3">婴儿发展阶段</td><td>1.1　将物体用作某种真实或假想的目的
1.2　听押韵、有节奏感的童谣或适宜游戏表演的故事</td></tr>
<tr><td>2. 会用戏剧来表达创造力</td></tr>
<tr><td>2.1　尝试语音变化
2.2　在游戏中角色扮演生活中真实的行为</td></tr>
<tr><td>虚构游戏</td><td>3. 喜欢参与个性化、富有想象力的游戏</td></tr>
<tr><td rowspan="3">婴儿发展阶段</td><td>3.1　对一个熟悉的物品尝试新的摆弄方式
3.2　会对物品进行实验以探索新的操作它们的方法
3.3　将对象用于真实或想象的目的
3.4　反复地藏和发现一件自己喜爱的物品</td></tr>
<tr><td>4. 表现出合作且灵活的游戏方式</td></tr>
<tr><td>4.1　与其他婴儿互动
4.2　把“扔东西”当游戏</td></tr>
</table>

二、13—18 个月婴儿戏剧假想与虚构游戏发展指导

【戏剧假想】

1. 会参与到假想中的玩耍

1.1　将物体用作某种真实或假想的目的

指导建议：

照护者要为 13—18 个月的婴儿提供各种可以使用的物品在他所处的环境中，并鼓励婴儿使用这些物品模仿一些生活中的事务。例如，把块体放在耳边假装是手机；用玩具勺子假装喂玩偶吃东西；在毯子上摩擦块状物，发出发动机的声音；把玩偶放进婴儿车里，推着它绕着房间移动。

环境支持：

照护者发现婴儿在假想玩耍时，一定要积极配合假想，当婴儿用手抓空气给照护者吃东西时，照护者一定要装作大咬一口，吃得很认真的模样。

1.2　听押韵、有节奏感的童谣或适宜游戏表演的故事

指导建议：

照护者要为 13—18 个月的婴儿讲述有图片的、主题熟悉的短故事。平时经常鼓励婴

儿翻书页并指着感兴趣的图片。

环境支持：

照护者为婴儿提供有图片的故事和主题熟悉的短故事。

2. 会用戏剧来表达创造力

2.1 尝试语音变化

指导建议：

照护者可以带着13—18个月的婴儿对声音做一些实验，就像他们学习说话和交流那样。鼓励他们或和他们一起发出或低或高的声音，并且会提高语句末尾的声调用以提问。照护者在与婴儿交流的时候眼睛要尽量与婴儿对视。

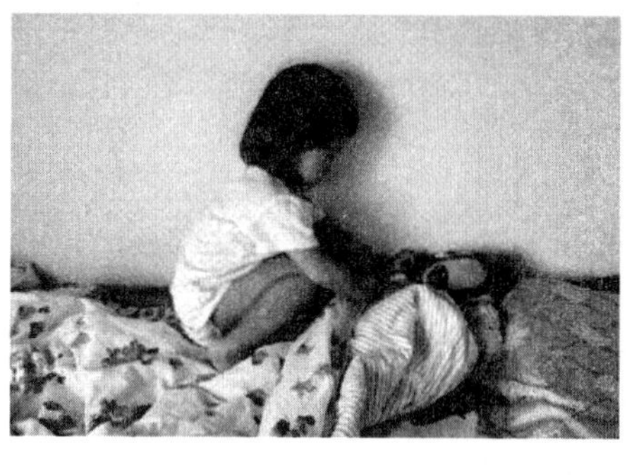

环境支持：

当婴儿在独自玩耍，尝试不断变换音调高低的时候，照护者要及时对婴儿做出积极正面的鼓励评价，甚至学着婴儿发音，使其产生成就感。

2.2 在游戏中角色扮演生活中真实的行为

指导建议：

照护者应为13—18个月的婴儿提供大量的观察机会，鼓励他们表演模仿一些熟悉的动作，例如抱着一个玩偶或是拿着手机。

环境支持：

照护者为婴儿提供大量的生活仿真玩具，如厨房、梳妆台等玩具套装。

【虚构游戏】

3. 喜欢参与个性化、富有想象力的游戏

3.1 对一个熟悉的物品尝试新的摆弄方式

指导建议：

照护者要帮助婴儿积累一些生活经验，观察婴儿对物品的摆弄中所表现出来的想象力，尽管这时的想象仅仅只是萌芽状态，照护者也需要对此加以鼓励，并帮其用语言表达，要对他们表现得较为贫乏的再造想象，表现出极大的兴趣与支持。

环境支持：

为婴儿提供家中成人在生活中经常使用的物品或婴儿经常使用的玩具、物品等。

3.2　会对物品进行实验以探索新的操作它们的方法

指导建议：

照护者要为婴儿提供大量的可供婴儿操作摆弄的物品，并展开想象，为婴儿表演，将某一物品作为各种表演的道具，并积极配合参与婴儿的虚构游戏，如婴儿用空勺子给照护者喂食，照护者应表现出张大嘴吃，并很享受吃的过程。

环境支持：

各种纸盒、毛巾、模拟厨具玩具等。

3.3　将对象用于真实或想象的目的

指导建议：

照护者要开展各种游戏活动帮助婴儿发展再造想象，克服重复生活中的经验，创造性的内容很少的情况。

环境支持：

当婴儿在重复生活中的经验活动时，照护者一定要做出信以为真的模样。

3.4　反复地藏和发现一件自己喜爱的物品

指导建议：

和婴儿玩捉迷藏和寻找最喜欢的玩具。婴儿用毯子盖住喜欢的物品的一部分，照护者鼓励幼儿把毯子拿开，找到物品。

环境支持：

准备小毯子和婴儿喜欢的玩具物品。

4. 表现出合作且灵活的游戏方式

4.1 与其他婴儿互动

指导建议：

照护者应鼓励并支持13—18个月的婴儿持续地探索所处的环境，观察他们用玩具进行一些有目的性的活动。带他们和同龄婴儿玩耍，更多的时候应陪伴婴儿一同玩耍，或偶尔提供自己玩的空间。如在打鼓的婴儿旁边弹奏玩具钢琴上的琴键，和婴儿一起坐在桌子边进行手指涂画，鼓励他与其他婴儿一起玩恐龙玩具，在搭建塔的婴儿旁边搭建另一座塔。

环境支持：

照护者可带婴儿去同龄人较多的游乐场玩耍。

4.2 把"扔东西"当游戏

指导建议：

婴儿经常会想抓住照护者手中的物品，得到之后装模作样地"研究"一会儿，然后把它扔到地上，同时嘴里发出"嗯，嗯……"的声音，并伴随着期待照护者给他捡起来的眼神，照护者捡起来递给他，他又会再次扔到地上。就这样扔下去，捡起来，再扔下去，再捡起来……他认为这是他与照护者之间的互动游戏，引起照护者加入他虚构的游戏中。

环境支持：

建议照护者表现得很配合、很开心，游戏很好玩的模样，让婴儿产生成就感和愉悦感。

第四节 13—18个月婴儿艺术体验与创造表现发展案例与分析

一、家庭中13—18个月婴儿艺术体验与创造表现活动案例

木头人舞

活动目标：提高婴儿的对音乐作品的聆听能力，尝试用肢体表现出对音乐的体验。

适用年龄：13—18个月。

活动准备：大地垫一张。

与婴儿一起玩：

1. 照护者播放音乐，将宝宝抱在怀里，请旁人控制音乐的开关。

2. 音乐响起时，照护者抱着宝宝旋转舞蹈，和宝宝一起左右摇摆做大动作，也可以倾斜一下。

3. 音乐停止时，保持原有动作不动。

4. 音乐再次响起时，继续跳，然后每次音乐停止，都保持原有动作不动。

【案例分析】

“木头人舞”的这个音乐游戏由照护者抱着13—18个月的婴儿一起跳舞，帮助婴儿体验音乐韵律，这是婴儿发展艺术能力重要的第一步，这种艺术体验游戏还可以开发婴儿的平衡和听觉能力。刚满13个月的宝宝在照护者的怀里像木头人一样保持动作不变，他会感到十分开心；而16个月之后稍大的宝宝甚至想要自己能够掌握好跳与停。

彩球游戏

活动目标：通过游戏来刺激婴儿的色彩辨认能力以及艺术发展能力，提升婴儿的认知能力及语言能力。

适用年龄：13—18个月。

活动准备：恩雅或班得瑞的早期音乐。

与婴儿一起玩：

1. 照护者用各种不同色彩的气球在宝宝面前慢慢地转动、移动。

2. 不断地变化不同色彩的气球，并告诉宝宝，这是哪一种颜色，说出它的色彩：红色、黄色、蓝色、绿色等。

3. 经过几轮游戏后，照护者可以尝试出示彩球考考宝宝是什么颜色的球。

【案例分析】

“彩球游戏”不但可以训练婴儿的视觉跟踪能力，同时鲜明的颜色对于他是种很好的刺激，照护者还可告之宝宝彩色气球的颜色。这样的生活探索尝试，婴儿十分喜欢，当婴儿学会之后，照护者可以鼓励婴儿独立操作，培养他主动探索的精神，并体会成就感。需要注意的是，婴儿对色彩的感知能力是在不断的重复感受中熏陶出来的，因此要有耐心地让宝宝反复观察生活中各种物品的不同色彩。同时，每个宝宝的发展是不同的，他的语言和艺术潜能的激发需要一定的时间，因此照护者切莫操之过急。对于13—18个月的婴儿来说，外在刺激越多对婴儿越有益。

二、托育机构中13—18个月婴儿艺术体验与创造表现活动案例

表7-5　活动案例“哈巴狗”

<table>
<tr><td colspan="3">活动内容:哈巴狗　　　　适合月龄:13—18个月
场　　地:室内活动室(地垫)　　　　人　　数:10人(婴儿5人,成人5人)</td></tr>
<tr><td rowspan="2">活动目标</td><td>家长学习目标</td><td>婴儿发展目标</td></tr>
<tr><td>1. 鼓励婴儿在愉悦的音乐氛围中体验与同伴交往和亲子互动的和谐情感。
2. 掌握鼓励婴儿正确与人交往、自我认识的态度和方法。
3. 了解13—18个月婴儿对应能力发展的三个不同发展阶段的代表性行为。
(1) 身体会随着音乐简单的律动。
(2) 开始尝试开口说话。
(3) 会摇晃各种物体来玩节奏游戏。</td><td>1. 喜欢在音乐中与同伴交往;并用身体随音乐的节奏舞动,体验愉快的情绪。
2. 尝试听音乐做站和蹲的动作,愿意与照护者一同游戏。
3. 能有意识地用摇晃手臂来表现音乐的节奏。</td></tr>
<tr><td>活动准备</td><td colspan="2">1. 经验准备:婴儿已学唱过《哈巴狗》。
2. 材料准备:彩带7条,儿歌《一只哈巴狗》CD,节奏棒7根。
3. 环境准备:铺好地垫的空场地。 </td></tr>
</table>

续　表

	环节步骤	教师指导语	教师提示语
活动过程	1. 打招呼——《找朋友》。 (1) 教师示范介绍。	自我介绍："宝宝们，我们来向小伙伴们介绍一下自己吧，大家可以说'我是果果'。"	各位家长可以指导宝宝大方地与小伙伴们打招呼。
	(2) 播放音乐《找朋友》，鼓励宝宝逐一与小伙伴相识问候，增进情感。	鼓励宝宝："好了，现在每个宝宝都到老师这儿来，向小伙伴们介绍一下你是谁吧！"	家长可以带宝宝们上来，跟小伙伴们问好，自我介绍。
	2. 肢体游戏——《走走蹲蹲》。 (1) 播放录音，教师边唱边做动作游戏。	播放录音："宝宝们！我们一起来玩一个'走走蹲蹲'的游戏吧！"	各位家长者可以拉着宝宝的手，合着音乐一起来活动一下咱们的身体。
	(2) 照护者拉着婴儿的小手跟教师一起随音乐做游戏。	要求："宝宝们和妈妈面对面，拉起小手向前走哦！""小宝宝走呀走，一个一个向前走，看谁走的好呀，看谁先站住！" 提示："宝宝们真棒！都站住了，咱们继续走'小宝宝走呀走，一个一个向前走，看谁先蹲下呀，看谁先蹲下。'"	各位家长注意，拉着宝宝的双手，宝宝向前，家长后退；唱到"看谁先站住"时，带宝宝停下来站好；唱到"看谁先蹲下"时，扶着宝宝蹲下。
	3. 节奏游戏——《彩带舞》。 (1) 照护者和婴儿每人一条彩带，头上戴一个花环，在音乐中自由舞动。	环节过渡："宝宝们太能干了！老师要奖励给你们一个美丽的花环和一条彩带。" 示范演示："宝宝们现在都有一条漂亮的彩带，我们来让它们跳跳舞吧！" 鼓励宝宝："宝宝们好棒！对，就是这样上下舞动，小彩带们好开心哦！"	各位家长可以和宝宝一起手拿彩带随音乐节奏一拍一下左右舞动。
	(2) 请照护者抱起宝宝，扶着宝宝的手跳舞。	鼓励表现："小彩带太美了，宝宝们让家长抱着你们，我们一起带着彩带跳舞吧！"	各位家长可以把宝宝抱起来，鼓励宝宝另一只手拿着彩带舞动。
家庭活动延伸	大多数的婴儿都会喜欢用动作来表达他所感受到的音乐情绪，照护者可集中利用这一特点，来引导婴儿协调他的动作和音乐节拍，这对培养婴儿的节奏感很有帮助。 晃身体：家长可以给婴儿听各种节奏的乐曲，让婴儿随着音乐的节拍晃动身体。 踏步走：给婴儿听二拍子的进行曲，然后让他边听边随着节拍踏步走。二拍子的进行曲节奏非常鲜明，音乐也很有感染力，婴儿大多会喜欢这样的练习。		

附 1:歌曲《走走蹲蹲》

31 1 | 25 5 | 66 54 | 31 2 | 14 44 | 6 4 | 65 54 | 3 1 ‖
小宝 宝 走呀 走, 一个 一个 向前 走, 看谁 走的 好 呀, 看谁 先站 住 呀;
小宝 宝 走呀 走, 一个 一个 向前 走, 看谁 先蹲 下 呀, 看谁 先蹲 下 呀;

注意事项:当宝宝熟悉动作时,可以让两个宝宝拉着手,一起做动作。

附 2:歌曲《彩带舞》

i65 66 165 6 | i65 66 i65 3 | iii5 61653 | 335i 2321 6 |
11 12 32 3 | iiii i5 65 3 | ii i5 65 35 | 665 35 i5 |
6 56 i5 6 - ‖

注意事项:教师在鼓励宝宝在音乐中表现自己的情感时,要注意宝宝节奏感的培养。

【案例分析】

13—18 个月的婴儿会随音乐节律合拍做拍手、招手、摆手、点头等动作或随意摆动身体,对于刚刚开始学习走路的婴儿来说,站、走、蹲都是他们引以为豪的秀小技能的表现,教师选择活泼轻快、节奏感强的《走走蹲蹲》,很容易激发婴儿不由自主地随音乐走走停停、蹲一蹲,他们会带着快乐的表情来应和,刚开始不见得与音乐合拍,只是表示心情快乐而已,家长可拉着婴儿的手或脚,按着节拍活动,逐渐使婴儿的活动合拍。

结合 13—18 个月婴儿喜欢与家长进行节奏游戏互动,会听和探索不同的语调和节奏感的特点,选择旋律动听的《彩带舞》,可引导婴儿用彩带随着音乐节奏摇动,让婴儿随着音乐的节拍晃动身体。婴儿听到节奏感强的乐曲就会随着音乐的节拍不由自主地手舞足蹈。此阶段的婴儿经常会活动身体,并探索身体可以做什么,他们学习走路、弯腰、拉伸、摆动、踏、拍身体的各个部分。给婴儿提供大量的音乐氛围会使他们练习这项新的发现。家长平时也可以常常在婴儿面前随着音乐自由舞动,激发婴儿创造表达的愿望。照护者可经常播放音乐,引导婴儿跟随音乐摆动,当婴儿开始随音乐晃动身体时,及时鼓掌赞赏。

本章回顾

本章首先阐述了 13—18 个月婴儿艺术体验与创造表现的意义、内容和途径,然后从 13—18 个月婴儿视听艺术与体验表达的特点与指导要点、戏剧假想与虚构游戏的特点与指导要点进行了详细的描述,最后对 13—18 个月婴儿艺术体验与创造表现的家庭案例与托育机构案例进行了分析,帮助读者更好地了解掌握 13—18 个月婴儿艺术体验与创造表现发展。

思考与练习

一、选择题

1. 13—18 个月婴儿艺术体验与创造表现的内容不包括以下哪一项？（　　）

A. 视听艺术　　B. 虚构游戏

C. 戏剧假想　　D. 数学逻辑

2. 下列哪一个表现不属于 13—18 个月婴儿创意动作与舞蹈的特点？（　　）

A. 表现出合作且灵活的游戏方式

B. 对节拍与节奏的感知力

C. 与照护者的节奏游戏互动

D. 通过简单舞蹈动作表达创造力

二、简答题

参考答案

1. 请说说 13—18 个月婴儿艺术体验与创造表现的意义。

2. 请举例说明 13—18 个月婴儿艺术体验与创造表现的途径。

推荐阅读

1. 鲍秀兰.婴幼儿养育和早期教育实用手册[M].北京：中国妇女出版社，2015.

2. 陈泽铭.婴幼儿音乐感统训练训练[M].上海：复旦大学出版社，2018.

3. [美] 温蒂玛斯，[美] 罗尼科恩莱德曼，栾晓森，史凯.美国金宝贝早教婴幼儿游戏(0—3)[M].北京：北京科学技术出版社，2016.

4. 冯国强.0—3 岁婴幼儿游戏[M].上海：华东师范大学出版社，2017.

5. 叶钟.0—3 岁婴幼儿亲子主题活动指导语设计[M].福州：福建人民出版社，2017.

6. 王丽娜.婴幼儿早期教育活动设计与指导[M].上海：复旦大学出版社，2020.

7. 王丹.0—3 岁婴幼儿家庭亲子游戏[M].福州：福建人民出版社，2015.

8. [日] 秋山匡.0—3 岁宝宝音乐启蒙绘本[M].北京：化学工业出版社 2019.

参考文献

1. Miller K. Simple steps: Developmental activities for infants, toddlers, and two-year-olds[M]. Gryphon House, Inc., 1999.

2. Ontario. Ministry of Children and Youth Services. Best Start Expert Panel on Early Learning. Early Learning for Every Child Today: A Framework for Ontario Early Childhood Settings[M]. Ministry of Children and Youth Services, 2007.

3. [美] 戴维·谢弗. 发展心理学:儿童与青少年[M].邹泓等译.北京:中国轻工业出版社, 2005.

4. [美] 戴维·谢弗.社会性与人格发展(第 5 版)[M].陈会昌译.北京:人民邮电出版社,2012.

5. [美] 黛安娜·帕帕拉,萨莉·奥尔兹,露丝·费尔德曼.孩子的世界:从婴儿期到青春期[M].郝嘉佳等译.北京:人民邮电出版社,2013.

6. [美] 丹尼斯·博伊德,海伦·比.儿童发展心理学(第 13 版)[M].夏卫萍译.北京:电子工业出版社,2016.

7. [美] 劳拉·E.贝克.婴儿、儿童和青少年(第 5 版)[M].桑标译.上海:上海人民出版社,2014.

8. [美] 沃森等.婴儿和学步儿的课程与教学(第 5 版)[M].苏贵民,陈晓霞译.北京:人民教育出版社,2009.

9. [美] 斯蒂文·谢尔弗.美国儿科学会育儿百科(第 6 版)[M].陈铭宇等译.北京:北京科学技术出版社,2018.

10. 北京市教育委员会.0—3 岁儿童早期教育指导方案主题式早教活动案(教师册)[M].北京:北京少年儿童出版社,2000.

11. 钱文.0—3 岁儿童社会性发展与教育[M].上海:华东师范大学出版社,2014.

12. 唐大章,唐爽.婴儿动作指导活动设计与组织[M].北京:科学出版社,2018.

13. 文颐.婴儿早期教育指导课程(0—3)[M].北京:北京师范大学出版社,2019.

14. 刑少颖,王福兰.0—3 岁儿童亲子教育课程方案[M].山西:山西教育出版社,2018.

15. 杨霞.陪宝宝玩到入园 0—3 岁亲子早教游戏指导手册[M].成都:四川科学技术出版社,2018.

16. 张明红.0—3 岁儿童语言发展与教育[M].上海:华东师范大学出版社,2013.

17. [美]约翰・W.桑特洛克著.儿童发展(第 11 版)[M].桑标,王荣,邓欣媚译.上海:上海人民出版社,2009.

18. [美] 芭芭拉・安・尼尔森.一周又一周——儿童发展记录(第三版)[M].叶平枝,孟亭含译.北京:人民教育出版社,2011.

后　记

本书参照了全美幼教协会、早期开端计划以及佐治亚州早期婴儿学习与发展标准，并结合我国0—3岁婴儿成长的独特国情，包括文化传统、抚养环境以及社会发展等因素的差异，立足于本土婴儿发展需求，简要分析了13—18个月婴儿身心发展特点与规律，从生长发育与营养护理、肌肉动作与运动能力、情绪情感与社会适应、倾听理解与语言交流、认知探索与生活常识、艺术体验与创造表现五个领域全面介绍了13—18个月婴儿（本丛书统一称0—18个月为婴儿，18个月以后为婴幼儿）成长的基本规律和预期达到的发展水平。

这个年龄阶段的婴儿正处于语言和行走两项技能发展的初始关键阶段，因此照护者应为婴儿提供相适宜的环境刺激。13—18个月的婴儿在动作发展和运动能力方面，开始尝试独自学习走路，喜欢拖拉具有平衡性控制的玩具车，这个时期也是垒叠平衡动作发展的关键期，这种高难度动作对婴儿的智力和手对物品控制力都有不可低估的作用；在情绪情感和社会适应方面，有的婴儿开始依恋心爱的玩具或毛巾，认识镜中的自己，喜欢鼓掌和大笑；在倾听理解与语言交流方面，常用简短的单字或词的发音来表达所想、所见、所闻；在认知探索与生活常识方面，婴儿能认识几种常见的交通工具、动物等，对颜色的分辨也有所增强，能在较多颜色中认出红、黄、黑等颜色，会用手指表示自己“1”岁了；在艺术体验与创造表现方面，听到音乐会学着照护者做点头、跺脚、摆手等动作，对周围的环境也能做出反应了，还能握笔随意涂画。

针对13—18个月婴儿的发展特点，本书详细介绍了13—18个月婴儿在生长发育与营养护理、动作发展与运动能力、倾听理解与语言交流、情绪情感与社会交往、认知探索与生活常识、艺术体验与创造表现这六大方面的发展特点，并给出发展指标与建议。

除此之外，针对当前社会对早期教育普遍存在的困惑和误区，本书也根据13—18个月婴儿发展水平的差异，为早期教育工作者和广大照护者提供科学、有效、操作性强的指导建议，为13—18个月婴儿全面成长提供科学化和专业化支持。

本书作者分工如下：由湖北幼儿师范高等专科学校邓文静编著第一章、第二章、第六章和第七章；湖北幼儿师范高等专科学校胡阳编著第三章、第四章和第五章。借此机会特别感谢为本书提供婴儿照片素材的尹洪洁老师和刘舒娟老师，感谢提供婴儿简笔画素材的孙小如同学和周欣祺同学。本书可作为高职高专学校早期教育专业教材，也可供早期教育工作者和广大家长参考。由于时间及编写水平有限，本书难免有不当之处，望在使用过程中提出宝贵的意见和建议，以便今后改进。